Problemas resueltos de
Ingeniería de la Reacción Química

Ildefonso Caro Pina
Juan Ramón Portela Miguélez
Luis Isidoro Romero García

PROBLEMAS RESUELTOS DE INGENIERÍA DE LA REACCIÓN QUÍMICA

Reactores homogéneos e isotermos

MANUALES
INGENIERÍAS
Y ARQUITECTURA

Editorial UCA
Universidad de Cádiz

2024

Primera edición: 2024
Edita: Editorial UCA
C/. Doctor Marañón, 3 - 11002 Cádiz (España)
publicaciones.uca.es
publicaciones@uca.es

© Servicio de Publicaciones de la Universidad de Cádiz, 2024

7 de marzo de 2024
© Dr. Ildefonso Caro Pina (Catedrático de Ingeniería Química)
© Dr. Juan Ramón Portela Miguélez (Catedrático de Ingeniería Química)
© Dr. Luis Isidoro Romero García (Catedrático de Ingeniería Química)

Impresión: Tórculo Comunicación Gráfica, S. A.

Impreso en España/*Printed in Spain*

Depósito Legal: CA-477-2023
ISBN papel 978-84-9828-913-8
ISBN versión electrónica 978-84-9828-916-9

Esta editorial es miembro de la UNE, lo que garantiza
la difusión y comercialización de sus publicaciones a
nivel nacional e internacional.

A la memoria de la profesora Drª. María Dolores Gordillo Romero, con quien compartimos asignatura muchas veces.

ÍNDICE

Preámbulo

Este texto contiene una colección de problemas que se han venido estudiando a lo largo de los años en la asignatura de Ingeniería de la Reacción Química, perteneciente al Grado en Ingeniería Química de la Universidad de Cádiz, y que se recopilan aquí. Seguro que muchos de los alumnos que han pasado por sus aulas recordarán sus enunciados, y nos alegraría pensar que también sus soluciones.

El número de profesores que han impartido esa materia desde que se implantó la antigua titulación de Ingeniero Químico en la UCA ha sido considerable. Todos ellos han contribuido de uno u otro modo a que este manual vea la luz y a todos ellos agradecemos su generosidad y entrega en la tarea docente de la asignatura. Sin la continua aportación de todas esas contribuciones no existiría ahora esta colección. En este sentido, nos gustaría resaltar especialmente la labor del profesor Dr. Miguel Rodríguez Rodríguez, que impartió la asignatura durante muchos años y que desde sus inicios contribuyó a la creación de materiales para las clases. Por ello, y por habernos regalado tantos ratos de excelente compañerismo, le expresamos nuestra más sincera gratitud. Asimismo, nos gustaría agradecer al profesor Dr. Ignacio de Ory Arriaga sus contribuciones al contenido aquí recopilado. La originalidad y elegancia de sus materiales docentes también suponen una importante contribución a esta obra.

Esperamos que este manual pueda ser de utilidad a todos aquellos alumnos que se decidan a profundizar en la materia a partir de ahora, un poco más allá de lo que escuetamente se dicta en las clases. También pensamos que podría ser de interés para aquellos alumnos que estén realizando su Trabajo Fin de Grado (o Fin de Máster) y necesiten realizar cálculos sobre procesos que incluyan etapas de reacción química, por lo que se verán requeridos a repasar los conceptos aprendidos durante la carrera. En cualquier caso, con estos ejercicios no es nuestra intención discutir los conceptos más o menos relevantes en el tema, sino más bien aportar algunas de las herramientas necesarias para abordar su solución. La mayoría de ellos son problemas que se repiten indefectiblemente en casi todos los cursos de Ingeniería de la Reacción Química que se imparten en el mundo.

Finalmente, nos gustaría agradecer a todos nuestros compañeros del Departamento

de Ingeniería Química y Tecnología de Alimentos de la Universidad de Cádiz su deferencia al permitirnos dedicar parte de nuestra labor docente a la elaboración de estos materiales. Es evidente que, de no haber dispuesto de su ayuda para atender el resto de las tareas que se nos encomiendan, no hubiera sido posible la preparación de este libro.

Los autores.

Introducción

La Ingeniería de la Reacción Química es una materia que incluye los aspectos fundamentales del diseño de los reactores químicos, como puede ser la cinética química, el dimensionamiento y combinación de equipos de reacción, los modelos de flujo de las corrientes o la influencia de las condiciones de operación (temperatura, presión, fases presentes, etc.). Su contenido forma parte irrenunciable del currículo del Ingeniero Químico y todas las universidades del mundo que imparten la titulación incluyen el tópico, con esa misma denominación o con título de Diseño de Reactores Químicos. En concreto en España, la mayoría de las universidades que cuentan con ese grado, suelen incluir hasta dos asignaturas específicas sobre el tema. Además, otros títulos de grado, como el Grado en Química o el Grado en Biotecnología, incluyen también en sus itinerarios curriculares alguna asignatura relacionada con la materia.

Por ese motivo, existen en el mercado editorial excelentes obras de referencia para el estudio de la materia, como las elaboradas por el profesor Octave Levenspiel, con las que tantos ingenieros químicos actuales se han formado. Sin embargo, esos textos están configurados en forma de monografías de desarrollo teórico y sólo esporádicamente se incluyen algunos ejemplos resueltos. Además, esos ejercicios suelen ilustrar ideas brillantes o sorprendentes, relativas a los conceptos tratados en cada capítulo, pero más bien con la intención de amenizar el discurso teórico que con el objeto de entrenar en el uso de los procedimientos de cálculo rutinarios. No abundan por tanto los textos que se centren en este detalle, a pesar de que su dominio es fundamental para el ejercicio adecuado de la profesión.

Por otra parte, la bibliografía relativa a los desarrollos teóricos de la ingeniería de la reacción química es bastante extensa, por lo que hemos considerado práctico, como ayuda para el estudiante, indicar expresamente los dos principales textos que se han utilizado de referencia en cada capítulo. Por ello, hemos incluido un apartado de bibliografía recomendada al final de cada introducción teórica. Además, en el apartado de bibliografía que se expone al final del libro, se han agrupado dichas referencias en un apartado específico, dejando el resto de los libros en otro apartado de ampliación.

El presente manual consta de seis capítulos con un total de sesenta y cuatro proble-
mas que van aumentando de complejidad progresivamente a medida que avanza el texto.
La secuencia de temas abordados reproduce el temario típico de una asignatura preliminar
de la materia. Por ello, hemos incluido en el título la indicación entre paréntesis de *Reactores Homogéneos e Isotermos*, que acota la extensión del volumen y deja para textos de
ampliación la parte concerniente a los *Reactores Heterogéneos y No Isotermos*. Los seis
capítulos del manual se organizan en tres partes, de dos capítulos cada una. La primera
parte (capítulos 1 y 2) trata sobre conceptos generales de Cinética Química. La segunda
parte (capítulos 3 y 4) trata sobre los reactores ideales. Y, finalmente la tercera (capítulos
5 y 6), trata sobre las desviaciones con respecto a los anteriores. Como se indica en el
título, en todo momento se trabaja con reactores homogéneos (el sistema de reacción está
constituido por una sola fase) e isotermos (no hay variación de temperatura, ni a lo largo
del tiempo ni a lo largo del sistema).

Puesto que el libro está dirigido a los alumnos del Grado en Ingeniería Química, ha
sido redactado a un nivel universitario intermedio. Por lo tanto, los conocimientos que se
necesitan para seguir adecuadamente el contenido se adquieren en el primer año de cualquier grado universitario de ingeniería, como son las bases fundamentales del álgebra o
del cálculo diferencial e integral. Además, al tratarse de un manual de problemas resueltos
no se abunda en las descripciones de los conceptos teóricos implicados. Por el contrario,
se ha preferido incluir al principio de cada capítulo un breve resumen de ideas, con la
intención de que sirva simplemente como consulta. En realidad, se espera que los lectores
hayan accedido previamente a los manuales teóricos de referencia y hayan profundizado
en las ideas necesarias, antes de dedicarse a la resolución de los problemas de esta colección.

En relación con el estilo empleado, se puede observar a lo largo del libro que casi
siempre se plantean situaciones muy ideales. Por ejemplo, en la mayoría de los ejercicios
no se describen explícitamente las fórmulas químicas de los compuestos, sino que se denominan simplemente A, B, C, etc. También se considera generalmente que los gases
siguen un comportamiento ideal. Todas estas estrategias pretenden eliminar las distrac-
ciones del estudiante hacia conceptos que son en realidad responsabilidad de otras materias y mantenerlo centrado en los procedimientos correspondientes a cada ejercicio. Qui-
zás, en principio pueda parecer que este formato conduce a los problemas al alejamiento

de las situaciones reales y que se pierde el enfoque holístico que caracteriza a cualquier ingeniería. Sin embargo, creemos que el sacrificio generalmente reporta sus frutos. Además, en un currículo completo de grado siempre hay otras asignaturas que asumen la responsabilidad de componer el enfoque global e interdisciplinar, como por ejemplo el propio Trabajo Fin de Grado, que adquiere con ello su principal objetivo.

Otro detalle que conviene aclarar es que la mayoría de los resultados que se mencionan en el texto están expresados con abundancia de cifras. Evidentemente, en la mayor parte de los casos, la teoría de la medida y la teoría de errores recomendaría reducir el número de cifras expuestas y ajustarse mejor al número de cifras significativas. Sin embargo, para facilitar la comprobación de los cálculos por parte de los estudiantes, hemos preferido mantener un número abundante de cifras, que siempre podrán redondear desde el punto de la resolución de los problemas que deseen.

Para un mejor aprovechamiento del material incluido, recomendamos que primero se intente resolver cada problema sin mirar la solución. Luego, en todo caso, se puede ir mirando progresivamente cada apartado, para intentar volver a resolver personalmente el resto del ejercicio. En cualquier caso, una vez que los estudiantes hayan completado el trabajo en cada capítulo, se espera que sean capaces de reproducir sin ayuda cualquiera de las soluciones contenidas en el mismo.

Primera parte
Cinética química aplicada

CAPÍTULO 1

Fundamentos de Cinética Química

Incremento estequiométrico

Considérese una reacción química general que transcurre tal como se expresa en la siguiente ecuación química ajustada:

$$a\,A + b\,B + c\,C + \cdots \quad \rightarrow \quad p\,P + r\,R + s\,S + \cdots$$

Aquí, A, B, C, etc., representan las fórmulas químicas de los reactivos y productos que participan en la reacción, mientras que a, b, c, etc., son los coeficientes estequiométricos correspondientes; que suelen ser números enteros sencillos. De una forma más general, se puede definir el coeficiente estequiométrico (ν_i) de cualquier compuesto i en una reacción, como el valor numérico (a, b, c, …, p, r, s, …, etc.) que figura delante de su fórmula en la ecuación química ajustada, aplicando el siguiente criterio de signos:

- El coeficiente estequiométrico de los productos (p, r, s, …) adquiere signo positivo.
- El coeficiente estequiométrico de los reactivos (a, b, c, …) adquiere signo negativo.

Entonces, el incremento estequiométrico (σ) se define como el sumatorio de los coeficientes estequiométricos de todos los compuestos que participan en la reacción, con su signo. También puede calcularse como la suma de los coeficientes de los productos (sin signo) menos la suma de los coeficientes de los reactivos (sin signo). Por ejemplo, en la reacción siguiente,

$$A + 2\,B + 3\,C \rightarrow 2\,P + R$$

los coeficientes estequiométricos de los distintos compuestos valen:

$$\nu_A = -1 \qquad \nu_B = -2 \qquad \nu_c = -3 \qquad \nu_P = 2 \qquad \nu_R = 1$$

y el incremento estequiométrico vale:

$$\sigma = \sum_i \nu_i = \nu_A + \nu_B + \nu_C + \nu_P + \nu_R = -1 - 2 - 3 + 2 + 1 = -3$$

O también:

$$\sigma = \sum_{prod} |v_i| - \sum_{reac} |v_i| = (|v_A| + |v_B| + |v_C|) - (|v_P| + |v_R|)$$

$$\sigma = (2 + 1) - (1 + 2 + 3) = -3$$

Mecanismo de reacción

La ecuación química mostrada al principio refleja sólo las proporciones estequiométricas con las que se combinan los reactivos y con las que se forman los productos. En realidad, no indica nada acerca del proceso mediante el cual interaccionan las moléculas o los átomos de los reactivos para formar los productos. Por lo tanto, se trata sólo de una ecuación que refleja el balance global de moléculas o átomos durante la reacción (ecuación estequiométrica). Dicha ecuación debe respetar la ley de conservación de la materia en las reacciones químicas, que es de aplicación siempre que no existan reacciones nucleares.

Se denomina mecanismo de reacción al conjunto de etapas que tienen lugar durante una reacción química determinada, y mediante las cuales se trasforma el conjunto de los reactivos en el conjunto de los productos, según se indica en la ecuación estequiométrica global. Dichas etapas deben reflejar exactamente cómo se van combinando las moléculas de los reactivos para formar los productos, y cada una de ellas constituye a su vez una reacción química más simple. Por lo tanto, el conjunto de todas las etapas incluidas en el mecanismo debe conducir a todos los productos de la reacción a partir de todos los reactivos implicados.

Por ejemplo, ha sido generalmente aceptado que la reacción de formación del yoduro de hidrógeno (*HI*) a partir de yodo (*I_2*) e hidrógeno (*H_2*) en fase gaseosa transcurre en una sola etapa.

Ecuación química: $I_2 + H_2 \rightarrow 2\,IH$

Mecanismo: *Etapa* 1. $I_2 + H_2 \rightarrow 2\,IH$

Se supone que, a nivel molecular, una molécula de yodo colisiona con una molécula de hidrógeno y se forman dos moléculas de yoduro de hidrógeno tras la colisión. Por lo tanto, el resultado de todas las colisiones que se producen durante la reacción es el que se indica en la ecuación estequiométrica global arriba indicada.

Por otra parte, se ha descrito que la formación del bromuro de hidrógeno (*HBr*) a partir de bromo (Br_2) e hidrógeno (H_2) en fase gaseosa transcurre en varias etapas.

$$Ecuación\ química:\ Br_2 + H_2 \rightarrow 2\,BrH$$

$$Mecanismo:\ Etapa\ 1.\ Br_2 \rightarrow 2\,Br^{\bullet}$$

$$Etapa\ 2.\ Br^{\bullet} + H_2 \rightarrow BrH + H^{\bullet}$$

$$Etapa\ 3.\ H^{\bullet} + Br_2 \rightarrow BrH + Br^{\bullet}$$

$$Etapa\ 4.\ HBr + H^{\bullet} \rightarrow Br^{\bullet} + H_2$$

$$Etapa\ 5.\ 2\,Br^{\bullet} \rightarrow Br_2$$

En este mecanismo se puede observar que, si la segunda de las etapas se multiplica por 2 y se suman todas las ecuaciones de las etapas, la ecuación química resultante coincide con la ecuación química global expuesta arriba. En consecuencia, si todas las etapas se producen simultáneamente (la segunda de ellas por duplicado), el resultado que se observa es el que se indica en la ecuación estequiométrica global.

Reacciones elementales y no elementales

Se denominan reacciones elementales a aquellas reacciones cuyo mecanismo transcurre en una sola etapa y, así, la ecuación estequiométrica indica exactamente la forma en que se combinan las moléculas de los reactivos a nivel molecular, para formar las moléculas de los productos de la reacción. Si una reacción no es elemental, las etapas del mecanismo que se proponga deben ser todas reacciones elementales.

En los ejemplos indicados anteriormente, la formación del yoduro de hidrógeno es una reacción elemental, mientras que la formación del bromuro de hidrógeno no lo es. Por lo tanto, el mecanismo de la primera consta de una sola etapa, mientras que el mecanismo de la segunda consta de varias. Además, cada una de estas etapas debe ser, a su vez, una reacción elemental.

Balance estequiométrico de masa

En una reacción química elemental, los reactivos y los productos deben consumirse o formarse a lo largo de la reacción respetando en todo momento el balance de materia correspondiente a cada compuesto, según su coeficiente estequiométrico. Así, si n_i es el número de moles del compuesto i presente en un instante dado y n_{io} es el número

inicial de moles de dicho compuesto, se debe cumplir que:

$$\frac{n_i - n_{io}}{v_i} = \text{constante} \qquad \frac{n_A - n_{Ao}}{v_A} = \frac{n_B - n_{Bo}}{v_B} = \frac{n_P - n_{Po}}{v_P} = \cdots = \text{constante}$$

Como consecuencia, conocida la cantidad inicial de dos componentes de una reacción elemental y conocida la cantidad de uno de ellos en otro momento, se puede establecer la cantidad del otro en ese instante.

$$\frac{n_A - n_{Ao}}{v_A} = \frac{n_P - n_{Po}}{v_P} \qquad n_A = n_{Ao} + \frac{v_A}{v_P}(n_P - n_{Po})$$

Por ejemplo, considérese nuevamente la reacción indicada al principio:

$$A + 2B + 3C \rightarrow 2P + R$$

Si se establece que se trata de una reacción elemental, su balance estequiométrico se expresaría del siguiente modo:

$$\frac{n_A - n_{Ao}}{-1} = \frac{n_B - n_{Bo}}{-2} = \frac{n_P - n_{Po}}{2} = \frac{n_R - n_{Ro}}{1}$$

$$n_{Ao} - n_A = \frac{n_{Bo} - n_B}{2} = \frac{n_P - n_{Po}}{2} = n_R - n_{Ro}$$

y, en consecuencia:

$$n_B = n_{Bo} - 2(n_{Ao} - n_A) \qquad n_R = n_{Ro} + \frac{n_{Bo} - n_B}{2} \qquad etc \dots$$

Reactivo limitante

Para una reacción elemental en determinadas condiciones, el reactivo limitante es el reactivo que se agotaría en primer lugar si la reacción avanzara lo suficiente. Evidentemente, dicho reactivo es el que se encuentra en mayor defecto estequiométrico con respecto a los demás. Teniendo en cuenta que en una reacción química elemental todos los reactivos se van consumiendo en proporción estequiométrica, el hecho de que un reactivo concreto resulte limitante o no dependerá, en cada caso, tanto del valor de dichos coeficientes como de las cantidades iniciales que se pongan en juego de cada uno de ellos. Así, si se inicia la reacción con todos los reactivos en su proporción estequiométrica, ninguno de ellos resultará limitante y todos se agotarán simultáneamente.

Inertes

En una reacción química dada, son compuestos inertes todos aquellos que están presentes en el medio de reacción durante el proceso, pero no participan de ninguna manera en el mecanismo implicado. Por lo tanto, al final de una reacción siempre resulta la misma cantidad de cada inerte que se había añadido al principio. Desde este punto de vista, los disolventes suelen actuar como inertes en las reacciones en estado líquido. Además, algunas reacciones en estado gaseoso también suelen realizarse en presencia de gases inertes, que son añadidos como diluyentes de los reactivos. Obviamente, tanto disolventes como diluyentes también ocupan un determinado volumen en el reactor.

Conversión

En una reacción química, la conversión (x_i) de cualquier reactivo i se define como la fracción del mismo que se ha consumido hasta un instante dado:

$$x_i = \frac{n_{io} - n_i}{n_{io}} \qquad x_A = \frac{n_{Ao} - n_A}{n_{Ao}} \qquad x_B = \frac{n_{Bo} - n_B}{n_{Bo}} \qquad \dots$$

Los valores de la conversión pueden ser diferentes para cada reactivo. En cualquier caso, sus valores varían siempre entre 0 (al principio de la reacción) y 1 (cuando el reactivo en cuestión se ha agotado totalmente). La conversión no tiene unidades, ya que corresponde a una variable fraccional o reducida. No obstante, a veces, la conversión se expresa en tanto por ciento (%), multiplicando su valor por cien.

A partir de lo indicado se puede deducir que, conocida la cantidad inicial de un reactivo dado y su conversión alcanzada en un instante dado, se puede establecer la cantidad del mismo que queda en dicho instante.

$$x_i = \frac{n_{io} - n_i}{n_{io}} \qquad n_{io} - n_i = x_i\, n_{io} \qquad n_i = n_{io} - x_i\, n_{io} = n_{io}(1 - x_i)$$

Avance

El avance de una reacción (χ) se define como la fracción de la conversión (x_i) alcanzada por el reactivo i en un instante dado, con respecto de la conversión final de

equilibrio que se espera en dicho reactivo (x_{ieq}). Si n_{ieq} es el número de moles del compuesto i presente en el equilibrio, tenemos que:

$$\chi = \frac{x_i}{x_{ieq}} \qquad \chi = \frac{x_A}{x_{Aeq}} = \frac{\dfrac{n_{Ao} - n_A}{n_{Ao}}}{\dfrac{n_{Ao} - n_{Aeq}}{n_{Ao}}} = \frac{n_{Ao} - n_A}{n_{Ao} - n_{Aeq}}$$

El valor calculado del avance de reacción debe ser el mismo para todos los reactivos, con independencia del reactivo respecto del que se calcule. En cualquier caso, sus valores varían siempre entre 0 (al principio de la reacción) y 1 (al final de la reacción). El avance no tiene unidades, ya que también corresponde a una variable fraccional o reducida. No obstante, el avance se expresa también a veces en tanto por ciento (%), multiplicando su valor por cien.

Como antes, a partir de lo indicado se puede deducir que, conocida la cantidad inicial de un reactivo determinado y la cantidad que resulta del mismo en el equilibrio, si se conoce el avance de la reacción en un instante dado, se puede calcular la cantidad de ese reactivo que está presente en dicho instante.

$$\chi = \frac{n_{io} - n_i}{n_{io} - n_{ieq}} \qquad n_{io} - n_i = \left(n_{io} - n_{ieq}\right)\chi \qquad n_i = n_{io} - \chi\left(n_{io} - n_{ieq}\right)$$

Extensión

La extensión de una reacción (X) se define como la cantidad de equivalentes de cualquiera de los componentes de la misma que han reaccionado hasta un instante dado. Un equivalente (Eq) de cualquier componente corresponde a la cantidad de dicho componente que reacciona por cada mol del componente de referencia en la reacción. Estas cantidades se pueden deducir fácilmente de la ecuación química, si está ajustada y simplificada adecuadamente. Así, por ejemplo, supongamos la reacción elemental siguiente, tomando B como componente de referencia:

$$A + 2B \rightarrow 2P + R$$

Se asume que por cada equivalente de B reacciona un equivalente de A. Sin embargo, por cada mol de B reacciona sólo medio mol de A. Por lo tanto, la masa equivalente de A es la mitad de su masa molecular. Así, se puede establecer que esta reacción se ha extendido a lo largo de un equivalente de reactivos cuando se ha consumido 1 mol de B o 1/2 mol de A. También se puede decir que se ha extendido a lo largo de un equivalente de productos cuando se han formado 1 mol de P o 1/2 mol de R. En definitiva, la extensión que ha alcanzado una reacción determinada se puede calcular a partir de cualquier componente de la reacción:

$$X = \frac{n_i - n_{io}}{\nu_i} \qquad X = \frac{n_A - n_{Ao}}{\nu_A} = \frac{n_B - n_{Bo}}{\nu_B} = \frac{n_P - n_{Po}}{\nu_P} = \cdots$$

El valor calculado de la extensión de una reacción debe ser el mismo con independencia del componente respecto del que se calcule. En cualquier caso, sus valores pueden variar entre 0 (al principio de la reacción) y cualquier otro valor mayor que 0 (en cualquier instante posterior). Lógicamente, conocida la cantidad inicial de un componente y la extensión de la reacción en un instante determinado, se puede calcular la cantidad de ese componente que está presente en dicho instante.

$$X = \frac{n_i - n_{io}}{\nu_i} \qquad n_i - n_{io} = X\,\nu_i \qquad n_i = n_{io} + X\,\nu_i$$

El valor correspondiente a la extensión de una reacción no indica nada sobre el tamaño del sistema de reacción, sino sólo sobre la cantidad de reacción que se ha producido en el mismo. Sin embargo, la extensión específica (ξ) expresaría la extensión alcanzada por unidad de volumen del sistema. Así:

$$\xi = \frac{X}{V}$$

Es evidente que las unidades de esta extensión específica son: número de equivalentes de reactivos consumidos (o de productos producidos) por unidad de volumen del sistema (Eq/V). La extensión específica refleja la variación detectada de las concentraciones de los componentes hasta un instante dado, expresada en las unidades clásicas de la normalidad (N).

NOTA

El avance de reacción (χ) también puede ser calculado como la fracción entre la extensión alcanzada en un instante dado y la extensión alcanzada en el equilibrio final:

$$\chi = \frac{X}{X_{eq}} \qquad \chi = \frac{\dfrac{n_i - n_{io}}{\nu_i}}{\dfrac{n_{ieq} - n_{io}}{\nu_i}} = \frac{n_{io} - n_i}{n_{io} - n_{ieq}}$$

Tanto la conversión como la extensión, son variables que se definen con respecto a las condiciones iniciales de la reacción (las cantidades y los coeficientes de los compuestos). Sin embargo, el avance se define teniendo en cuenta tanto las condiciones iniciales como

las condiciones finales del equilibrio. En consecuencia, no tiene por qué haber ninguna relación proporcional entre las mismas. Por otra parte, la conversión se define sólo para los reactivos, mientras que el avance y la extensión pueden calcularse tanto para los reactivos como para los productos.

FIN DE LA NOTA

Reacciones a volumen constante o volumen variable

De forma general, se considera que las reacciones químicas homogéneas en disolución (fase líquida), a temperatura y presión constantes, transcurren a volumen constante; lo que se supone válido para cualquier valor de su incremento estequiométrico. Dicha aproximación es válida debido a que la cantidad de líquido no reaccionante (el disolvente que actúa como inerte) suele ser siempre muy elevada, frente a las posibles variaciones en la cantidad de moléculas de los reactivos o productos. Por lo tanto, aunque la mencionada variación de volumen puede producirse realmente, podemos considerarla despreciable.

Por otra parte, las reacciones químicas homogéneas en fase gaseosa, a temperatura y presión constantes, pueden transcurrir de dos maneras:

1) A volumen constante, si el coeficiente estequiométrico es nulo ($\sigma = 0$).

2) A volumen variable, si el coeficiente estequiométrico no es nulo ($\sigma \neq 0$).

En este último caso, las reacciones serían expansivas, si el volumen aumenta a lo largo de la reacción (cuando el incremento estequiométrico es positivo); y serían compresivas, si el volumen disminuye a lo largo de la reacción (cuando el incremento estequiométrico es negativo).

En las reacciones a volumen constante (V = cte.), la conversión (x_i) del reactivo i se puede expresar del siguiente modo:

$$x_i = \frac{n_{io} - n_i}{n_{io}} = \frac{\dfrac{n_{io}}{V} - \dfrac{n_i}{V}}{\dfrac{n_{io}}{V}} = \frac{I_o - I}{I_o} \qquad x_A = \frac{A_o - A}{A_o} \qquad \ldots$$

Aquí, A representa la concentración molar del reactivo A en un instante dado y A_o la concentración inicial. En general, en este texto I representa la concentración molar de cualquier reactivo dado i. Por otra parte, en las reacciones a volumen constante, el avance de reacción (χ) se puede expresar también del siguiente modo:

$$\chi = \frac{n_{io} - n_i}{n_{io} - n_{ieq}} = \frac{\dfrac{n_{io}}{V} - \dfrac{n_i}{V}}{\dfrac{n_{io}}{V} - \dfrac{n_{ieq}}{V}} = \frac{I_o - I}{I_o - I_{eq}}$$

Finalmente, en las reacciones a volumen constante, la extensión de la reacción (X) se puede expresar sobre la base de su extensión específica (ξ) del siguiente modo:

$$\xi = \frac{X}{V} = \frac{\dfrac{n_i}{V} - \dfrac{n_{io}}{V}}{v_i} = \frac{I - I_o}{v_i} = \frac{I}{v_i} - \frac{I_o}{v_i} = E_i - E_{io}$$

Siendo I la concentración molar del compuesto i en un instante dado y E_i su concentración normal (normalidad) en dicho instante. Aquí se debe tener en cuenta el criterio de signos anteriormente definido (negativo para los reactivos y positivo para los productos). I_o y E_{io} son los valores que corresponden al instante inicial.

Factor de expansión

En las reacciones isotérmicas e isobáricas en las que se produce un cambio del volumen del sistema, debido a la estequiometría de la reacción, se puede definir un factor de expansión (ε_i), cuyo valor se puede determinar con respecto a cada reactivo i. Este factor expresa la variación del volumen del sistema desde el comienzo de la reacción hasta que se ha consumido totalmente el reactivo i (cuando su conversión vale 1). Es decir, matemáticamente se define del siguiente modo:

$$\varepsilon_i = \frac{V_{x_i=1} - V_{x_i=o}}{V_{x_i=o}}$$

Siendo aquí $V_{x_i=0}$ el volumen del sistema al principio de la reacción (cuando la conversión del reactivo i es igual a 0), y siendo $V_{x_i=1}$ el volumen del sistema en el momento que se ha consumido totalmente dicho reactivo i (cuando la conversión del mismo es igual a 1). Para determinar su valor, se puede recurrir a la tabla de progreso de reacción correspondiente. Así, en el caso general, tendríamos que:

$$a\,A + b\,B + c\,C + \cdots \quad \rightarrow \quad p\,P + r\,R + s\,S + \cdots$$

El número de moles de cada reactivo (n_i) presente en cada instante t será:

t	n_A	n_B	n_C	...
$x_A = 0$	n_{Ao}	n_{Bo}	n_{Co}	...
$x_A = 1$	$n_{Af} = 0$	$n_{Bf} = n_{Bo}(1 - [b/a])$	$n_{Cf} = n_{Co}(1 - [c/a])$	...

Y el número de moles de cada producto (n_i) en cada instante t será:

t	n_P	n_R	n_S	...
$x_A = 0$	n_{Po}	n_{Ro}	n_{So}	...
$x_A = 1$	$n_{Pf} = n_{Po}(1 + [p/a])$	$n_{Rf} = n_{Ro}(1 + [r/a])$	$n_{Sf} = n_{So}(1 + [s/a])$	...

Por lo tanto, el número total de moles del sistema (n_T) y el volumen total del sistema (V_T), expresado en número de volúmenes molares a la temperatura y presión dadas, en cada instate t serán:

t	n_T	V_T
$x_A = 0$	$n_{Ao} + n_{Bo} + \ldots + n_{Po} + n_{Ro} + \ldots$	$V_{xi=o} = n_{Ao} + n_{Bo} + \ldots + n_{Po} + n_{Ro} + \ldots$
$x_A = 1$	$n_{Af} + n_{Bf} + \ldots + n_{Pf} + n_{Rf} + \ldots$	$V_{xi=1} = n_{Af} + n_{Bf} + \ldots + n_{Pf} + n_{Rf} + \ldots$

Obsérvese que, siguiendo estrictamente la tabla, el número final de moles de algún reactivo podría llegar a ser negativo, dependiendo de las cantidades iniciales y de los coeficientes estequiométricos. Aunque físicamente los valores negativos no representan ninguna situación real, ya que la reacción se pararía antes de alcanzarlos, corresponden a la proyección lineal de la hipotética evolución del sistema en cada caso.

Como consecuencia de todo lo anterior, en las reacciones a volumen variable debido a un incremento estequiométrico no nulo (presión y temperatura constantes), se puede relacionar el volumen del sistema en cada instante con la conversión de cualquier reactivo i en ese momento, del siguiente modo:

$$Al\ principio \qquad \frac{V_{x_i=0} - V_{x_i=o}}{V_{x_i=o}} = \varepsilon_i \cdot [x_i = 0] = 0$$

$$Al\ final \qquad \frac{V_{x_i=1} - V_{x_i=o}}{V_{x_i=o}} = \varepsilon_i \cdot [x_i = 1] = \varepsilon_i$$

$$Duante\ la\ reacción \qquad \frac{V_{x_i=x_i} - V_{x_i=o}}{V_{x_i=o}} = \varepsilon_i\, x_i$$

$$\frac{V - V_o}{V_o} = \varepsilon_i\, x_i \qquad \frac{V}{V_o} - 1 = \varepsilon_i\, x_i \qquad V = V_o\, (1 + \varepsilon_i\, x_i)$$

En consecuencia, en sistemas isotérmicos e isobáricos las variaciones de volumen de la mezcla reaccionante se deben exclusivamente a las variaciones en el número de moles, debidas a la estequiometría de la reacción y a la cantidad de inertes. Por ello, puede admitirse que la variación de volumen corresponde a la variación en el número de moles en el sistema y que estos varían linealmente con la conversión. De tal forma que:

$$x_i = \frac{n_{io} - n_i}{n_{io}} = \frac{n_i - n_{io}}{0 - n_{io}} = \frac{n_i - n_{io}}{n_{if} - n_{io}} = \frac{\dfrac{n_i - n_{io}}{\nu_i}}{\dfrac{n_{if} - n_{io}}{\nu_i}} = \frac{\dfrac{n_T - n_{To}}{\sigma}}{\dfrac{n_{Tf} - n_{To}}{\sigma}} = \frac{n_T - n_{To}}{n_{Tf} - n_{To}}$$

$$n_T = n_{To} + \left(n_{Tf} - n_{To}\right) x_i = n_{To}\left(1 + \left[\frac{n_{Tf} - n_{To}}{n_{To}}\right] x_i\right) = n_{To}\left(1 + [\varepsilon_i] x_i\right)$$

$$n_T = n_{To}\left(1 + [\varepsilon_i] x_i\right) \qquad V = V_o\left(1 + \varepsilon_i x_i\right)$$

Siendo n_i el número de moles de la especie i y n_T el número total de moles del sistema de reacción. La Figura 1.1 refleja la proporcionalidad lineal indicada.

Figura 1.1. Representación del número total de moles del sistema (equivalente a su volumen) en los sistemas de volumen variable a T y P constantes.

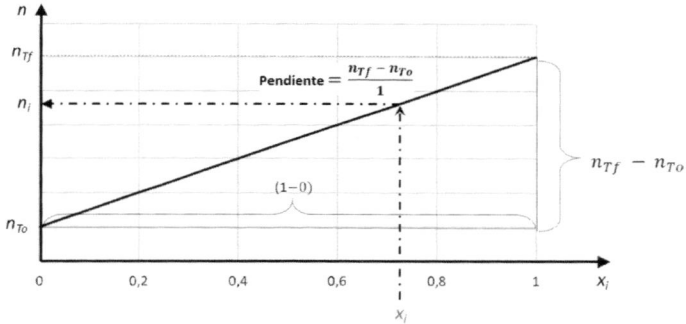

NOTA

Por supuesto, en los sistemas de reacción en los que además se dan cambios de temperatura o de presión, el volumen también puede variar debido a esas causas y el volumen resultante en cada instante será la combinación de todos los efectos mencionados (estequiometría, temperatura y presión).

$$V = V_o(1 + \varepsilon_i x_i) \left(\frac{T_i}{T_o}\right)\left(\frac{P_o}{P_i}\right)$$

Por otra parte, según la definición del factor de expansión que se ha expuesto, parecería que sólo es posible calcular su valor con referencia al reactivo limitante, ya que este reactivo es el que se encuentra en menor proporción estequiométrica y, por lo tanto, es el que se debe agotar antes y detener el avance de la reacción. No parece razonable definir un posible volumen del sistema a partir de dicho instante. Sin embargo, como se verá más adelante, podemos calcular el factor de expansión con respecto a todos y cada uno de los

reactivos, si aplicamos el artilugio matemático mencionado anteriormente de asignar cantidades y volúmenes negativos a aquellos que se encuentren en defecto estequiométrico. En todo caso, el valor del factor de expansión calculado con respecto a cada reactivo generalmente será diferente; ya que cada uno de ellos suele alcanzar su conversión total en instantes diferentes, dependiendo de la estequiometría de la reacción y de las cantidades iniciales añadidas. Además, es importante anotar que el valor del factor de expansión también es diferente si se comienza con cantidades diferentes de los inertes; ya que la ratio de expansión calculada no vale lo mismo si se parte de un volumen que si se parte de otro.

FIN DE LA NOTA

Reacciones a presión constante o presión variable

Anteriormente se ha considerado que las reacciones químicas elementales homogéneas en fase gaseosa a presión y temperatura constantes, cuando presentan incremento estequiométrico no nulo, se desarrollan de forma general a volumen variable. Sin embargo, si se bloquean las variaciones de volumen mediante cualquier dispositivo, tales reacciones transcurren entonces a presión variable. En dichas circunstancias, la presión total del sistema sufre una variación a lo largo de la reacción, que es equivalente a la que sufriría el volumen en su caso. En estos casos, en las reacciones químicas elementales se puede relacionar la presión total del sistema (P_T) en cada instante con la presión parcial (p_i) de cualquier reactivo o producto i en dicho instante, mediante la siguiente expresión:

$$\frac{n_i - n_{io}}{v_i} = \frac{n_T - n_{To}}{\sigma} \qquad \frac{n_i - n_{io}}{n_T - n_{To}} = \frac{v_i}{\sigma} \qquad \frac{\dfrac{p_i V}{RT} - \dfrac{p_{io} V}{RT}}{\dfrac{P_T V}{RT} - \dfrac{P_{To} V}{RT}} = \frac{p_i - p_{io}}{P_T - P_{To}} = \frac{v_i}{\sigma}$$

Velocidad de reacción

En cinética homogénea, la velocidad de reacción (r_i) se suele definir de forma general como la variación de la cantidad de un componente dado i con el tiempo, por unidad de volumen. Dado que los reactivos desaparecen con el tiempo, para ellos la velocidad de reacción tiene un valor negativo, mientras que para los productos lo tiene positivo. Así, para evitar el manejo de números negativos, se suele usar con los reactivos su velocidad de desaparición ($-r_i$) como indicativa de velocidad de reacción. Con los productos se usa directamente su velocidad de formación. Así, si A es un reactivo y P es un producto, tenemos que:

$$r_i = \left(\frac{dn_i}{dt}\right)\frac{1}{V} \qquad r_A = \frac{1}{V}\frac{dn_A}{dt} < 0 \qquad -r_A = -\frac{1}{V}\frac{dn_A}{dt} > 0 \qquad r_P = \frac{1}{V}\frac{dn_P}{dt} > 0$$

En las reacciones elementales, el balance estequiométrico determina la relación entre las velocidades de reacción de cada componente.

$$\frac{n_i - n_{io}}{\nu_i} = cte \qquad \frac{dn_i}{\nu_i} = cte \qquad \frac{dn_i}{dt\,\nu_i} = cte \qquad \frac{r_i}{\nu_i} = cte$$

$$\frac{r_A}{\nu_A} = \frac{r_B}{\nu_B} = \frac{r_P}{\nu_P} = \cdots$$

Por ejemplo, en la reacción elemental mencionada al principio del capítulo:

$$A + 2B + 3C \rightarrow 2P + R$$

podemos establecer la siguiente relación entre las velocidades de reacción con respecto a cada componente.

$$\frac{r_A}{-1} = \frac{r_B}{-2} = \frac{r_C}{-3} = \frac{r_P}{2} = \frac{r_R}{1}$$

$$-r_B = 2\,(-r_A) \qquad -r_C = \frac{3}{2}\,(-r_B) \qquad r_P = 2\,(-r_A) \qquad -r_A = r_R$$

En las reacciones a volumen constante, la velocidad de reacción (r_i) se puede expresar en función de las concentraciones, del siguiente modo:

$$r_i = \left(\frac{dn_i}{dt}\right)\frac{1}{V} = \frac{d\frac{n_i}{V}}{dt} = \frac{dI}{dt} \qquad -r_A = -\frac{dA}{dt} > 0 \qquad r_P = \frac{dP}{dt} > 0$$

En general, para el diseño de los reactores, se busca conocer la función matemática que relaciona la velocidad de reacción con cada una de las variables que influyen sobre ella. Entre estas variables, las más importantes son las concentraciones de los reactivos y la temperatura.

Influencia de la concentración

La función que refleja la influencia de las concentraciones de los reactivos sobre la velocidad de reacción depende del mecanismo implicado. En los casos más simples (reacciones elementales), la velocidad es proporcional a la concentración de cada reactivo elevado a un coeficiente (n), que se denomina orden de reacción con respecto a dicho

reactivo. El orden global de reacción (η) es la suma directa de todos los órdenes.

$$r_i = k_i \prod I^n$$

$k_i = constante\ cinética\ respecto\ de\ i \qquad n = orden\ de\ reacción\ respecto\ de\ i$

$I = concentración\ molar\ del\ reactivo\ i$

Por ejemplo, en la reacción elemental siguiente:

$$A + 2B \rightarrow 2P + R$$

las expresiones concretas para la velocidad de reacción serían en cada caso las siguientes:

$$r_i = k_i\ A^\alpha B^\beta C^\gamma \ldots \qquad \eta = \alpha + \beta + \gamma + \cdots = 1 + 2 = 3$$

$$-r_A = k_A\ A\ B^2 \qquad -r_B = k_B\ A\ B^2 \qquad r_P = k_P\ A\ B^2 \qquad r_R = k_R\ A\ B^2$$

Como se puede observar, la parte de la función que refleja la influencia de las concentraciones es independiente del componente respecto del que estemos midiendo la velocidad. Sin embargo, la constante de proporcionalidad es distinta en cada caso. De este modo, la ratio entre las distintas expresiones de la velocidad queda recluida en la ratio entre las constantes. Aplicando los balances de materia correspondientes, tenemos que:

$$\frac{n_i - n_{io}}{v_i} = cte \qquad \frac{n_A - n_{Ao}}{-1} = \frac{n_B - n_{Bo}}{-2} = \frac{n_P - n_{Po}}{2} = \frac{n_R - n_{Ro}}{1}$$

$$\frac{dA}{-1} = \frac{dB}{-2} = \frac{dP}{2} = \frac{dR}{1} \qquad \frac{-dA}{1} = \frac{-dB}{2} = \frac{dP}{2} = \frac{dR}{1}$$

$$-\frac{dA}{dt} = -\frac{dB}{dt}\left(\frac{1}{2}\right) = \frac{dP}{dt}\left(\frac{1}{2}\right) = \frac{dR}{dt} \qquad \frac{-r_A}{1} = \frac{-r_B}{2} = \frac{r_P}{2} = \frac{r_R}{1}$$

$$\frac{r_A}{-1} = \frac{r_B}{-2} = \frac{r_P}{2} = \frac{r_R}{1} \qquad \frac{k_A}{1} = \frac{k_B}{2} = \frac{k_P}{2} = \frac{k_R}{1}$$

En ocasiones se puede usar una sola constante cinética generalizada (k) para todas las expresiones de la velocidad de reacción, que debe adquirir un valor fijo con independencia del componente al que nos refiramos. En este caso, por supuesto, se debe mantener la ratio entre las velocidades, agregando los factores numéricos necesarios. Así:

$$k = \frac{k_A}{1} = \frac{k_B}{2} = \frac{k_P}{2} = \frac{k_R}{1}$$

$$-r_A = k\ A\ B^2 \qquad -r_B = 2k\ A\ B^2 \qquad r_P = 2k\ A\ B^2 \qquad r_R = k\ A\ B^2$$

En reacciones con mecanismos más complejos, como por ejemplo las reacciones catalizadas, la ecuación cinética puede incluir varias veces la concentración del mismo reactivo con distintas formas matemáticas, o incluso puede incluir también la concentración de alguno de los productos. Por ejemplo, en el mecanismo propuesto por Michaelis y Menten para determinadas reacciones enzimáticas tenemos que:

$$S + E \;\rightarrow\; E + P \qquad\qquad r_P = \frac{k_1\, E\, S}{k_2 + S}$$

O en el mecanismo de reacción que se aplica a las reacciones en cadena propagadas por radicales libres, tenemos que:

$$A + B \;\rightarrow\; P \qquad\qquad r_P = \frac{k_1\, A\, \sqrt{B}}{k_2 + \dfrac{P}{B}}$$

En estos casos, el orden de reacción con respecto a algunos de los componentes puede resultar indefinido o incluso variable a lo largo del proceso, y lo mismo ocurre con el orden global.

Finalmente, en otros casos, como en las reacciones fotoquímicas, no existe influencia directa de las concentraciones de los componentes en la velocidad de reacción, sino que es la cantidad de radiación aplicada al sistema la que determina la velocidad del proceso. Este tipo de reacciones se clasifican como de orden cero. Así, por ejemplo, tenemos:

$$A + B \;\overset{h\nu}{\rightarrow}\; 2\,P \qquad\qquad r_P = k_P$$

Influencia de la temperatura

De forma general, en las reacciones elementales homogéneas, la influencia de la temperatura se considera incluida dentro del valor de la constante cinética (k). Arrhenius propuso la siguiente expresión para la influencia de la temperatura (T) sobre la misma, de origen empírico:

$$k = A_o \cdot exp\left(-\frac{E}{RT}\right)$$

La ecuación puede linealizarse fácilmente tomando logaritmos:

$$\ln(k) = \ln(A_0) - \left(\frac{E}{R}\right)\frac{1}{T}$$

De este modo, se puede proceder al cálculo de los parámetros A_o y E como se indica la Figura 1.2. Por otra parte, la teoría de colisiones propone la siguiente ecuación para reflejar el efecto de T en el valor de la constante cinética:

$$k = B_o\, \sqrt{T} \cdot exp\left(-\frac{E_a}{RT}\right)$$

Finalmente, la teoría del estado de transición propone esta otra expresión:

$$k = C_o \, T \cdot exp\left(-\frac{\Delta E}{RT}\right)$$

Figura 1.2. Linealización de la ecuación de Arrhenius.

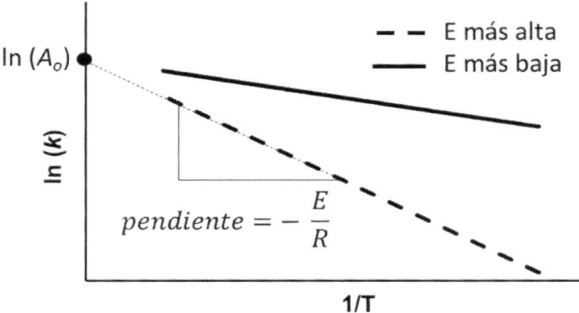

Como generalización de todas las expresiones anteriores, se puede usar otra ecuación que las contiene a todas como casos particulares, aunque carece de base teórica independiente. Así:

$$k = k_o \, T^n \cdot exp\left(-\frac{E_o}{RT}\right)$$

Aquí, n es un parámetro de ajuste que vale entre 0 y 1. Para $n = 0$, tenemos la ecuación de Arrhenius; para $n = \frac{1}{2}$, tenemos la teoría de colisiones; y para $n = 1$ tenemos la teoría del estado de transición. En cualquier caso, las variaciones de k debidas al término potencial (T^n) son siempre mucho menores que las debidas al término exponencial, $exp(-E/RT)$. Por lo tanto, para reflejar la influencia de T se suele aplicar con suficiente precisión la ecuación de Arrhenius.

En cada una de las ecuaciones mencionadas, tanto las constantes pre-exponenciales A_o, B_o, C_o y k_o como las energías características E, E_a, ΔE y E_o, adquieren un significado distinto, debido a su diferente fundamento teórico. En todo caso, siempre son parámetros que se pueden obtener a partir del ajuste de los datos experimentales.

Ecuación química y expresión cinética

En una reacción química se puede usar una ecuación para expresar la velocidad de desaparición de cualquiera de los reactivos o la velocidad de aparición de cualquiera de los productos. Dichas ecuaciones son las ecuaciones cinéticas y suelen expresarse en forma diferencial. El sistema completo de ecuaciones diferenciales se puede resolver por diversos procedimientos matemáticos y obtener así las ecuaciones cinéticas integradas, que nos ofrecen la evolución de la concentración de cada reactivo o de cada producto a lo largo del tiempo.

Debido a que las reacciones elementales deben transcurrir mediante las combinaciones a nivel molecular que se indican directamente en la ecuación estequiométrica, las ecuaciones cinéticas se pueden deducir en tales casos directamente a partir de la ecuación estequiométrica. Por ejemplo, si la ecuación estequiométrica de una reacción elemental indica que se combinan dos moléculas concretas, entonces la velocidad de esa reacción debe depender de la frecuencia con la que colisionen (o interaccionen) tales moléculas. A su vez, eso implica que dependerá directamente del producto de sus concentraciones. En definitiva, los exponentes de las concentraciones de los distintos reactivos en la ecuación cinética (órdenes de reacción) deben coincidir directamente con los coeficientes estequiométricos de los correspondientes compuestos en la ecuación química.

Tomando nuevamente como ejemplo la formación del yoduro de hidrógeno, tenemos que la ecuación química de dicha reacción es:

$$I_2 + H_2 \rightarrow 2\,IH$$

Donde los coeficientes estequiométricos del yodo y del hidrógeno valen 1. Por lo tanto, al tratarse de una reacción elemental, los órdenes de reacción respecto del yodo y del hidrógeno deben ser también igual a 1. En definitiva, tenemos que:

$$-r_{I_2} = k_{I_2}\,[I_2]^1\,[H_2]^1 = k\,[I_2]\,[H_2]$$

$$-r_{H_2} = k_{H_2}\,[I_2]^1\,[H_2]^1 = k\,[I_2]\,[H_2]$$

$$r_{IH} = k_{IH}\,[I_2]^1\,[H_2]^1 = 2\,k\,[I_2]\,[H_2]$$

Por otra parte, esta equivalencia entre orden de reacción y coeficiente estequiométrico no tiene por qué cumplirse en las reacciones no elementales. De hecho, no suele ocurrir. En este otro tipo de reacciones, debido a que transcurren a través de mecanismos compuestos por varias etapas, las ecuaciones cinéticas resultantes son en realidad el fruto de la combinación de todas las ecuaciones de velocidad de cada una de las etapas.

Por ejemplo, tomando de nuevo el caso de la formación del bromuro de hidrógeno, tenemos que la ecuación estequiométrica para dicha reacción es:

$$Br_2 + H_2 \rightarrow 2\,BrH$$

Sin embargo, se ha observado experimentalmente que la ecuación de velocidad global para la formación de este ácido se ajusta a la siguiente expresión cinética:

$$r_{BrH} = \frac{k_1\,[H_2]\,\sqrt{[Br_2]}}{k_2 + \dfrac{[BrH]}{[Br_2]}}$$

Su forma matemática indica claramente que no se trata de una reacción elemental y que, por lo tanto, debe haber implicado cierto mecanismo más o menos complejo.

Bibliografía recomendada

- Fogler, H.S. "Elements of Chemical Reaction Engineering", 6th edition. Ed. Pearson (2020).
- Levenspiel, O. "Ingeniería de las Reacciones Químicas", 3ª edición. Ed. Limusa (2012).

PROBLEMA 1.1. Cálculos cinéticos básicos en reacciones en fase líquida

En la siguiente tabla se presentan dos reacciones elementales homogéneas e isotermas, que se llevan a cabo en las condiciones que se indican. Calcule las magnitudes que se piden.

	Reacción	Fase	Datos	Calcular
a)	$A \rightarrow 2\,R$	líquida	$A_o = 100$ mol/L; $x_A = 0,8$	A; R
b)	$A + 2\,B \rightarrow R + S$	líquida	$A_o = 100$ M; $B_o = 200$ M; $x_A = 0,4$	A; B; x_B

SOLUCIÓN

a) $A \rightarrow 2\,R$.

La reacción es en fase líquida. Por lo tanto, se trata de un sistema a volumen constante, a pesar de que el incremento estequiométrico (σ) es positivo.

$$\sigma = \sum_i \nu_i = 2 - 1 = 1$$

Si V es el volumen total del sistema (constante), el balance estequiométrico de los componentes A y R de la reacción elemental es el siguiente:

$$\frac{n_i - n_{io}}{\nu_i} = cte \qquad \frac{\dfrac{n_i - n_{io}}{\nu_i}}{V} = \frac{\dfrac{n_i - n_{io}}{V}}{\nu_i} = \frac{\dfrac{n_i}{V} - \dfrac{n_{io}}{V}}{\nu_i} = \frac{I - I_o}{\nu_i} = cte$$

$$\frac{A - A_o}{-1} = \frac{R - R_o}{2}$$

Por otra parte, a partir de la definición de conversión para el reactivo A tenemos que:

$$x_A = \frac{n_{Ao} - n_A}{n_{Ao}} = \frac{\dfrac{n_{Ao}}{V} - \dfrac{n_A}{V}}{\dfrac{n_{Ao}}{V}} = \frac{A_o - A}{A_o} \qquad A = A_o(1 - x_A)$$

Además, cuando la conversión de A es del 80 % tenemos que $[\, x_A = 0,8\,]$ y entonces:

$$A = A_o(1 - x_A) = \left[100\,\frac{mol}{L}\right](1 - 0,8) = 100 \cdot 0,2 = 20\,\frac{mol}{L}$$

$$A = 20\,\frac{mol}{L}$$

Finalmente, puesto que se parte de $R_o = 0$, a partir del balance estequiométrico tenemos que:

$$\frac{A - A_o}{-1} = \frac{R - R_o}{2} \qquad \frac{20 - 100}{-1} = \frac{R - 0}{2} \qquad R = 2(100 - 20) = 160$$

$$R = 160 \frac{mol}{L}$$

b) $A + 2B \rightarrow R + S$.

Esta reacción también es en fase líquida. Por lo tanto, también se trata de un sistema a volumen constante, a pesar de que el incremento estequiométrico (σ) es negativo.

$$\sigma = \sum_i \nu_i = 1 + 1 - 1 - 2 = -1$$

El balance estequiométrico de los componentes del sistema de reacción (elemental) es el siguiente:

$$\frac{A - A_o}{-1} = \frac{B - B_o}{-2} = \frac{R - R_o}{1} = \frac{S - S_o}{1}$$

Cuando la conversión de A es del 40 % tenemos que [$x_A = 0{,}4$] y entonces:

$$A = A_o(1 - x_A) = 100\,(1 - 0{,}4) = 100 \cdot 0{,}6 = 60 \qquad A = 60\,M$$

Además, puesto que se parte de R y S nulos, tenemos que:

$$\frac{60 - 100}{-1} = \frac{B - 200}{-2} \qquad 200 - B = 2\,(100 - 60)$$

$$B = 200 - 2\,(100 - 60) = 120 \qquad R = 120\,M$$

Finalmente, relacionando las conversiones de A y de B a través del balance estequiométrico, tenemos que:

$$x_A = \frac{A_o - A}{A_o} \qquad x_B = \frac{B_o - B}{B_o} \qquad A_o - A = x_A\,A_o \qquad B_o - B = x_B\,B_o$$

$$\frac{A - A_o}{-1} = \frac{B - B_o}{-2} \qquad \frac{x_A\,A_o}{1} = \frac{x_B\,B_o}{2} \qquad x_B = 2\,x_A\,\frac{A_o}{B_o}$$

$$x_B = 2 \cdot 0{,}4\,\frac{100}{200} = 0{,}4 \qquad x_B = 0{,}4$$

PROBLEMA 1.2. Factor de expansión de volumen para reacciones en fase gaseosa

En la siguiente tabla se presentan distintas reacciones elementales homogéneas e isotermas, que se llevan a cabo en las condiciones que se indican. Calcule las magnitudes que
se piden.

	Reacción	Fase	Datos	Calcular
a)	$A \rightarrow 2\,R$	gaseosa	$A_o = 100$ mol/L; $x_A = 0,8$	A; R
b)	$A \overset{I}{\rightarrow} 2\,R$	gaseosa	$A_o = I_o = 100$ M; $x_A = 0,8$	A; R
c)	$A + 2\,B \rightarrow R + S$	gaseosa	$A_o = B_o = 100$ mol/L; $x_A = 0,4$	A; B; x_B

SOLUCIÓN

a) $A \rightarrow 2\,R$.

Esta reacción es la misma que la del apartado a) del ejercicio anterior, pero ahora
se produce en fase gaseosa. Además, puesto que el incremento estequiométrico (σ) es
positivo, se trata de una reacción expansiva.

$$\sigma = \sum_i \nu_i = 2 - 1 = 1$$

En este caso hay que tener en cuenta el factor de expansión (ε_A), que referido al
único reactivo (A) vale:

$$\varepsilon_A = \frac{V_{x_A=1} - V_{x_A=0}}{V_{x_A=0}} = \frac{V_{fA} - V_o}{V_o}$$

Para calcular los volúmenes inicial y final del sistema total (V_T), se puede usar la
tabla de contabilidad de materia que se muestra a continuación, y que se referiere a dichos
instantes t:

t	A	$\rightarrow$	2 R	n_T	V_T
	n_A		n_R		
$x_A = 0$	100		0	100	100
$x_A = 1$	0		200	200	200

Donde la columna de t indica el instante en el que se evalúan las diferentes variables
del sistema y que es distinto en cada fila. Luego, cada columna de n_i indica el número de
moles del componente i en el instante que corresponde. Finalmente, la columna de n_T
indica el número total de moles y la columna de V_T indica el volumen total del sistema en

cada caso. Éste último se expresa como número de volúmenes molares en las condiciones de la reacción y, por lo tanto, sin unidades.

En consecuencia:

$$\varepsilon_A = \frac{V_f - V_o}{V_o} = \frac{200 - 100}{100} = 1$$

El hecho de que ε_A valga 1 indica que la reacción se expandirá hasta un 100 % de su volumen inicial cuando se haya consumido todo el reactivo A. Mientras tanto, en cada instante del proceso, el volumen del sistema valdrá lo siguiente:

$$V = V_o \left(1 + \varepsilon_A x_A\right)$$

Ahora, a partir de la definición de conversión para el reactivo A, podemos deducir que:

$$x_A = \frac{n_{Ao} - n_A}{n_{Ao}} = \frac{\frac{n_{Ao}}{V} - \frac{n_A}{V}}{\frac{n_{Ao}}{V}} = \frac{\frac{n_{Ao}}{V_o\left(1 + \varepsilon_A x_A\right)} - A}{\frac{n_{Ao}}{V_o\left(1 + \varepsilon_A x_A\right)}} = \frac{\frac{A_o}{\left(1 + \varepsilon_A x_A\right)} - A}{\frac{A_o}{\left(1 + \varepsilon_A x_A\right)}}$$

$$A = A_o \frac{\left(1 - x_A\right)}{\left(1 + \varepsilon_A x_A\right)}$$

Por lo tanto, la concentración de A buscada es:

$$A = A_o \frac{\left(1 - x_A\right)}{\left(1 + \varepsilon_A x_A\right)} = 100 \frac{\left(1 - 0,8\right)}{\left(1 + 1 \cdot 0,8\right)} = 11,11 \qquad A = 11,11 \frac{mol}{L}$$

Por otra parte, el balance estequiométrico de los componentes del sistema de reacción elemental (A y R) es ahora el siguiente:

$$\frac{n_i - n_{io}}{\nu_i} = cte \qquad \frac{n_A - n_{Ao}}{-1} = \frac{n_R - n_{Ro}}{2} \qquad \frac{n_{Ao} - n_A}{V} = \frac{n_R - n_{Ro}}{2\,V}$$

$$\frac{n_{Ao}}{V_o\left(1 + \varepsilon_A x_A\right)} - \frac{n_A}{V} = \frac{n_R}{2\,V} - \frac{n_{Ro}}{2\,V_o\left(1 + \varepsilon_A x_A\right)} \qquad \frac{A_o}{\left(1 + \varepsilon_A x_A\right)} - A = \frac{R}{2} - 0$$

$$R = \frac{2\,A_o}{\left(1 + \varepsilon_A x_A\right)} - 2\,A \qquad R = \frac{2 \cdot 100}{\left(1 + 1 \cdot 0,8\right)} - 2 \cdot 11,11 = 88,89$$

$$R = 88,89 \frac{mol}{L}$$

b) $A \overset{1}{\to} 2\,R$.

Esta reacción es justo la misma que la del apartado anterior, pero ahora transcurre en presencia de un inerte que no reacciona y que se añade en la proporción indicada. El incremento estequiométrico (σ) vale igual que antes, ya que el coeficiente de los inertes es siempre cero:

$$\sigma = \sum_i \nu_i = 2 - 1 = 1$$

Sin embargo, ahora los volúmenes inicial y final del sistema total (V_T) son diferentes, y cambia la tabla de contabilidad de materia, como se indica a continuación:

	A	$\xrightarrow{I}$	2 R		
t	n_A	n_I	n_R	n_T	V_T
$x_A = 0$	100	100	0	200	200
$x_A = 1$	0	100	200	300	300

En consecuencia:

$$\varepsilon_A = \frac{V_{fA} - V_o}{V_o} = \frac{300 - 200}{200} = 0,5$$

Por lo tanto, aplicando el nuevo valor del coeficiente de expansión en la ecuación correspondiente, tenemos que:

$$A = A_o \frac{(1 - x_A)}{(1 + \varepsilon_A\, x_A)} = 100 \frac{(1 - 0,8)}{(1 + 0,5 \cdot 0,8)} = 14,29 \qquad A = 14,29\ M$$

Y aplicando igualmente el nuevo valor de A en la ecuación de R, tenemos:

$$R = \frac{2\, A_o}{(1 + \varepsilon_A\, x_A)} - 2\, A \qquad R = \frac{2 \cdot 100}{(1 + 0,5 \cdot 0,8)} - 2 \cdot 14,29 = 114,28$$

$$R = 114,28\ M$$

c) $A + 2\,B \rightarrow R + S.$

Esta reacción transcurre en fase gaseosa con incremento estequiométrico (σ) negativo. En concreto:

$$\sigma = \sum_i \nu_i = 1 + 1 - 1 - 2 = -1$$

Por lo tanto, se trata de una reacción compresiva, de modo que el volumen del sistema se reduce a medida que avanza la reacción. Puesto que existen dos reactivos que se consumen (A y B), podemos calcular el factor de expansión respecto de cada uno de ellos. Así, con respecto al reactivo A, la tabla de contabilidad de materia es la siguiente:

	A	2 B	→	R	S		
t	n_A	n_B		n_R	n_S	n_T	V_T
$x_A = 0$	100	100		0	0	200	200
$x_A = 1$	0	-100		100	100	100	100

Lo que conduce a:

$$\varepsilon_A = \frac{V_{fA} - V_o}{V_o} = \frac{100 - 200}{200} = -0,5$$

Es obvio que en las condiciones enunciadas la reacción no puede avanzar hasta la conversión total de A, ya que B es el reactivo limitante y se agota antes, Sin embargo, se aplica un recurso de cálculo que consiste en asignar a n_B valores negativos. De este modo, el factor de expansión marca en realidad el límite teórico de compresión o expansión del sistema, en el caso de que dicha situación se pueda alcanzar.

Por otra parte, con respecto al reactivo B tenemos:

	A	2 B	→	R	S		
t	n_A	n_B		n_R	n_S	n_T	V_T
$x_B = 0$	100	100		0	0	200	200
$x_B = 1$	50	0		50	50	150	150

Lo que conduce a:

$$\varepsilon_B = \frac{V_{fB} - V_o}{V_o} = \frac{150 - 200}{200} = -0,25$$

Como en casos anteriores, aplicando la expresión de la concentración de los reactivos para sistemas de volumen variable, tenemos que:

$$A = A_o \frac{(1 - x_A)}{(1 + \varepsilon_A x_A)} = 100 \frac{(1 - 0,4)}{(1 + (-0,5) \cdot 0,4)} = 75 \qquad A = 75 \frac{mol}{L}$$

Ahora, para relacionar las concentraciones de los reactivos A y B entre sí, se parte del balance estequiométrico:

$$\frac{n_i - n_{io}}{v_i} = cte \qquad \frac{n_A - n_{Ao}}{-1} = \frac{n_B - n_{Bo}}{-2} \qquad \frac{n_{Ao} - n_A}{V} = \frac{n_{Bo} - n_B}{2\,V}$$

$$\frac{n_{Ao}}{V_o (1 + \varepsilon_A x_A)} - \frac{n_A}{V} = \frac{n_{Bo}}{2\,V_o (1 + \varepsilon_A x_A)} - \frac{n_B}{2\,V}$$

$$\frac{A_o}{(1 + \varepsilon_A x_A)} - A = \frac{B_o}{2 (1 + \varepsilon_A x_A)} - \frac{B}{2}$$

$$B = \frac{B_o}{(1 + \varepsilon_A x_A)} - \frac{2\,A_o}{(1 + \varepsilon_A x_A)} + 2\,A$$

$$B = \frac{100}{(1 - 0,5 \cdot 0,4)} - \frac{2 \cdot 100}{(1 - 0,5 \cdot 0,4)} + 2 \cdot 75 = 25$$

$$B = 125 - 250 + 150 = 25 \ \frac{mol}{L}$$

Igualmente, para relacionar entre sí las conversiones de ambos reactivos, se aplica el balance estequiométrico:

$$n_A = n_{Ao} (1 - x_A) = n_{Ao} - n_{Ao}x_A \qquad n_B = n_{Bo} (1 - x_B) = n_{Bo} - n_{Bo}x_B$$

$$\frac{n_i - n_{io}}{v_i} = cte \qquad \frac{n_A - n_{Ao}}{-1} = \frac{n_B - n_{Bo}}{-2}$$

$$n_{Ao} \, x_A = \frac{n_{Bo} \, x_B}{2} \qquad \frac{n_{Ao}}{V_o} x_A = \frac{n_{Bo} \, x_B}{V_o \, 2}$$

$$x_B = 2 \, \frac{A_o}{B_o} \, x_A = 2 \, \frac{100}{100} \, 0,4 = 0,8 \qquad x_B = 0,8$$

NOTA

Una vez calculada la conversión de B se pueden calcular otras variables, como por ejemplo la concentración de B, del siguiente modo:

$$B = B_o \frac{(1 - x_B)}{(1 + \varepsilon_B \, x_B)} = 100 \, \frac{(1 - 0,8)}{(1 - 0,25 \cdot 0,8)} = 25 \qquad B = 25 \ \frac{mol}{L}$$

Ésta ya la habíamos calculado antes por otra vía y, como es de esperar, el valor obtenido ahora coincide con el calculado antes.

FIN DE LA NOTA

PROBLEMA 1.3. Avance de reacción (χ) y extensión específica de reacción (ξ)

Para la reacción elemental en fase gaseosa y presión constante [A + 2 B → 5 R], se conoce la concentración inicial de los reactivos, que es [$A_o = B_o = 100$ M]. Luego, en un momento dado, [$A = 55$ mol/L].

a) Calcule x_A, x_B y B en dicho instante. Calcule también el avance de la reacción (χ) y la extensión específica de la reacción (ξ) en ese momento.

b) Calcule todas esas variables para el caso de que la reacción se produzca en disolución.

SOLUCIÓN

a) Fase gaseosa.

Puesto que se trata de una reacción en fase gaseosa, con incremento estequiométrico (σ) positivo, hemos de tener en cuenta el factor de expansión:

$$\sigma = \sum_i \nu_i = 5 - 1 - 2 = 2$$

Así, con respecto al reactivo A, tenemos los siguientes volúmenes totales del sistema (V_T), correspondientes a los instantes t que se indican:

	A	2 B	→	5 R		
t	n_A	n_B		n_R	n_T	V_T
$x_A = 0$	100	100		0	200	200
$x_A = 1$	0	-100		500	400	400

$$\varepsilon_A = \frac{V_{fA} - V_o}{V_o} = \frac{400 - 200}{200} = 1$$

Por lo tanto, en cada instante el volumen del sistema valdrá lo siguiente:

$$V = V_o \left(1 + \varepsilon_A x_A\right)$$

A partir de la definición de conversión para el reactivo A, se tiene que:

$$x_A = \frac{n_{Ao} - n_A}{n_{Ao}} = 1 - \frac{n_A}{n_{Ao}} = 1 - \frac{\dfrac{n_A}{V}}{\dfrac{n_{Ao}}{V}} = 1 - \frac{A}{\dfrac{A_o}{1 + \varepsilon_A x_A}} = 1 - (1 + \varepsilon_A x_A)\frac{A}{A_o}$$

$$x_A + \varepsilon_A x_A \frac{A}{A_o} = 1 - \frac{A}{A_o} \qquad x_A \left(1 + \varepsilon_A \frac{A}{A_o}\right) = 1 - \frac{A}{A_o}$$

$$x_A = \frac{1 - \dfrac{A}{A_o}}{1 + \varepsilon_A \dfrac{A}{A_o}} = \frac{1 - \dfrac{55}{100}}{1 + \left(1 \dfrac{55}{100}\right)} = \frac{0,45}{1,55} = 0,29$$

Para relacionar las concentraciones de los reactivos A y B entre sí, se parte del balance estequiométrico:

$$\frac{n_i - n_{io}}{\nu_i} = cte \qquad \frac{n_A - n_{Ao}}{-1} = \frac{n_B - n_{Bo}}{-2} \qquad \frac{n_{Ao} - n_A}{n_{Ao}} = \frac{n_{Bo} - n_B}{2\,n_{Bo}} \cdot \frac{n_{Bo}}{n_{Ao}}$$

$$x_A = \frac{x_B}{2} \cdot \frac{n_{Bo}}{n_{Ao}} = \frac{x_B}{2} \dfrac{\dfrac{n_{Bo}}{V_o}}{\dfrac{n_{Ao}}{V_o}} = \frac{x_B}{2} \frac{B_o}{A_o} \qquad x_B = 2\,x_A \frac{A_o}{B_o}$$

$$x_B = 2\,x_A \frac{A_o}{B_o} = 2 \cdot 0,29 \cdot \frac{100}{100} = 0,58$$

Posteriormente, B se puede calcular a partir de su conversión (x_B) y de su propio factor de expansión (ε_B). Para ello hay que tener en cuenta que se trata de un sistema de volumen variable. Por otra parte, si realizamos los cálculos directamente con respecto al reactivo B, tenemos los siguientes volúmenes totales del sistema (V_T):

	A	2 B	$\rightarrow$	5 R		
t	n_A	n_B		n_R	n_T	V_T
$x_B = 0$	100	100		0	200	200
$x_B = 1$	50	0		250	300	300

Lo que conduce a:

$$\varepsilon_B = \frac{V_{fB} - V_o}{V_o} = \frac{300 - 200}{200} = 0,5$$

$$B = B_o \frac{(1 - x_B)}{(1 + \varepsilon_B\,x_B)} = 100 \frac{(1 - 0,58)}{(1 + 0,5 \cdot 0,58)} = 32,56 \qquad B = 32,56\,M$$

Para el cálculo del avance (χ) hay que determinar primero cuál es el punto de equilibrio de la reacción, es decir, su punto final. Puesto que se trata de una reacción irreversible, el equilibrio se alcanza sólo cuando se ha agotado todo el reactivo limitante. En este sentido, para determinar cuál es el reactivo limitante, calculamos cuánta extensión de reacción (X) tenemos disponible para cada reactivo, según sus cantidades iniciales. En este sentido, dado que no se ofrece ningún dato sobre el volumen del sistema, tomamos como base de cálculo uno cualquiera; por ejemplo, 1 L. Así, tenemos que:

$$X_{Af} = \frac{n_{Af} - n_{Ao}}{\nu_A} = \frac{0 - 100}{-1} = 100\,mol \qquad X_{Bf} = \frac{n_{Bf} - n_{Bo}}{\nu_B} = \frac{0 - 100}{-2} = 50\,mol$$

Por lo tanto, se observa que hay menos extensión de reacción disponible para el reactivo B que para el reactivo A ($X_{Bf} < X_{Af}$). En consecuencia, B es el reactivo limitante y el equilibrio se alcanzará cuando éste se haya agotado totalmente ($x_{Beq} = 1$). En ese momento, el reactivo A se habrá consumido sólo la mitad ($x_{Aeq} = 0{,}5$). Estos detalles se pueden apreciar en la tabla de contabilidad de materia correspondiente, en la que los diferentes instantes eestán referidos tanto al compuesto A (t_A) como al compuesto B (t_B):

		A	2 B	→	5 R	
t_A	t_B	n_A	n_B		n_R	χ
$x_A = 0$	$x_B = 0$	100	100		0	0
$x_{Aeq} = 0{,}5$	$x_{Beq} = 1$	50	0		250	1

En consecuencia, el avance de reacción en el momento solicitado es el siguiente:

$$\chi = \frac{x_A}{x_{Aeq}} = \frac{0{,}29}{0{,}5} = 0{,}58 \qquad \chi = \frac{x_B}{x_{Beq}} = \frac{0{,}58}{1} = 0{,}58$$

En cuanto a la extensión específica (ξ), debemos tomar nuevamente una base de cálculo; por ejemplo, 1 L. Así, teniendo en cuenta que se trata de un sistema a volumen variable, tenemos que:

$$\xi = \frac{X}{V} = \frac{\dfrac{n_A - n_{Ao}}{\nu_A}}{V} = \frac{\dfrac{n_{Ao}(1 - x_A) - n_{Ao}}{\nu_A}}{V_o(1 + \varepsilon_A x_A)} = \frac{\dfrac{n_{Ao}(-x_A)}{\nu_A}}{V_o(1 + \varepsilon_A x_A)} = \frac{n_{Ao}(-x_A)}{\nu_A V_o(1 + \varepsilon_A x_A)}$$

$$\xi = A_o \frac{(-x_A)}{\nu_A(1 + \varepsilon_A x_A)} = 100 \frac{(-0{,}29)}{-1(1 + 1 \cdot 0{,}29)} = 22{,}48 \frac{Eq}{L} = 22{,}48\ N$$

Hemos expresado aquí la extensión específica de la reacción como número de equivalentes de reactivos consumidos (o de productos producidos) por litro de sistema (Eq/L). Este cociente de unidades se suele denominar concentración normal o normalidad (N), aunque el término está en desuso. Es evidente que, en los sistemas de volumen constante, la extensión específica corresponde directamente al incremento de la normalidad de cualquier componente, que debe ser la misma para todos ellos.

b) Volumen constante.

Si la reacción se lleva a cabo en disolución, no es necesario tener en cuenta el factor de expansión, ya que el volumen del sistema es constante [$V = V_o$]. A partir de la definición de conversión para el reactivo A, cuando [$A = 55$ M] se tiene que:

$$x_A = \frac{n_{Ao} - n_A}{n_{Ao}} = 1 - \frac{n_A}{n_{Ao}} = 1 - \frac{\frac{n_A}{V}}{\frac{n_{Ao}}{V}} = 1 - \frac{A}{A_o} = 1 - \frac{55}{100} = 0,45$$

Por otra parte, la relación entre los reactivos A y B sería:

$$\frac{n_i - n_{io}}{v_i} = cte \qquad \frac{n_A - n_{Ao}}{-1} = \frac{n_B - n_{Bo}}{-2} \qquad \frac{n_{Ao} - n_A}{n_{Ao}} = \frac{n_{Bo} - n_B}{2\,n_{Bo}} \cdot \frac{n_{Bo}}{n_{Ao}}$$

$$x_A = \frac{x_B}{2} \cdot \frac{n_{Bo}}{n_{Ao}} = \frac{x_B}{2} \frac{\frac{n_{Bo}}{V_o}}{\frac{n_{Ao}}{V_o}} = \frac{x_B}{2} \frac{B_o}{A_o} \qquad x_B = 2\,x_A \frac{A_o}{B_o}$$

$$x_B = 2\,x_A \frac{A_o}{B_o} = 2 \cdot 0,45 \cdot \frac{100}{100} = 0,9$$

$$B = B_o\,(1 - x_B) = 100\,(1 - 0,9) = 10\ M$$

En cuanto al avance de reacción (χ), el equilibrio estaría ahora en el mismo punto que antes, y el reactivo limitante también sería el mismo. Esto se debe a que la extensión de reacción que está disponible para cada reactivo no depende de que el volumen del sistema sea fijo o variable. En consecuencia, la tabla de contabilidad de materia durante la reacción es exactamente la misma que en el apartado anterior.

Sin embargo, puesto que ahora han variado las conversiones, el avance de reacción en el momento indicado sería el siguiente:

$$\chi = \frac{x_A}{x_{Aeq}} = \frac{0,45}{0,5} = 0,9 \qquad \chi = \frac{x_B}{x_{Beq}} = \frac{0,9}{1} = 0,9$$

Finalmente, en cuanto a la extensión específica, tenemos que:

$$\xi = \frac{X}{V} = \frac{\frac{n_A - n_{Ao}}{v_A}}{V} = \frac{\frac{n_{Ao}\,(-x_A)}{v_A}}{V} = A_o \frac{(-x_A)}{v_A} = 100\ \frac{(-0,45)}{-1} = 45\ \frac{Eq}{L} = 45\ N$$

PROBLEMA 1.4. Reacción a volumen constante y presión variable

Un cilindro termoestable de 5 L se carga con una mezcla de los gases A e I, a partes iguales. El compuesto A es reactivo, pero el compuesto I es inerte. La operación se realiza en condiciones normales (0 °C y 1 atm, clásica referencia IUPAC). Después, se cierra el cilindro herméticamente y se calienta todo el sistema hasta los 54,6 °C, para que se produzca una reacción en su interior. Durante la misma, el cronómetro y el manómetro adosados al reactor dan las siguientes lecturas:

t (min)	1,92	2,76	5,02	8,47	12,81	16,31	22,45	30,90	∞
P_T (atm)	1,44	1,5	1,6	1,675	1,72	1,74	1,76	1,774	1,8

Teniendo en cuenta que en la reacción producida 1 mol de reactivo A se transforma en 2 moles de producto R, calcule la presión parcial de A y la concentración de A en cada instante tabulado.

SOLUCIÓN

En primer lugar, se trata de una reacción en estado gaseoso en la que el incremento estequiométrico (σ) es positivo, puesto que 1 mol de A produce 2 moles de R. Dado que no se indica nada sobre el mecanismo, suponemos que las posibles etapas se acoplan lo suficientemente rápido como para despreciar la cantidad de hipotéticos compuestos intermedios en el medio de reacción. Por lo tanto, establecemos el balance de materia estequiométrico restringido a los reactivos y productos indicados en la ecuación química global. En definitiva, tendríamos una reacción de tipo expansivo:

$$A \xrightarrow{I} 2R \qquad\qquad \sigma = \sum_i \nu_i = 2 - 1 = 1$$

Por otra parte, puesto que el cilindro se cierra a volumen fijo, lo que aumenta en realidad a lo largo del proceso no es el volumen sino la presión. De hecho, eso es lo que se observa en la tabla de datos registrados. Antes de iniciar la reacción, la presión que tiene el sistema cuando se llena es de 1 atm. Después de cerrarlo y calentar el cilindro, su presión aumenta. Así, suponiendo gases ideales:

$$PV = nRT \qquad \frac{P}{T} = \frac{nR}{V} \qquad \frac{P_1}{T_1} = \frac{P_2}{T_2}$$

$$P_2 = P_1 \frac{T_2}{T_1} = 1\ atm\ \frac{(54,6 + 273,15)\ K}{(0 + 273,15)\ K} = 1,2\ atm$$

Esta es la presión inicial de la reacción y, a partir de ella, el sistema irá evolucionando hasta llegar a la presión final. La ecuación que relaciona la variación de las presiones parciales con la variación de la presión total, en las reacciones elementales de presión variable, es la siguiente:

$$\frac{p_i - p_{io}}{P_T - P_{To}} = \frac{v_i}{\sigma}$$

Dicha expresión puede ser aplicada también si se supone que las etapas del mecanismo se acoplan rápidamente y que en el balance de materia estequiométrico sólo intervienen los compuestos que aparecen en la ecuación química. La ecuación referida al componente A, sería:

$$\frac{p_A - p_{Ao}}{P_T - P_{To}} = \frac{v_A}{\sigma} \qquad\qquad p_A = p_{Ao} + \frac{v_A}{\sigma}(P_T - P_{To})$$

Sabemos que [$P_{To} = 1,2$ atm] y que el coeficiente estequiométrico del reactivo A vale la unidad, [$v_A = -1$] y [$\sigma = 1$]. Por otra parte, la presión parcial inicial del componente A (p_{Ao}) debe ser necesariamente la mitad de la presión inicial total, dado que se trata de una mezcla a partes iguales de dos gases supuestamente ideales (A e I). Así:

$$\frac{p_{Ao}}{P_{To}} = \frac{n_{Ao}}{n_{To}} = \frac{1}{2} \qquad\qquad p_{Ao} = \frac{1}{2}P_{To} = \frac{1}{2} \, 1,2 \, atm = 0,6 \, atm$$

Por lo tanto, conocida la presión total del sistema en cualquier instante, se puede calcular la presión parcial de A.

$$p_A = 0,6 + \frac{-1}{1}(P_T - 1,2) = 0,6 + 1,2 - P_T = 1,8 - P_T$$

$$p_A = 1,8 - P_T$$

Según esta última ecuación, la presión parcial de A debe decrecer desde 0,6 atm, al inicio de la reacción (1,8 – 1,2 = 0,6), hasta 0 atm (1,8 – 1,8 = 0,0), cuando el reactivo se haya agotado totalmente; ya que en la tabla suministrada se observa que la presión total del sistema aumenta desde 1,2 atm hasta 1,8 atm.

Por otra parte, para calcular la concentración molar de A, se recurre nuevamente a la ecuación de los gases ideales:

$$PV = nRT \qquad p_A V = n_A RT \qquad p_A = \frac{n_A}{V}RT \qquad p_A = A \, RT \qquad A = \frac{p_A}{RT}$$

$$A = \frac{p_A}{RT} = \frac{p_A}{0,08206 \, \frac{atm \, L}{K \, mol} \cdot (54,6 + 273,15) \, K} = \frac{p_A}{26,9 \, \frac{atm \, L}{mol}} = \frac{p_A}{26,9 \, \frac{atm}{M}}$$

En definitiva, aplicando los cálculos anteriormente indicados, se pueden obtener los resultados mostrados en la Tabla 1.4.1.

Tabla 1.4.1. Resultados de los cálculos indicados.

t	P_T	p_A	A
min	atm	atm	mM
0	1,2	0,6	22,3048
1,92	1,44	0,36	13,3829
2,76	1,5	0,3	11,1524
5,02	1,6	0,2	7,43494
8,47	1,675	0,125	4,64684
12,81	1,72	0,08	2,97398
16,31	1,74	0,06	2,23048
22,45	1,76	0,04	1,48699
30,9	1,774	0,026	0,96654
∞	1,8	0	0

PROBLEMA 1.5. Constante cinética generalizada de velocidad de reacción

Sea la reacción elemental en disolución [2 A + B → R + 2 S]. En determinadas condiciones, la constante cinética para el consumo de A vale 0,1 L/mol·s. Calcule la expresión para la velocidad de formación o de consumo de todos los componentes del sistema y los valores de las respectivas constantes cinéticas en tales condiciones.

SOLUCIÓN

Puesto que se trata de una reacción elemental, el proceso tiene lugar a nivel molecular justo en la forma en la que está expresada la ecuación química. Por lo tanto, según la teoría de colisiones, la velocidad de consumo (desaparición) de cualquier reactivo es proporcional al producto de la concentración de todos ellos, conforme a su estequiometría. Lo mismo ocurre con la velocidad de formación (generación) de los productos. Así, tenemos que:

$$2\,A + B \rightarrow R + 2\,S$$

$$-r_A = -\frac{dA}{dt} = k_A\,A^2\,B \qquad -r_B = -\frac{dB}{dt} = k_B\,A^2\,B$$

$$r_R = \frac{dR}{dt} = k_R\,A^2\,B \qquad r_S = \frac{dS}{dt} = k_S\,A^2\,B$$

Dado que la reacción tiene lugar en disolución, se trata de un sistema a volumen constante y el factor de expansión es nulo. El subíndice de las distintas constantes cinéticas indica a qué componente se refiere cada ecuación de velocidad. Además, para relacionar las diversas velocidades de formación o consumo entre ellas, se parte del balance estequiométrico:

$$\frac{n_i - n_{io}}{\nu_i} = cte \qquad \frac{n_A - n_{Ao}}{-2} = \frac{n_B - n_{Bo}}{-1} = \frac{n_R - n_{Ro}}{1} = \frac{n_S - n_{So}}{2}$$

$$\frac{dA}{-2} = \frac{dB}{-1} = \frac{dR}{1} = \frac{dS}{2} \qquad \frac{-dA}{2} = \frac{-dB}{1} = \frac{dR}{1} = \frac{dS}{2}$$

$$-\frac{dA}{dt}\left(\frac{1}{2}\right) = -\frac{dB}{dt} = \frac{dR}{dt} = \frac{dS}{dt}\left(\frac{1}{2}\right) \qquad \frac{-r_A}{2} = \frac{-r_B}{1} = \frac{r_R}{1} = \frac{r_S}{2}$$

Esta última expresión no es más que una generalización del balance estequiométrico aplicada a cualquier instante. Si la constante cinética para el consumo de A es k_A, entonces, las otras constantes deben valer:

$$\frac{k_A\,A^2\,B}{2} = \frac{k_B\,A^2\,B}{1} = \frac{k_R\,A^2\,B}{1} = \frac{k_S\,A^2\,B}{2} \qquad \frac{k_A}{2} = \frac{k_B}{1} = \frac{k_R}{1} = \frac{k_S}{2}$$

Por lo tanto:

$$k_A = 0{,}1\,\frac{L}{mol \cdot s} \qquad k_B = \frac{k_A}{2} = \frac{0{,}1}{2} = 0{,}05\,\frac{L}{mol \cdot s}$$

$$k_R = k_B = 0{,}05\,\frac{L}{mol \cdot s} \qquad k_S = 2\,k_R = 2 \cdot 0{,}05 = 0{,}1\,\frac{L}{mol \cdot s}$$

Con idea de evitar el complicado manejo de una constante cinética para cada componente, se puede definir una constante cinética generalizada (k), de modo que:

$$r_i = v_i\,k\,\prod_i I^{v_i}$$

$$-r_A = -\frac{dA}{dt} = 2\,k\,A^2\,B \qquad -r_B = -\frac{dB}{dt} = k\,A^2\,B$$

$$r_R = \frac{dR}{dt} = k\,A^2\,B \qquad r_S = \frac{dS}{dt} = 2\,k\,A^2\,B$$

Así:

$$k = \frac{k_A}{2} = k_B = k_R = \frac{k_S}{2} = 0{,}05\,\frac{L}{mol \cdot s}$$

PROBLEMA 1.6. Transformación de unidades de la constante cinética

En una determinada reacción, cuyo único reactivo es el amoníaco (NH_3), se cumple la siguiente ecuación cinética: $[-r_A = k \, [NH_3]^2]$. En el laboratorio se trabaja monitorizando la concentración del reactivo en g/cm^3 y el tiempo en min. De ese modo, al calcular la constante cinética su valor resulta igual a 0,1. ¿Cuánto debe valer dicha constante si se desea usar la ecuación cinética el Sistema Internacional de unidades (SI)?

SOLUCIÓN

Para simplificar, denominamos al amoníaco como reactivo A. De modo que la ecuación cinética indicada sería:

$$-r_A = k_A \, A^2$$

En dicha ecuación, las unidades de la constante k_A son:

$$\left[\frac{g}{cm^3 \cdot min}\right] \equiv [k_A] \left[\frac{g}{cm^3}\right]^2 \qquad [k_A] \equiv \frac{\left[\frac{g}{cm^3 \cdot min}\right]}{\left[\frac{g}{cm^3}\right]^2} \equiv \frac{\left[\frac{1}{min}\right]}{\left[\frac{g}{cm^3}\right]} \equiv \left[\frac{cm^3}{g \cdot min}\right]$$

En el Sistema Internacional de unidades se usa como unidad de referencia para la velocidad de reacción el katal (kat), que corresponde a mol/s. Por lo tanto, si aplicamos como unidad de volumen el metro cúbico (m^3), entonces la velocidad de reacción se expresa en katales por metro cúbico (kat/m^3). Por lo tanto, las unidades de la constante k_A en el Sistema Internacional deberían ser las siguientes:

$$\left[\frac{mol}{m^3 \cdot s}\right] \equiv [k_A] \left[\frac{mol}{m^3}\right]^2 \qquad [k_A] \equiv \frac{\left[\frac{mol}{m^3 \cdot s}\right]}{\left[\frac{mol}{m^3}\right]^2} \equiv \frac{\left[\frac{1}{s}\right]}{\left[\frac{mol}{m^3}\right]} \equiv \left[\frac{m^3}{mol \cdot s}\right]$$

Para convertir el valor de la constante k_A desde las unidades iniciales a las nuevas, debemos tener en cuenta el peso molecular del reactivo, que en este caso es el amoníaco. En concreto, $Pm(NH_3) = 14{,}007 + (1{,}008 \cdot 3) = 17{,}031$ g/mol.

Finalmente, puesto que el valor medido de la constate es 0,1, tenemos que:

$$k_A = 0{,}1 \left(\frac{cm^3}{g \cdot min}\right) \cdot \left(\frac{1 \, m}{100 \, cm}\right)^3 \cdot \left(\frac{1 \, min}{60 \, s}\right) \cdot \left(\frac{17{,}031 \, g}{1 \, mol}\right) = 2{,}838 \cdot 10^{-8} \, \frac{m^3}{mol \cdot s}$$

Con lo que la ecuación cinética quedaría del siguiente modo:

$$-r_A = k_A \, A^2 \qquad [-r_A] \equiv \left[\frac{kat}{m^3}\right] \qquad [A] \equiv \left[\frac{mol}{m^3}\right] \qquad k = k_A = 2{,}838 \cdot 10^{-8} \, \frac{m^3}{mol \cdot s}$$

PROBLEMA 1.7. Energía generada en una reacción fuertemente exotérmica

Para propulsar un cohete se quema una corriente mixta de 4,032 kg/s de hidrógeno líquido y 31,998 kg/s de oxígeno líquido, a 3.000 °C y presión atmosférica. La reacción que se produce es una combustión continua, según la siguiente ecuación química:

$$2\,H_2 + O_2 \rightarrow 2\,H_2O \qquad \Delta H = -143\,\text{kJ}/\text{mol}O_2$$

Calcule la potencia que se genera expresada en CV. Si la tobera de reacción del cohete es un tubo de 40 cm de diámetro, ¿a qué velocidad salen los gases de escape?

SOLUCIÓN

En primer lugar, calculamos los moles de cada reactivo que alimentan al reactor en la unidad de tiempo, $F_o(H_2)$ y $F_o(O_2)$, respectivamente. Para ello, necesitamos sus pesos moleculares y, dado que se trata de gases diatómicos, tenemos que:

$Pm(H_2) = 2 \cdot 1,008 = 2,016$ g/mol.

$Pm(O_2) = 2 \cdot 15,999 = 31,998$ g/mol.

Si los caudales másicos de cada reactivo son mH_2 y mO_2 respectivamente, entonces tenemos que los caudales molares, $F_o(H_2)$ y $F_o(O_2)$, serán:

$$F_o(H_2) = \frac{mH_2}{PmH_2} = \frac{4.032\,\frac{g}{s}}{2,016\,\frac{g}{mol}} = 2 \cdot 10^3\,\frac{mol}{s} = 2\,\frac{kmol}{s}$$

$$F_o(O_2) = \frac{mO_2}{PmO_2} = \frac{31.998\,\frac{g}{s}}{31,998\,\frac{g}{mol}} = 1 \cdot 10^3\,\frac{mol}{s} = 1\,\frac{kmol}{s}$$

$$\frac{F_o(H_2)}{F_o(O_2)} = \frac{2\,\frac{kmol}{s}}{1\,\frac{kmol}{s}} = 2$$

La estequiometría de la reacción para ambos reactivos es [$H_2 : O_2 = 2 : 1$]. Nuevamente, puesto que no se indica nada sobre el mecanismo, suponemos que las etapas se acoplan lo suficientemente rápido como para despreciar la cantidad de posibles compuestos intermedios presentes. Por lo tanto, restringimos el balance estequiométrico a los reactivos y productos de la ecuación química. Así, el consumo de los reactivos debe seguir la siguiente proporción:

$$\frac{nH_2 - n_oH_2}{v_{H_2}} = \frac{nO_2 - n_oO_2}{v_{O_2}} = \frac{nH_2O - n_oH_2O}{v_{H_2O}}$$

$$\frac{n_f H_2 - n_o H_2}{-2} = \frac{n_f O_2 - n_o O_2}{-1} = \frac{n_f H_2 O - n_o H_2 O}{2}$$

$$\frac{n_f H_2 - n_o H_2}{n_f O_2 - n_o O_2} = \frac{\Delta n H_2}{\Delta n O_2} = \frac{-2}{-1} = 2$$

En definitiva, los reactivos se están suministrando exactamente en proporción este-quiométrica y ninguno de los reactivos resulta limitante. Además, ninguno de ellos sobra tras la combustión. Como consecuencia, tanto la energía química producida como los compuestos producidos, se generan en la misma proporción y a la misma velocidad que se consumen los reactivos.

El valor de la entalpía de reacción que se suministra en el enunciado nos indica la energía producida por cada mol O_2 de oxígeno consumido (lo que equivale a la producida por cada 2 moles de H_2 consumidos o por cada 2 moles de agua producidos). En defini-tiva, conocemos la energía producida por cada mol de reactivo consumido (o por cada equivalente de reactivo consumido) y, entonces, podemos conocer la velocidad de pro-ducción de energía si conocemos la velocidad de reacción. Además, la velocidad de reac-ción la podemos expresar también de modo general (r) como número de equivalentes de reactivo consumidos (o número de equivalentes de producto producidos, Eq) por unidad de volumen y en la unidad tiempo. Para ello, consideramos que el número de equivalentes de cada componente de la reacción es su número de moles dividido por su coeficiente estequiométrico (n_i/v_i).

$$r = \frac{1}{v_i}\left(\frac{dn_i}{dt}\right)\frac{1}{V} = \left(\frac{d\frac{n_i}{v_i}}{dt}\right)\frac{1}{V} = \frac{dEq}{dt}\frac{1}{V} \qquad \frac{dEq}{dt} = r\,V = \frac{1}{v_i}\left(\frac{dn_i}{dt}\right)\frac{1}{V}V = \frac{1}{v_i}\left(\frac{dn_i}{dt}\right)$$

$$\frac{dEq}{dt} = \frac{1}{v_i}\left(\frac{dn_i}{dt}\right) \qquad\qquad \frac{dEq}{dt} = \frac{1}{-2}\left(-\frac{dnH_2}{dt}\right) = \frac{1}{2}\left(\frac{dnH_2}{dt}\right)$$

$$\frac{dEq}{dt} = \frac{1}{-1}\left(-\frac{dnO_2}{dt}\right) = \left(\frac{dnO_2}{dt}\right) \qquad\qquad \frac{dEq}{dt} = \frac{1}{2}\left(\frac{dnH_2 O}{dt}\right)$$

Puesto que la velocidad de consumo de los reactivos debe coincidir con la velocidad de producción de los productos, la diferencia entre las velocidades másicas de entrada y de salida de cualquiera de los componentes de la reacción debe ser también equivalente ($\Delta F_i/v_i$). Por lo tanto:

$$\frac{dEq}{dt} = \frac{1}{v_i}\left(\frac{dn_i}{dt}\right) = \frac{1}{v_i}\Delta F_i = \frac{F_{if} - F_{io}}{v_i}$$

$$\frac{dEq}{dt} = \frac{F_f(H_2) - F_o(H_2)}{-2} = \frac{0 - F_o(H_2)}{-2} = \frac{F_o(H_2)}{2}$$

$$\frac{dEq}{dt} = \frac{F_o(H_2)}{2} = \frac{2\,\frac{kmol}{s}}{2} = 1\,\frac{kEq}{s} = 1.000\,\frac{Eq}{s}$$

Asimismo, la velocidad de producción de energía debe ser proporcional a la velocidad de reacción mantenida en el propulsor (dEq/dt). Es decir, a mayor velocidad de reacción, mayor potencia generada. En este caso, la entalpía de reacción se suministra en kilojulios por equivalente de reactivo (por mol de O_2). Por lo tanto, la velocidad de producción de energía en el propulsor será la siguiente:

$$\frac{dE}{dt} = \Delta H \cdot \left(\frac{dEq}{dt}\right) = \left[-143\,\frac{kJ}{mol\,O_2}\left(\frac{1\,mol\,O_2}{1\,Eq\,O_2}\right)\right] \cdot \left(1.000\,\frac{Eq}{s}\right) =$$

$$= -143 \cdot 10^3\,\frac{kJ}{s} = -143 \cdot 10^3\,kW = -143\,MW$$

El signo negativo obtenido proviene del valor de la entalpía. En este caso, indica que se trata de una energía producida por el sistema de reacción y que éste la pierde. De hecho, esa es la energía que permite mantener la elevada temperatura de la reacción. Por lo tanto, la potencia total pedida en el enunciado (P) es precisamente la velocidad de producción de energía calculada:

$$P = 143\,MW \cdot \left(\frac{1.000\,kW}{1\,MW}\right)\left(\frac{1\,CV}{0,7355\,kW}\right) = 194,4 \cdot 10^3\,CV$$

Por otra parte, para calcular la velocidad de salida de los gases de escape es necesario calcular primero el caudal total de gas que se produce y, luego, teniendo en cuenta la sección de la tobera, se puede calcular su velocidad de salida. El caudal de gas producido se deduce del hecho de que se trata de agua a 3.000 ºC, y de que esta agua se genera también de forma proporcional a la velocidad de reacción. Así:

$$\frac{dnH_2O}{dt} = 2\left(\frac{dEq}{dt}\right) = 2 \cdot \left(1\,\frac{kEq}{s}\right) = 2\,\frac{kmol}{s}$$

Considerando gases ideales:

$$PV = nRT \qquad V = \frac{nRT}{P} \qquad Q = \frac{dV}{dt} = \frac{d}{dt}\left(\frac{nRT}{P}\right) = \frac{dn}{dt} \cdot \frac{RT}{P} \qquad Q = \frac{dnH_2O}{dt} \cdot \frac{RT}{P}$$

$$Q = \left(2.000\,\frac{mol}{s}\right) \cdot \frac{0,082\,\frac{atm\,L}{K\,mol} \cdot (273,15 + 3.000)K}{1\,atm} = 536.797\,\frac{L}{s}$$

$$Q = 536.797\,\frac{L}{s}\left(\frac{1.000\,cm^3}{1\,L}\right) = 5,368 \cdot 10^8\,\frac{cm^3}{s}$$

Si S es el área de la sección de la tobera y R es su radio, la velocidad de los gases de escape (v) es:

$$v = \frac{Q}{S} \qquad\qquad S = \pi\,R^2 = \pi\,\left(\frac{D}{2}\right)^2 = \pi\,\left(\frac{40}{2}\right)^2 = 1.256,64\ cm^2$$

$$v = \frac{Q}{S} = \frac{5,368 \cdot 10^8\ \dfrac{cm^3}{s}}{1.256,64\ cm^2} = 4.271,7 \cdot 10^2\ \frac{cm}{s} = 4,27\ \frac{km}{s}$$

PROBLEMA 1.8. Refrigeración necesaria para mantener condiciones isotérmicas en una reacción

Un tanque bien agitado de 1 m^3 se carga con una disolución acuosa 0,5 M del reactivo A, para llevar a cabo la siguiente reacción elemental exotérmica: [2 A → P]. La temperatura del tanque se mantiene fija a 90 °C durante toda la reacción, mediante un serpentín que se alimenta con agua fría a 4 °C y sale del mismo a la temperatura del reactor. En tales condiciones, el incremento de entalpía vale ΔH = –24 kcal/molP y la constante cinética generalizada vale $k = 2 \cdot 10^{-3}$ L/mol·s.

Calcule la curva de caudal de agua fría que debe suministrarse si se desea mantener estable la temperatura del sistema. Considere que el calor específico promedio del agua en las condiciones del sistema vale: c_p = 1 cal/g K.

SOLUCIÓN

Puesto que se trata de una reacción en estado líquido, se desarrolla a volumen constante. Por otra parte, para obtener el caudal másico de agua de refrigeración (Q_w) que se necesita debemos conocer primero la velocidad de producción de calor que genera la reacción (dE/dt). Este calor es justamente el que se debe retirar del medio si deseamos mantener constante la temperatura del sistema. Dado que el agua de refrigeración entra a 4 °C y se calienta como máximo a 90 °C, no sufre cambios de fase. Como es sabido, la ecuación de absorción de calor por el fluido frío que se debe cumplir en estos casos, es la siguiente:

$$\frac{dQ}{dt} = Q_w \cdot c_p \cdot \left(T_f - T_o\right)$$

El primer miembro representa la velocidad de retirada de calor mediante el calentamiento del agua. En el segundo miembro, Q_w representa el caudal másico de agua de refrigeración que buscamos, T_o es la temperatura de entrada del agua, y T_f la temperatura de salida. Sabiendo que la velocidad de producción de energía en una reacción (dE/dt) es proporcional a la velocidad de reacción equivalente (dEq/dt), tenemos que:

$$\frac{dQ}{dt} = \frac{dE}{dt} = -\Delta H \left(\frac{dEq}{dt}\right)$$

Por lo tanto:

$$Q_w \cdot c_p \cdot (T_f - T_o) = -\Delta H \left(\frac{dEq}{dt}\right) \qquad Q_w = \frac{-\Delta H \left(\frac{dEq}{dt}\right)}{c_p \left(T_f - T_o\right)}$$

En consecuencia, debemos calcular la velocidad de reacción equivalente (dEq/dt) en cada instante, para poder establecer el caudal de agua buscado (Q_w). Si definimos la velocidad de reacción generalizada (r) como los equivalentes de reacción que ocurren por unidad de tiempo y de volumen, tenemos que:

$$r = \frac{1}{v_i}\left(\frac{dn_i}{dt}\right)\frac{1}{V} = \left(\frac{d\frac{n_i}{v_i}}{dt}\right)\frac{1}{V} = \frac{dEq}{dt}\frac{1}{V} \qquad \frac{dEq}{dt} = r\,V = \frac{1}{v_i}\left(\frac{dn_i}{dt}\right)\frac{1}{V}V = \frac{1}{v_i}\left(\frac{dn_i}{dt}\right)$$

$$\frac{dEq}{dt} = \frac{1}{v_i}\left(\frac{dn_i}{dt}\right) = r\,V \qquad Q_w = \frac{-\Delta H \left(\frac{dEq}{dt}\right)}{c_p\left(T_f - T_o\right)} = \frac{-\Delta H\,r\,V}{c_p\left(T_f - T_o\right)}$$

Puesto que en este problema tenemos una reacción elemental a volumen constante, las ecuaciones cinéticas son las siguientes:

$$-r_A = -\frac{dA}{dt} = k_A\,A^2 = 2k\,A^2 \qquad r_P = \frac{dP}{dt} = k_P\,A^2 = k\,A^2 \qquad r = \frac{r_A}{-2} = \frac{r_P}{1}$$

$$r = \frac{-r_A}{2} = \frac{2k\,A^2}{2} = k\,A^2$$

Se observa que r es función de A, y ésta a su vez es función del tiempo. Por lo tanto, necesitamos conocer la expresión de la concentración molar del reactivo A en función del tiempo. Para ello, debemos integrar la ecuación cinética del siguiente modo:

$$-\frac{dA}{dt} = 2k\,A^2 \qquad -\frac{dA}{A^2} = 2k\,dt \qquad \int_{A_o}^{A} -\frac{dA}{A^2} = \int_{o}^{t} 2k\,dt$$

$$\int_{A_o}^{A} -\frac{dA}{A^2} = \int_{A_o}^{A} -A^{-2}\,dA = [A^{-1}]_{A_o}^{A} = \left[\frac{1}{A}\right]_{A_o}^{A} = \frac{1}{A} - \frac{1}{A_o}$$

$$\int_{o}^{t} 2k\,dt = 2k\int_{o}^{t} dt = 2k\,[t - 0] = 2k\,t$$

$$\frac{1}{A} - \frac{1}{A_o} = 2k\,t \qquad \frac{1}{A} = \frac{1}{A_o} + 2k\,t \qquad A = \frac{1}{\frac{1}{A_o} + 2k\,t} = \frac{A_o}{1 + 2kA_o\,t}$$

En consecuencia:

$$r = k\,A^2 = k\left(\frac{A_o}{1 + 2kA_o\,t}\right)^2$$

Finalmente, tenemos que:

$$Q_w = \frac{-\Delta H \, r \, V}{c_p \, (T_f - T_o)} \qquad Q_w = \frac{-\Delta H \, k \left(\frac{A_o}{1 + 2kA_o \, t}\right)^2 V}{c_p \, (T_f - T_o)} = \frac{-\Delta H \, k \, A_o{}^2 \, V}{c_p \, (T_f - T_o)(1 + 2kA_o \, t)^2}$$

Por lo tanto, sustituyendo los datos en la ecuación obtenida, tenemos que:

$$Q_w = \frac{24 \, \frac{kcal}{mol} \left(\frac{1.000 \, cal}{1 \, kcal}\right) \cdot 0,002 \, \frac{L}{mol \, s} \cdot \left(0,5 \, \frac{mol}{L}\right)^2 \cdot 1 \, m^3 \left(\frac{1.000 \, L}{1 \, m^3}\right)}{1 \, \frac{cal}{g \, K} \, (363,15 \, K - 277,15 \, K) \left(1 + 2 \cdot 0,002 \, \frac{L}{mol \, s} \cdot 0,5 \, \frac{mol}{L} \cdot t[s]\right)^2}$$

$$Q_w = \frac{12 \cdot 10^3}{86 \cdot (1 + 0,002 \cdot t[s])^2} \left(\frac{g}{s}\right) = \frac{139,535}{(1 + 0,002 \cdot t[s])^2} \left(\frac{g}{s}\right)$$

Teniendo en cuenta que la densidad del agua es $\rho_w = 1$ g/mL, el caudal volumétrico solicitado (Q_v) sería:

$$Q_v = \frac{Q_w}{\rho_w} = \frac{\frac{139,535}{(1 + 0,002 \cdot t[s])^2} \, \frac{g}{s}}{1 \, \frac{g}{mL}} = \frac{139,535}{(1 + 0,002 \cdot t[s])^2} \, \frac{mL}{s}$$

$$Q_v = \frac{139,535}{(1 + 0,002 \cdot t[s])^2} \, \frac{mL}{s} \left(\frac{1 \, L}{1.000 \, mL}\right) \left(\frac{60 \, s}{1 \, min}\right) = \frac{8,372}{(1 + 0,002 \cdot t[s])^2} \, \frac{L}{min}$$

$$Q_v = \frac{8,372}{\left(1 + 0,002 \cdot t[min] \left[\frac{60 \, s}{1 \, min}\right]\right)^2} \, \frac{L}{min} = \frac{8,372}{(1 + 0,12 \cdot t[min])^2} \, \frac{L}{min}$$

En la Figura 1.8.1 se representa la curva correspondiente al caudal volumétrico.

Figura 1.8.1. Caudal de agua de refrigeración a lo largo del tiempo.

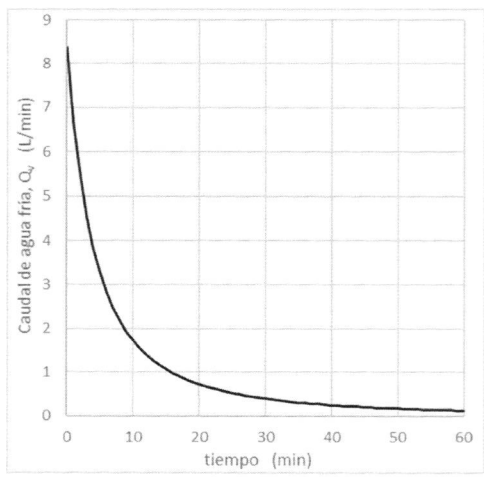

PROBLEMA 1.9. Aumento de la velocidad de reacción con la temperatura

La reacción de formación del producto R a partir de los reactivos A y B es elemental y su energía de activación es de $E_o = 41$ kcal/mol. Calcule el aumento que experimentará la velocidad de la reacción al elevar la temperatura de 400 a 500 °C.

SOLUCIÓN

Puesto que la reacción es elemental:

$$A + B \rightarrow R \qquad\qquad r_R = \frac{dR}{dt} = k\,A\,B$$

Utilizaremos aquí la ecuación de Arrhenius (la más simple) para realizar este cálculo:

$$k = k_o\, e^{\frac{-E_o}{RT}}$$

Así, para dos temperaturas distintas tenemos que:

$$\frac{r_2}{r_1} = \frac{k_2\,A\,B}{k_1\,A\,B} = \frac{k_2}{k_1} = \frac{k_o\,exp\left(\frac{-E_o}{RT_2}\right)}{k_o\,exp\left(\frac{-E_o}{RT_1}\right)} = \exp\left(\frac{-E_o}{RT_2} - \frac{-E_o}{RT_1}\right) = \exp\left(\frac{-E_o}{R}\left(\frac{1}{T_2} - \frac{1}{T_1}\right)\right)$$

Por lo tanto, para el rango de temperatura enunciado:

$$\frac{r_1}{r_2} = \exp\left(\frac{-E_o}{R}\left(\frac{1}{T_2} - \frac{1}{T_1}\right)\right) = \exp\left(\frac{-41.000\ \frac{cal}{mol}}{1{,}987\ \frac{cal}{mol\,K}}\left(\frac{1}{273{,}15 + 500} - \frac{1}{273{,}15 + 400}\right)\right)$$

$$\frac{r_2}{r_1} = 52{,}8$$

En esta reacción, al aumentar la temperatura un 25 % (de 400 °C a 500 °C) la velocidad de reacción aumenta 52,8 veces.

PROBLEMA 1.10. Cálculo de la energía de activación y del factor de frecuencia de una reacción

Los siguientes datos de la constante cinética (k_A) se obtuvieron estudiando la reacción de descomposición simple de un compuesto puro, a diferentes temperaturas:

T (°C)	319	330	354	378	383
k_A (cm³/mol·s)	522	755	1700	4020	5030

Calcule la energía de activación del proceso (E_o) y el factor de frecuencia (k_o).

SOLUCIÓN

Lo que se considera aquí es la reacción general de descomposición simple de un reactivo puro (A). Por lo tanto, podemos suponer de forma general que el mecanismo transcurre mediante la reacción elemental siguiente:

$$a\,A \;\rightarrow\; r\,R + s\,S + \cdots \qquad\qquad -r_A = k\,A^\alpha$$

Aunque el dato resulta irrelevante para resolver el problema, simplemente con la observación de las unidades que se indican para la constante cinética (k_A), ya se puede deducir que el orden de la reacción es 2. Hay que tener en cuenta que la ecuación cinética debe resultar siempre dimensionalmente homogénea y el único orden de reacción que cumple el requisito es [$\alpha = 2$]:

$$-r_A = k_A\,A^2 \qquad \left[\frac{mol}{cm^3\,s}\right] \equiv \left[\frac{cm^3}{mol\,s}\right]\cdot\left[\frac{mol}{cm^3}\right]^2$$

Por otra parte, según la ecuación de Arrhenius tenemos que:

$$k_A = k_o\,e^{\frac{-E_o}{RT}} \qquad \ln k_A = \ln k_o - \frac{E_o}{R}\frac{1}{T}$$

$$Y = a\,X + b \qquad Y = \ln k_A \qquad X = \frac{1}{T} \qquad a = -\frac{E_o}{R} \qquad b = \ln k_o$$

Lo que constituye la expresión lineal de la dependencia de la constante cinética con la temperatura. Así, para la determinación de los coeficientes de la recta aplicamos el ajuste lineal de los datos experimentales, aplicando el método de mínimos cuadrados. Los cálculos correspondientes se indican más adelante en la Tabla 1.10.1.

Tras el ajuste lineal de Y versus X se obtiene el siguiente resultado:

$$Y = -13.679\,X + 29{,}318 \qquad r^2 = 0{,}9977$$

El coeficiente de regresión obtenido es muy bueno ($r^2 > 0,99$), por lo que se asume la validez de la ecuación aplicada. Entonces, tenemos que:

$$\ln k_o = 29{,}318 \qquad \frac{E_o}{R} = 13.679 \ K$$

$$k_o = e^{29{,}318} = 5{,}4 \cdot 10^{12} \ \frac{cm^3}{mol \ s} = 5{,}4 \cdot 10^{12} \ \frac{cm^3}{mol \ s} \cdot \left(\frac{1 \ L}{1.000 \ cm^3}\right)$$

$$k_o = 5{,}4 \cdot 10^9 \ \frac{L}{mol \ s}$$

$$E_o = (13.679 \ K) \cdot R = (13.679 \ K) \cdot 1{,}987 \ \frac{cal}{mol \ K} = 27.180 \ \frac{cal}{mol}$$

$$E_o = 27{,}18 \ \frac{kcal}{mol}$$

Tabla 1.10.1. Cálculos correspondientes al ajuste lineal de la ecuación de Arrhenius. La variable X se expresa factorizada por 10^{-3}.

T	k_A	T	X	Y
°C	cm³/mol·s	K	·10⁻³	-
319	522	592,15	1,68876	6,25767
330	755	603,15	1,65796	6,62672
354	1.700	627,15	1,59451	7,43838
378	4.020	651,15	1,53574	8,29904
383	5.030	656,15	1,52404	8,52318

Si en lugar de la ecuación de Arrhenius aplicamos la teoría de colisiones, tenemos que:

$$k_A = k_o \sqrt{T} \ e^{\frac{-E_o}{RT}} \qquad \frac{k_A}{\sqrt{T}} = k_o \ e^{\frac{-E_o}{RT}} \qquad \ln \frac{k_A}{\sqrt{T}} = \ln k_o - \frac{E_o}{R}\frac{1}{T}$$

$$Y = a \, X + b \qquad Y = \ln \frac{k_A}{\sqrt{T}} \qquad X = \frac{1}{T} \qquad a = -\frac{E_o}{R} \qquad b = \ln k_o$$

Como se puede observar, se ha transformado la ecuación original para que presente cierta forma lineal. Ahora se puede aplicar nuevamente a los datos la regresión lineal por mínimos cuadrados. Los cálculos necesarios para este nuevo ajuste se muestran en la Tabla 1.10.2.

Como resultado del ajuste (Y versus X) se obtiene el siguiente resultado:

$$Y = -13.367 \, X + 25{,}6 \qquad r^2 = 0{,}9976$$

El coeficiente de regresión obtenido es también muy bueno, por lo que se asume igualmente la validez de esta ecuación. Entonces, tenemos que:

$$\ln k_o = 25{,}6 \qquad \frac{E_o}{R} = 13.367\ K$$

$$k_o = e^{25,6} = 1{,}31 \cdot 10^{11}\ \frac{cm^3}{mol\ s\ K^{1/2}} = 1{,}31 \cdot 10^{11}\ \frac{cm^3}{mol\ s\ K^{1/2}} \cdot \left(\frac{1\ L}{1.000\ cm^3}\right)$$

$$k_o = 1{,}31 \cdot 10^8\ \frac{L}{mol\ s\ K^{1/2}}$$

$$E_o = (13.367\ K) \cdot R = (13.367\ K) \cdot 1{,}987\ \frac{cal}{mol\ K} = 26.560\ \frac{cal}{mol}$$

$$E_o = 26{,}56\ \frac{kcal}{mol}$$

Tabla 1.10.2. Cálculos correspondientes al ajuste lineal de la teoría de colisiones. La variable X se expresa factorizada por 10^{-3}.

T	k_A	T	$k/\sqrt{T}$	X	Y
°C	cm³/mol s	K		·10⁻³	-
319	522	592,15	21,4514	1,68876	3,06579
330	755	603,15	30,7422	1,65796	3,42563
354	1.700	627,15	67,8833	1,59451	4,21779
378	4.020	651,15	157,538	1,53574	5,05967
383	5.030	656,15	196,366	1,52404	5,27998

Finalmente, aplicamos la teoría del estado de transición. Entonces, tenemos que:

$$k_A = k_o\ T\ e^{\frac{-E_o}{RT}} \qquad \frac{k_A}{T} = k_o\ e^{\frac{-E_o}{RT}} \qquad \ln\frac{k_A}{T} = \ln k_o - \frac{E_o}{R}\frac{1}{T}$$

$$Y = a\ X + b \qquad Y = \ln\frac{k_A}{T} \qquad X = \frac{1}{T} \qquad a = -\frac{E_o}{R} \qquad b = \ln k_o$$

Nuevamente se ha transformado la ecuación original para linealizarla de algún modo, y poder aplicar la regresión lineal por mínimos cuadrados. Los cálculos necesarios para este nuevo ajuste se muestran en la Tabla 1.10.3.

Tras ajuste lineal correspondiente se obtiene ahora:

$$Y = -13.055\ X + 21{,}882 \qquad r^2 = 0{,}9975$$

El nuevo coeficiente de regresión es igualmente muy bueno, por lo que también se asume la validez de esta ecuación. En este caso, tenemos que:

$$\ln k_o = 21{,}882 \qquad \frac{E_o}{R} = 13.055\ K$$

$$k_o = e^{21,882} = 3,19 \cdot 10^9 \ \frac{cm^3}{mol \ s \ K} = 3,19 \cdot 10^9 \ \frac{cm^3}{mol \ s \ K} \cdot \left(\frac{1 \ L}{1.000 \ cm^3}\right)$$

$$k_o = 3 \cdot 10^6 \ \frac{1}{M \ s \ K}$$

$$E_o = (13.055 \ K) \cdot R = (13.055 \ K) \cdot 1,987 \ \frac{cal}{mol \ K} = 25.940 \ \frac{cal}{mol}$$

$$E_o = 25,94 \ \frac{kcal}{mol}$$

Tabla 1.10.3. Cálculos correspondientes al ajuste lineal de la teoría del estado de transición. La variable X se expresa factorizada por 10^{-3}.

T	k_A	T	k/T	X	Y
°C	cm³/mol s	K		·10^{-3}	-
319	522	592,15	0,88153	1,68876	-0,1261
330	755	603,15	1,25176	1,65796	0,22455
354	1.700	627,15	2,71068	1,59451	0,9972
378	4.020	651,15	6,17369	1,53574	1,8203
383	5.030	656,15	7,66593	1,52404	2,03679

NOTA

Los valores de las diferentes energías características (E_o) obtenidas para cada modelo son: 27,18 kcal/mol, 26,56 kcal/mol y 25,94 kcal/mol. La diferencia máxima observada entre ellos es de 1,24 kcal/mol, lo que constituye sólo el 4,7 % de su valor promedio.

Por otra parte, como es de esperar, existe mucha mayor diferencia en los valores correspondientes a la constante preexponencial (k_o) de cada modelo, dado que su significado físico y sus unidades son también muy diferentes en cada caso.

FIN DE LA NOTA

PROBLEMA 1.11. Cálculo de la velocidad de reacción a partir del mecanismo (I)

El mecanismo para la descomposición de determinado compuesto diatómico (A_2) en presencia de otro (BC) es el siguiente:

$$A_2 \rightarrow 2\,A \qquad (k_1) \qquad\qquad C + A_2 \rightarrow CA + A \qquad (k_3)$$

$$A + BC \rightarrow AB + C \qquad (k_2) \qquad\qquad 2\,C \rightarrow C_2 \qquad (k_4)$$

Se considera que cada letra representa a un hipotético elemento químico diferente. Aplicando las reglas de cinética formal, demuestre que la velocidad de desaparición del compuesto A_2 se puede ajustar a la siguiente ecuación cinética:

$$-r_{A_2} = k\,[A_2] + k'\sqrt{[A_2]^3}$$

SOLUCIÓN

En primer lugar, se debe comprobar que existe al menos una combinación lineal de las etapas elementales que conduzca a la ecuación química global observada. En este ejercicio no se suministra ninguna ecuación química global, pero en cualquier caso deber contener sólo compuestos estables. Es decir, debe incluir como reactivos iniciales sólo a compuestos que no figuren como producto de ninguna etapa elemental. Asimismo, debe incluir como productos finales sólo a compuestos que no figuren como reactivo de ninguna de ellas. Además, debe estar ajustada estequiométricamente.

En este sentido, si sumamos directamente las ecuaciones de las etapas elementales que se han suministrado, vemos que conducen al siguiente resultado:

$$
\begin{array}{rcccccccc}
 & & A_2 & \rightarrow & 2\,A & & & & \\
\cancel{A} & + & BC & \rightarrow & AB & + & \cancel{C} & & \\
\cancel{C} & + & A_2 & \rightarrow & CA & + & \cancel{A} & & \\
 & & 2\,C & \rightarrow & C_2 & & & & \\
\hline
\mathbf{2\,A_2} & + & \mathbf{BC} & + & \mathbf{2\,C} & \rightarrow & \mathbf{2\,A} & + & \mathbf{AB} \quad + \quad \mathbf{CA} \quad + \quad \mathbf{C_2}
\end{array}
$$

Como se puede observar, si las etapas se ejecutaran todas simultáneamente no se alcanzaría un resultado estable. Entre los reactivos iniciales aparece el compuesto C, que es producto de la segunda etapa; y entre los productos finales aparece el compuesto A, que es reactivo de la misma. Además, tampoco resulta ajustada estequiométricamente. Por lo tanto, se debe buscar alguna otra combinación de las etapas que conduzca a un resultado estable.

Si se observa el resultado obtenido en la suma, se aprecia que para alcanzar un resultado estable sólo sobra la cantidad 2C entre los reactivos y la cantidad 2A entre los productos. Así, para compensar dicha inestabilidad, sólo sería necesario añadir una etapa que aportara 2A entre los reactivos y 2C entre los productos. De la lista de etapas suministrada, la única que podría cumplir ese requisito es la segunda, si la multiplicamos por 2. El resto de compuestos incluidos en esa etapa son estables (sólo aparecen en las diferentes etapas como reactivo o como producto). En definitiva, añadimos al conjunto anterior la segunda etapa 3 veces. Y, si sumamos ahora el nuevo conjunto resultante, tenemos que:

$$
\begin{array}{ccccccc}
 & & A_2 & \rightarrow & \cancel{2A} & & \\
\cancel{A} & + & BC & \rightarrow & AB & + & \cancel{C} \\
\cancel{A} & + & BC & \rightarrow & AB & + & \cancel{C} \\
\cancel{A} & + & BC & \rightarrow & AB & + & \cancel{C} \\
\cancel{C} & + & A_2 & \rightarrow & CA & + & \cancel{A} \\
 & & \cancel{2C} & \rightarrow & C_2 & & \\
\hline
\mathbf{2\,A_2} & + & \mathbf{3\,BC} & \rightarrow & \mathbf{3\,AB} & + & \mathbf{CA} & + & \mathbf{C_2}
\end{array}
$$

Como se puede observar, el nuevo resultado es completamente estable. Además, resulta ajustado estequiométricamente. En consecuencia, la ecuación química resultante puede asumirse como la ecuación global del proceso y la combinación de etapas enunciada puede asumirse como mecanismo de la misma. Sólo es necesario que la segunda etapa se produzca en proporción triple que las demás.

Para evitar errores de nomenclatura en este ejercicio, usaremos corchetes como símbolo de concentración molar. Así, aplicando las reglas de cinética formal, podemos observar que el compuesto A_2 se consume por la primera etapa y también por la tercera. Por lo tanto, su velocidad global de desaparición sería:

$$-r(A_2) = (-r(A_2)_1) + (-r(A_2)_3) = k_1\,[A_2] + k_3\,[C]\,[A_2]$$

Se ve claramente que esta ecuación no es la indicada en el enunciado, ya que aparece la concentración del compuesto C en el segundo término. Por lo tanto, se debe sustituir por una expresión en la que sólo aparezca A. Con ese fin, deducimos la velocidad de formación del compuesto C y del compuesto A, para analizar las posibilidades de combinación. Nuevamente según las reglas de cinética formal, dichas ecuaciones serían las siguientes:

$$r_C = (r_C)_2 - (-r_C)_3 - (-r_C)_4 = k_2\,[A]\,[BC] - k_3\,[C]\,[A_2] - 2\,k_4\,[C]^2$$

$$r_A = (r_A)_1 - (-r_A)_2 + (r_A)_3 = k_1\,[A_2] - k_2\,[A]\,[BC] + k_3\,[C]\,[A_2]$$

Si aplicamos la hipótesis de estado estacionario al compuesto intermedio A (que se forma por alguna etapa y se consume en otra), tenemos que:

$$r_A = k_1 [A_2] - k_2 [A] [BC] + k_3 [C] [A_2] = 0$$

Igualmente, si aplicamos dicha hipótesis al compuesto intermedio C, el resultado es el siguiente:

$$r_C = k_2 [A] [BC] - k_3 [C] [A_2] - 2 k_4 [C]^2 = 0$$

Sumando ambas expresiones se obtiene que:

$$k_1 [A_2] - 2 k_4 [C]^2 = 0 \qquad 2 k_4 [C]^2 = k_1 [A_2] \qquad [C] = \sqrt{\frac{k_1 [A_2]}{2 k_4}}$$

Esta última expresión relaciona la concentración de C con la de A y podemos usarla para sustituir en la ecuación cinética obtenida inicialmente. Así, tendríamos:

$$-r_{A_2} = k_1 [A_2] + k_3 [C] [A_2] = k_1 [A_2] + k_3 \sqrt{\frac{k_1 [A_2]}{2 k_4}} [A_2]$$

$$-r_{A_2} = k_1 [A_2] + k_3 \sqrt{\frac{k_1}{2 k_4}} \sqrt{[A_2]^3}$$

Si comparamos ahora este nuevo resultado con la expresión enunciada, observamos que las funciones coinciden, aunque con constantes diferentes. No obstante, podemos re-agrupar las constantes del siguiente modo:

$$k = k_1 \qquad k' = k_3 \sqrt{\frac{k_1}{2 k_4}}$$

Entonces el resultado final obtenido es exactamente el mismo que se propone en el enunciado:

$$-r_{A_2} = k [A_2] + k' \sqrt{[A_2]^3}$$

Por lo tanto, queda demostrado que la ecuación cinética propuesta se puede deducir del conjunto de etapas que se indica. Por supuesto, siempre que se cumplan todas las hipótesis introducidas durante la demostración:

a) La segunda etapa se produce el triple de veces que las demás.

b) La ecuación química global es la que resulta de la suma de dichas etapas.

c) Los compuestos intermedios A y C se encuentran en estado estacionario durante todo el proceso.

PROBLEMA 1.12. Cálculo de la velocidad de reacción a partir del mecanismo (II)

Deduzca las ecuaciones cinéticas para todos los componentes de la siguiente reacción:

$$2 A + 3 B \rightarrow A_2B + B_2$$

Considere que se cumple el mecanismo indicado a continuación.

$$A + B \rightarrow AB \qquad\qquad AB + A \rightarrow A_2B$$

$$AB + B \rightarrow B_2 + A \qquad\qquad 2 AB \rightarrow 2 A + 2 B$$

SOLUCIÓN

En primer lugar, siempre se debe comprobar que existe alguna combinación lineal de las etapas del mecanismo que conduzca a la ecuación química en estudio, de lo contrario, el mecanismo no es asignable. En este caso, si sumamos directamente las ecuaciones de las etapas suministradas, tenemos la siguiente ecuación global:

$$
\begin{array}{rcl}
A + B &\rightarrow& AB \\
AB + B &\rightarrow& B_2 + A \\
AB + A &\rightarrow& A_2B \\
2 AB &\rightarrow& 2 A + 2 B \\
\hline
3 AB &\rightarrow& B_2 + A + A_2B
\end{array}
$$

Se observa claramente que el resultado no es la ecuación buscada. Por lo tanto, debemos comprobar qué le falta para obtener lo que se desea. Para ello, restamos la ecuación obtenida a la que queremos alcanzar, que es lo mismo que sumar el inverso de la primera a la segunda. Así:

$$
\begin{array}{rcl}
2 A + 3 B &\rightarrow& A_2B + B_2 \\
B_2 + A + A_2B &\rightarrow& 3 AB \\
\hline
3 A + 3 B &\rightarrow& 3 AB
\end{array}
$$

El resultado obtenido es, en definitiva, lo que nos faltaba. Como se puede observar, en este caso coincide exactamente con el triple de la primera etapa. Así pues, si añadimos tres veces la primera etapa al conjunto inicial y volvemos a sumar, el resultado es ahora:

$$
\begin{array}{rcl}
A + B &\rightarrow& AB \\
A + B &\rightarrow& AB \\
A + B &\rightarrow& AB \\
A + B &\rightarrow& AB \\
AB + B &\rightarrow& B_2 + A \\
AB + A &\rightarrow& A_2B \\
2 AB &\rightarrow& 2 A + 2 B \\
\hline
2 A + 3 B &\rightarrow& A_2B + B_2
\end{array}
$$

Lógicamente, se obtiene como resultado la ecuación química buscada. En consecuencia, queda demostrado que existe al menos una combinación lineal de las etapas propuestas que conduce a la ecuación química enunciada. Por lo tanto, la combinación de etapas puede constituir un mecanismo potencial de la reacción.

Ahora, aplicando las reglas de cinética formal a las distintas etapas, se debe deducir la ecuación de formación o consumo de todos los componentes del sistema de reacción. Como en el ejercicio anterior, usaremos corchetes para representar las concentraciones molares con objeto de evitar errores de nomenclatura. Así, la velocidad de desaparición total del reactivo A es la suma de su velocidad de desaparición por la primera etapa, menos su velocidad de aparición por la segunda etapa, más su velocidad de desaparición por la tercera etapa:

$$-r_A = (-r_A)_1 - (r_A)_2 + (-r_A)_3 = k_1\,[A]\,[B] - k_2\,[AB]\,[B] + k_3\,[AB]\,[A]$$
$$-r_A = k_1\,[A]\,[B] + (k_3[A] - k_2[B])\,[AB]$$

Análogamente, para el reactivo B tenemos que:

$$-r_B = (-r_B)_1 + (-r_B)_2 - (r_B)_4 = k_1\,[A]\,[B] + k_2\,[AB]\,[B] - 2\,k_4\,[AB]^2$$
$$-r_B = k_1\,[A]\,[B] + (k_2[B] - 2\,k_4[AB])\,[AB]$$

Y, para los demás componentes:

$$r_{AB} = (r_{AB})_1 - (-r_{AB})_2 - (-r_{AB})_3 - (-r_{AB})_4$$
$$= k_1\,[A]\,[B] - k_2\,[AB]\,[B] - k_3\,[AB]\,[A] - 2\,k_4\,[AB]^2$$
$$r_{A_2B} = \left(r_{A_2B}\right)_3 = k_3\,[AB]\,[A]$$
$$r_{B_2} = \left(r_{B_2}\right)_2 = k_2\,[AB]\,[B]$$

Con lo que quedarían definidas en principio las expresiones solicitadas en el enunciado. No obstante, en esas ecuaciones aparece explícitamente la concentración del compuesto intermedio *[AB]*. A veces, los compuestos intermedios aparecen y desaparecen en el medio de reacción muy rápidamente, por lo que resulta difícil su seguimiento. En consecuencia, resulta más práctico expresar las ecuaciones de velocidad en función de compuestos más estables (reactivos iniciales o productos finales). Para ello, podemos aplicar la hipótesis de estado estacionario al compuesto intermedio indicado (AB) y sustituir su concentración en las ecuaciones cinéticas originales. El resultado es el siguiente:

$$r_{AB} = k_1\,[A]\,[B] - k_2\,[AB]\,[B] - k_3\,[AB]\,[A] - 2\,k_4\,[AB]^2 = 0$$
$$(-2\,k_4)\,[AB]^2 + (-k_2\,[B] - k_3\,[A])\,[AB] + (k_1\,[A]\,[B]) = 0$$

Se observa que el resultado es una ecuación de segundo grado en *[AB]*, de la que podemos despejar la variable buscada en función de las demás. Así:

$$a\,x^2 + bx + c = 0 \qquad a = -2\,k_4 \qquad b = -k_2\,[B] - k_3\,[A] \qquad c = k_1\,[A]\,[B]$$

Despejando [AB] obtenemos:

$$[AB] = \frac{-b \pm \sqrt{b^2 - 4ac}}{2a} =$$

$$= \frac{(k_2\,[B] + k_3[A]) \pm \sqrt{(k_2\,[B] + k_3\,[A])^2 + 4(2\,k_4)(k_1\,[A]\,[B])}}{2\,(-2\,k_4)}$$

De las dos soluciones posibles, la única que tiene sentido físico es la que resulta positiva, puesto que la concentración no puede ser negativa. En definitiva:

$$[AB] = \frac{k_2\,[B] + k_3[A] - \sqrt{k_2{}^2\,[B]^2 + k_3{}^2[A]^2 + 2\,k_2\,[B]\,k_3\,[A] + 8\,k_4\,k_1\,[A]\,[B]}}{-4\,k_4} =$$

$$= \frac{k_2\,[B] + k_3[A] - \sqrt{k_2{}^2\,[B]^2 + k_3{}^2[A]^2 + (2\,k_2\,k_3 + 8\,k_4\,k_1)\,[A]\,[B]}}{-4\,k_4}$$

La concentración del compuesto intermedio *[AB]* ha quedado expresada sólo en función de la concentración de los reactivos *[A]* y *[B]*. Por lo tanto, podemos sustituir esta expresión en las ecuaciones de velocidad iniciales y aquellas quedarían también expresadas sólo en función de la concentración de compuestos estables. Como resultado, el sistema de ecuaciones obtenido sería el siguiente:

$$-r_A = k_1\,[A]\,[B] + (k_3[A] - k_2[B])\,[AB]$$

$$-r_B = k_1\,[A]\,[B] + (k_2[B] - 2\,k_4[AB])\,[AB]$$

$$r_{A_2B} = k_3\,[AB]\,[A]$$

$$r_{B_2} = k_2\,[AB]\,[B]$$

$$[AB] = \frac{k_2\,[B] + k_3[A] + \sqrt{k_2{}^2\,[B]^2 + k_3{}^2[A]^2 + (2\,k_2\,k_3 + 8\,k_4\,k_1)\,[A]\,[B]}}{-4\,k_4}$$

Por supuesto, estas ecuaciones sólo son válidas si se cumple la hipótesis de estado estacionario del compuesto AB.

NOTA

Tras obtener las ecuaciones cinéticas se dispone de un sistema de cuatro ecuaciones diferenciales de velocidad con cuatro incógnitas (las concentraciones de los dos reactivos y los dos

productos). El sistema se puede resolver matemáticamente y obtener la evolución en el tiempo de todos los compuestos, aunque se recurra para ello a métodos numéricos. Por supuesto, en ese caso se debe conocer el valor de las distintas constantes cinéticas y las concentraciones iniciales de todos los compuestos.

FIN DE LA NOTA

CAPÍTULO 2

Análisis de datos cinéticos

Ecuación cinética

Dada una reacción química elemental de un solo reactivo A, su ecuación química se puede representar de forma general del siguiente modo:

$$a A \rightarrow p P + r R + s S + \cdots$$

Según diversas teorías cinéticas (teoría de colisiones, teoría del estado de transición, etc.), se puede esperar que la velocidad de desaparición del reactivo se ajuste a una expresión del tipo siguiente:

$$-r_A = -\frac{dA}{dt} = k_A A^\alpha \qquad \alpha = a$$

donde el orden de reacción respecto de A (α) debería coincidir con el coeficiente estequiométrico respecto del mismo compuesto (a). Se supone que la reacción transcurre a nivel molecular tal como se indica en la ecuación química y, además, que la velocidad de reacción es proporcional a la probabilidad de colisión o de formación del estado de transición correspondiente. Por otra parte, en las reacciones elementales, el orden de reacción debe ser entero y generalmente menor de 4. Se supone que las moléculas tienen que colisionar (o combinarse en el estado de transición) para reaccionar, y es muy poco probable que coincidan más de 4 moléculas en una misma colisión (o en un mismo estado de transición).

En consecuencia, si un reactivo presenta un orden de reacción cinético que no coincide con su coeficiente estequiométrico, se debe interpretar que estamos ante una reacción no elemental. En ese caso, la reacción debe transcurrir por un mecanismo más o menos complejo, compuesto por diferentes etapas elementales, que deben conducir finalmente al orden cinético observado. Cada etapa del mecanismo presenta su propia ecuación ci-

nética y la combinación de todas ellas debe ajustarse a los datos experimentales observados. De lo contrario, el mecanismo propuesto no sería compatible con las evidencias y se debe proponer otro.

Método diferencial

La ecuación cinética mostrada al principio está expresada en forma diferencial. Sin embargo, los datos experimentales de las reacciones químicas suelen estar expresados en forma de tablas de concentración de los compuestos a lo largo del tiempo. Por ejemplo, A en función de t. De este modo, los datos no se pueden contrastar directamente con la ecuación, sino que se deben transformar previamente o bien transformar la ecuación.

En el caso de que decidamos transformar los datos, debemos obtener las derivadas temporales de las concentraciones tabuladas y luego compararlas con las velocidades reflejadas en la ecuación cinética. De ahí la denominación que recibe este método de contraste, ya que se comparan los datos con las ecuaciones en su forma de velocidades o de diferenciales de concentración con respecto al tiempo. En este procedimiento, los datos a los que se aplican los ajustes matemáticos son datos de velocidad de reacción. Por ejemplo, la velocidad de desaparición del reactivo A ($-r_A$). Generalmente, para realizar el contraste conviene transformar la ecuación en una expresión lineal, de modo que podamos aplicar a los datos el método matemático de ajuste lineal por mínimos cuadrados. Por ejemplo, la ecuación cinética general mostrada al principio se puede transformar en una ecuación lineal simplemente tomando logaritmos:

$$\ln(-r_A) = \ln(k_A) + \alpha \cdot \ln(A)$$

Entonces, una vez realizado el ajuste lineal de los datos experimentales de $\ln(-r_A)$ frente a $\ln(A)$, es posible obtener el valor de la constante cinética (k_A) a partir del valor de la ordenada en el origen. Asimismo, se puede obtener el valor del orden de reacción (α) a partir del valor de la pendiente. Si el coeficiente de regresión alcanzado en el ajuste es suficientemente cercano a 1, podemos decir que la ecuación cinética probada es compatible con los datos experimentales, y que los parámetros cinéticos calculados son representativos del comportamiento cinético del sistema de reacción.

Para aplicar este método es evidente que debemos disponer de datos experimentales de velocidad de reacción ($-r_A$), en caso contrario es necesario deducirlos a partir de los datos de concentración y de tiempo (A y t). Normalmente, esto se puede conseguir fácilmente mediante la aplicación de algún método de derivación numérica.

Por otra parte, cuando estamos ante una reacción química elemental de varios reactivos, su ecuación química se puede representar del siguiente modo:

$$a\,A + b\,B + c\,C + \cdots \;\rightarrow\; p\,P + r\,R + s\,S + \cdots$$

Como en el caso anterior, según las teorías cinéticas se debe esperar que la velocidad de desaparición de los reactivos se ajuste en general a expresiones del tipo siguiente:

$$-r_A = -\frac{dA}{dt} = k_A\,A^{\alpha}\,B^{\beta}\,C^{\gamma}\ldots \qquad -r_B = -\frac{dB}{dt} = k_B\,A^{\alpha}\,B^{\beta}\,C^{\gamma}\ldots$$

$$-r_C = -\frac{dC}{dt} = k_C\,A^{\alpha}\,B^{\beta}\,C^{\gamma}\ldots \qquad \alpha = a \quad \beta = b \quad \gamma = c \quad \ldots$$

Como para las reacciones elementales de un solo reactivo, el orden de reacción con respecto a cada reactivo (α, β, γ, etc.) debe coincidir también en este caso con su coeficiente estequiométrico (a, b, c, etc.). Además, su valor (el número de moléculas que colisionan o que se combinan en el estado de transición) debe ser un número entero menor de 4. Si se obtiene un valor diferente, debe interpretarse que estamos ante una reacción no elemental, y que ésta sigue un mecanismo más complejo que el indicado en la ecuación química. En ese caso, cualquier mecanismo propuesto debe cumplir que sus ecuaciones de velocidad deducidas sean compatibles con los datos experimentales.

Como antes, estas ecuaciones cinéticas se deducen en forma diferencial. Por lo tanto, para compararlas con los datos experimentales habrá que transformar o bien los datos o bien las ecuaciones. En caso de transformar los datos en forma de velocidades de reacción diferenciales, habrá que hacerlo mediante derivación numérica. Igualmente, como antes, conviene transformar las ecuaciones cinéticas a una forma lineal para poder aplicar el ajuste lineal por mínimos cuadrados.

En el caso concreto de la ecuación química anterior, si tomamos logaritmos tenemos que:

$$\ln(-r_A) = \ln(k_A) + \alpha \cdot \ln(A) + \beta \cdot \ln(B) + \gamma \cdot \ln(C) + \cdots$$

Por lo tanto, representando los datos de $\ln(-r_A)$ versus $\ln(A)$, $\ln(B)$, $\ln(C)$, etc., en un sistema de coordenadas de varias dimensiones, deberíamos obtener una línea recta. Las pendientes de dicha recta con respecto a cada eje deberían ser: α, β, γ, etc. Además, la ordenada en el origen debería ser $\ln(k_A)$.

Método integral

La otra posibilidad para comparar los datos experimentales con las ecuaciones cinéticas consiste en trabajar con la forma integrada de las ecuaciones. De ahí que este método de contraste se denomine método integral de ajuste de datos cinéticos. El procedimiento consiste en integrar primero las ecuaciones de velocidad y compararlas después con los datos experimentales de concentración y tiempo (A y t). Lógicamente, en este caso no es necesaria la aplicación de métodos numéricos para derivar los datos, pero sí hay que aplicar métodos de cálculo integral para transformar las ecuaciones. Estas ecuaciones a integrar serán diferentes según sea el mecanismo propuesto en cada caso. En ocasiones pueden resultar complejas y se deben realizar determinadas aproximaciones hipotéticas para facilitar la integración de las mismas. En tales casos, los resultados obtenidos deben tener siempre en cuenta que su aplicación queda limitada por las hipótesis realizadas.

Sea una reacción química elemental de un solo reactivo A del tipo:

$$a\,A \;\rightarrow\; p\,P + r\,R + s\,S + \cdots$$

De forma general, se debe esperar que la velocidad de desaparición del reactivo se ajuste a la siguiente expresión:

$$-r_A = -\frac{dA}{dt} = k_A\,A^\alpha \qquad \alpha = n$$

Como se ha indicado antes, el orden de reacción respecto de A (α) puede o no coincidir con el coeficiente estequiométrico de dicho reactivo (a), según se trate de una reacción elemental o no elemental, respectivamente. En todo caso, casi siempre se tratará de un número real no demasiado alto. Si se realiza la integración de la ecuación de velocidad anterior, tenemos que:

$$-\frac{dA}{dt} = k_A\,A^n \qquad \frac{dA}{A^n} = -k_A\,dt \qquad A^{-n}\,dA = -k_A\,dt$$

$$\int_{A_o}^{A} A^{-n}\,dA = \int_{o}^{t} -k_A\,dt$$

$$(\forall n\,/\,n \neq 1) \qquad \left[\frac{A^{-n+1}}{-n+1}\right]_{A_o}^{A} = -k_A\,[t]_o^t \qquad \left[\frac{A^{-n+1}}{-n+1} - \frac{A_o^{-n+1}}{-n+1}\right] = -k_A\,t$$

$$A^{-n+1} - A_o^{-n+1} = (n-1)k_A\,t \qquad \frac{1}{A^{n-1}} - \frac{1}{A_o^{n-1}} = (n-1)\,k_A\,t$$

$$\frac{1}{A^{n-1}} = \frac{1}{A_o^{\,n-1}} + (n-1)\,k_A\,t \qquad A^{n-1} = \frac{1}{\dfrac{1}{A_o^{\,n-1}} + (n-1)\,k_A\,t}$$

$$A^{n-1} = \frac{A_o^{\,n-1}}{1 + (n-1)\,A_o^{\,n-1}\,k_A\,t} \qquad A = \sqrt[n-1]{\frac{A_o^{\,n-1}}{1 + (n-1)\,A_o^{\,n-1}\,k_A\,t}}$$

Para el caso particular de $n = 1$, la integración resulta:

$$-\frac{dA}{dt} = k_A\,A \qquad \frac{dA}{A} = -k_A\,dt \qquad \int_{A_o}^{A}\frac{dA}{A} = \int_{0}^{t} -k_A\,dt$$

$$[\ln A]_{A_o}^{A} = -k_A\,[t]_{0}^{t} \qquad \ln A - \ln A_o = -k_A\,t \qquad \ln\frac{A}{A_o} = -k_A\,t$$

$$\frac{A}{A_o} = exp(-k_A\,t) \qquad A = A_o\,e^{-k_A\,t}$$

Para determinar el orden real de reacción, basta con contrastar cada una de las diferentes ecuaciones integradas con los datos experimentales de concentración y tiempo. El valor de n apropiado será el que ofrezca la mejor concordancia posible. Para realizar estos contrastes se puede aplicar el método de ajuste lineal por mínimos cuadrados. En ese caso, será necesario transformar primero las ecuaciones integradas a una forma lineal. Las formas lineales de las anteriores ecuaciones integradas son las siguientes:

$$(\forall n\,/\,n \neq 1) \qquad \frac{1}{A^{n-1}} = \frac{1}{A_o^{\,n-1}} + (n-1)\,k_A\,t$$

$$(n = 1) \qquad \ln A = \ln A_o - k_A\,t$$

En definitiva, para cada valor concreto para n, se debe representar la cantidad correspondiente a $1/A^{n-1}$ versus t. En el caso concreto de $n = 1$, se representará la cantidad correspondiente a $\ln A$ versus t. El valor de n aceptado será el que presente mayor coeficiente de regresión lineal en el ajuste. Su valor se puede ir precisando progresivamente de modo iterativo; es decir, modificando cada vez el valor de n en la dirección que mejore el coeficiente de regresión.

Por otra parte, para una reacción química de varios reactivos del tipo:

$$a\,A + b\,B + c\,C + \cdots \;\rightarrow\; p\,P + r\,R + s\,S + \cdots$$

las ecuaciones de velocidad se pueden representar de modo general de la forma siguiente:

$$-r_A = -\frac{dA}{dt} = k_A\,A^{\alpha}\,B^{\beta}\,C^{\gamma}\,\ldots \qquad -r_B = -\frac{dB}{dt} = k_B\,A^{\alpha}\,B^{\beta}\,C^{\gamma}\,\ldots$$

$$-r_C = -\frac{dC}{dt} = k_C\,A^{\alpha}\,B^{\beta}\,C^{\gamma}\,\ldots$$

Los órdenes con respecto a cada reactivo (α, β, γ, …) pueden ser números reales cualesquiera según el mecanismo implicado, aunque generalmente son bajos. Como se ha indicado antes, en ocasiones se suelen realizar simplificaciones hipotéticas en los mecanismos propuestos, con idea obtener las expresiones integradas más fácilmente. Por supuesto, en tales casos el resultado obtenido implica la asunción de las hipótesis.

Método de las proporciones estequiométricas

Como se ha indicado antes, en una reacción elemental de varios reactivos los distintos órdenes de reacción deben coincidir con los coeficientes estequiométricos correspondientes. Así:

$$-r_A = -\frac{dA}{dt} = k_A\, A^a\, B^b\, C^c \dots \qquad -r_B = -\frac{dB}{dt} = k_B\, A^a\, B^b\, C^c \dots$$

$$-r_C = -\frac{dC}{dt} = k_C\, A^a\, B^b\, C^c \dots$$

Si, además, al iniciar la reacción se añaden los reactivos en proporción estequiométrica:

$$\frac{A_o}{a} = \frac{B_o}{b} = \frac{C_o}{c} = \cdots$$

entonces se mantendrá esa proporción entre los reactivos a lo largo de toda la reacción. La razón es que se mantiene el balance estequiométrico durante todo el proceso.

$$\frac{A_o - A}{a} = \frac{B_o - B}{b} = \frac{C_o - C}{c} = \cdots \qquad \frac{A}{a} = \frac{B}{b} = \frac{C}{c} = \cdots$$

Por lo tanto, en las ecuaciones cinéticas se puede sustituir la concentración de cualquiera de los reactivos en función de cualquier otro. Así, por ejemplo, sustituyendo todos los reactivos en función del reactivo A tendríamos:

$$B = \frac{b}{a}A \qquad C = \frac{c}{a}A \qquad \dots \qquad -\frac{dA}{dt} = k_A\, A^a \left(\frac{b}{a}A\right)^b \left(\frac{c}{a}A\right)^c \dots$$

$$-\frac{dA}{dt} = k_A \left(\frac{b}{a}\right)^b \left(\frac{c}{a}\right)^c \dots A^a\, A^b\, A^c \dots = k_A^{\,*}\, A^\eta \qquad k_A^{\,*} = k_A \left(\frac{b}{a}\right)^b \left(\frac{c}{a}\right)^c \dots$$

$$\eta = \alpha + \beta + \gamma + \cdots$$

Donde η es el orden global de la reacción y $k_A^{\,*}$ es una constante cinética aparente. La ecuación de velocidad resultante es la siguiente:

$$-\frac{dA}{dt} = k_A{}^* A^\eta$$

El ajuste de la misma se puede abordar por el método diferencial o por el método integral, según los procedimientos explicados antes.

Método de exceso

Considérese una reacción elemental de varios reactivos como la que se ha indicado en el apartado anterior. Considérese también que al iniciar la reacción todos los reactivos se añaden en exceso, excepto uno de ellos. Por lo tanto, todos deberán estar en proporción muy superior a la del reactivo limitante, durante todo el proceso. Cuando éste último se va consumiendo a lo largo de la reacción, la proporción que se consume de los otros reactivos es la correspondiente según la estequiometría. En cualquier caso, estas cantidades siempre resultan despreciables con respecto a la cantidad inicial de cada uno de ellos (muy alta), por lo que la cantidad presente de los mismos puede considerarse constante en todo momento. En definitiva, si el reactivo en defecto es A, a lo largo de toda la reacción se puede considerar que:

$$-r_A = -\frac{dA}{dt} = k_A A^a B^b C^c \dots \qquad A \neq A_o \qquad B \approx B_o \qquad C \approx C_o \qquad \dots$$

Y podemos aproximar entonces que:

$$-\frac{dA}{dt} = k_A A^a (B_o)^b (C_o)^c \dots = k_A (B_o)^b (C_o)^c \dots A^a = k_A{}^* A^a$$

$$k_A{}^* = k_A (B_o)^b (C_o)^c \dots$$

Donde α es el orden de la reacción respecto de A y $k_A{}^*$ es una constante cinética aparente. Nuevamente, la ecuación de velocidad resultante es:

$$-\frac{dA}{dt} = k_A{}^* A^a$$

Su ajuste puede abordarse por el método diferencial o por el método integral, siguiendo los procedimientos expuestos.

Método de los tiempos fraccionales

Para reacciones de un solo reactivo, en el caso del método integral se ha deducido la siguiente expresión integrada generalizada:

$$(\forall n \, / \, n \neq 1) \qquad \frac{1}{A^{n-1}} - \frac{1}{A_o^{\,n-1}} = (n-1) \, k_A \, t$$

Denominaremos $t_{1/f}$ al tiempo necesario para que se consuma el reactivo A hasta una fracción $1/f$ de su concentración inicial (A_o). Entonces podemos deducir lo siguiente:

$$A = \frac{1}{f} A_o \qquad \frac{1}{\left(\frac{A_o}{f}\right)^{n-1}} - \frac{1}{A_o^{\,n-1}} = (n-1) \, k_A \, t_{1/f}$$

$$\frac{f^{n-1}}{A_o^{\,n-1}} - \frac{1}{A_o^{\,n-1}} = (n-1) \, k_A \, t_{1/f} \qquad \frac{f^{n-1} - 1}{A_o^{\,n-1}} = (n-1) \, k_A \, t_{1/f}$$

$$\frac{f^{n-1} - 1}{A_o^{\,n-1} \, (n-1) \, k_A} = t_{1/f} \qquad t_{1/f} = \frac{f^{n-1} - 1}{(n-1) \, k_A} \cdot A_o^{\,-(n-1)}$$

$$(\forall n \, / \, n \neq 1) \qquad \ln\left(t_{1/f}\right) = \ln\left(\frac{f^{n-1} - 1}{(n-1) \, k_A}\right) - (n-1) \, \ln(A_o)$$

Como se puede observar, la expresión anterior es una ecuación lineal que relaciona A_o con $t_{1/f}$. Así, si se dispone de experimentos con varias concentraciones iniciales del reactivo A y se conoce el tiempo que tarda en alcanzarse la fracción $1/f$ de cada concentración inicial, entonces se puede realizar un ajuste lineal de tales datos. En concreto, se debe representar $\ln(t_{1/f})$ versus $\ln(A_o)$. Como consecuencia, se puede obtener el orden de reacción (n) a partir de la pendiente de ajuste. Asimismo, una vez conocido el orden, se puede obtener también el valor de la constante cinética (k_A) a partir de la ordenada en el origen.

Finalmente, hay que indicar que este método se puede aplicar para muy diferentes valores de la fracción $1/f$ y, en determinados casos, asume denominaciones concretas. Por ejemplo, para $1/f = 1/2$, se denomina método del tiempo de semirreacción ($t_{1/2}$). Igualmente, para $1/f = 1/e$, se denomina método del tiempo de relajación ($t_{1/e}$).

Bibliografía recomendada

- Levenspiel, O. "Ingeniería de las Reacciones Químicas", 3ª edición. Ed. Limusa (2012).
- Santamaría, J.; Herguido, J.; Menédez, M.A.; Monzón, A. "Ingeniería de Reactores". Ed. Síntesis (1999).

PROBLEMA 2.1. Aplicación del método integral de análisis de datos para una reacción en fase líquida

Aplique el método integral de análisis de datos cinéticos para calcular el orden de la reacción que se ajusta a la siguiente ecuación química [A → P] y que se desarrolla en fase líquida. Los datos obtenidos en el laboratorio son los siguientes:

t (min)	0	15	30	45	60	75	135
A (mol/L)	0,8	0,6	0,478	0,4	0,343	0,3	0,2

SOLUCIÓN

En primer lugar, puesto que la reacción se desarrolla en fase líquida, evoluciona a volumen constante y no es necesario tener en cuenta el factor de expansión (ε). En segundo lugar, no se indica nada sobre el posible mecanismo de la reacción, luego el orden podría ser cualquiera. Tomando su valor genérico igual a n, tenemos que:

$$-r_A = -\frac{dA}{dt} = k\,A^n$$

Dado que se pide específicamente que se use el método integral, la primera alternativa sería la aplicación del método de los tiempos fraccionales. No obstante, no se dispone de datos para aplicar este método directamente, por lo que no queda más remedio que probar sucesivamente diversos órdenes hasta encontrar su valor. Así, para un orden n cualquiera, la ecuación integrada generalizada sería la siguiente:

$$(\forall n \,/\, n \neq 1) \qquad A^{n-1} = \frac{A_o{}^{n-1}}{1 + A_o{}^{n-1}(n-1)k\,t} \qquad A^{-n+1} = (n-1)k\,t + A_o{}^{-n+1}$$

Dicha ecuación es aplicable para un valor de n real cualquiera, excepto para el valor $n = 1$. Por ello, conviene probar primero este valor y luego seguir con el resto. En el caso de orden $n = 1$, la ecuación integrada sería:

$$A = A_o\,e^{-kt} \qquad \ln A = \ln A_o - k\,t \qquad Y = a\,X + b$$

Por lo que debemos representar $\ln(A)$ versus t, para aplicar el ajuste lineal por mínimos cuadrados. Los cálculos necesarios aparecen en las tres primeras columnas de la Tabla 2.1.1 (regresión de la tercera frente a la primera). Los resultados del ajuste son los siguientes:

$$a = -0,01 \qquad b = -0,3842 \qquad r^2 = 0,9493$$

El coeficiente de regresión obtenido es deficiente ($r^2 < 0,95$), por lo que en principio no parece que el conjunto de datos suministrados se ajuste bien a orden 1.

Tabla 2.1.1. Cálculos necesarios para los distintos ajustes.

t	A	$ln(A)$	$A^{0,5}$	$A^{-0,5}$	A^{-1}	$A^{-1,2}$
min	mol/L					
0	0,8	-0,2231	0,89443	1,11803	1,25	1,30705
15	0,6	-0,5108	0,7746	1,29099	1,66667	1,84594
30	0,478	-0,7381	0,69138	1,44639	2,09205	2,42486
45	0,4	-0,9163	0,63246	1,58114	2,5	3,00281
60	0,343	-1,07	0,58566	1,70747	2,91545	3,61116
75	0,3	-1,204	0,54772	1,82574	3,33333	4,24087
135	0,2	-1,6094	0,44721	2,23607	5	6,89865

Pasamos entonces a probar la forma general de la ecuación integrada, que es válida para cualquier otro orden de reacción distinto de 1. Así, podemos comenzar aplicando un orden ligeramente menor que 1, como por ejemplo $n = \frac{1}{2} = 0,5$. Hay que tener en cuenta que el orden de reacción suele ser una fracción que combina números enteros sencillos, por ello, se debe probar primero con valores de este tipo. Sustituyendo el valor de n propuesto en la ecuación general, debemos realizar ahora un ajuste lineal de los datos de $A^{0,5}$ versus t, como se deduce a continuación:

$$A^{-n+1} = (n-1)k\,t + A_o{}^{-n+1} \qquad A^{0,5} = -0,5\,k\,t + A_o{}^{0,5}$$

Los cálculos necesarios se incluyen nuevamente en la Tabla 2.1.1 (columna 4). Los resultados obtenidos son en este caso los siguientes:

$$a = -0,0031 \qquad b = -0,8142 \qquad r^2 = 0,889$$

El coeficiente de regresión resulta inferior al anterior ($0,889 < 0,9493$), lo que nos indica que debemos probar entonces valores de n en la dirección contraria. Es decir, valores superiores a 1. En este sentido podemos probar, por ejemplo, $n = 3/2 = 1,5$. La ecuación correspondiente es la siguiente:

$$A^{-0,5} = 0,5\,k\,t + A_o{}^{-0,5}$$

Debemos representar ahora los datos de $A^{-0,5}$ versus t. En la quinta columna de la Tabla 2.1.1, se muestran los datos necesarios y los resultados del ajuste son los siguientes:

$$a = 0,0082 \qquad b = 1,1802 \qquad r^2 = 0,9875$$

El coeficiente de regresión mejora con respecto al inicial (0,9875 > 0,9493). Lo que indica que el valor de n debe estar por encima de 1. Probamos entonces ahora, por ejemplo, $n = 2$. En ese caso, el ajuste lineal corresponde a los datos de A^{-1} versus t. Para el ajuste, se usan los datos de la columna sexta frente a los datos de la columna primera (Tabla 2.1.1). Los resultados se muestran a continuación:

$$a = 0{,}0278 \qquad b = 1{,}2519 \qquad r^2 = 0{,}999993$$

Como se puede observar, el coeficiente de regresión obtenido es excelente. Así que parece que el valor buscado sería $n = 2$. No obstante, podemos seguir probando con valores de n superiores a 2, para confirmar que ese resultado obtenido es el óptimo. Por ejemplo, se puede probar el valor de $n = 2{,}5$. En ese caso, el ajuste corresponde a los datos de $A^{-1,5}$ versus t. Los datos corresponden a las columnas primera y séptima de la Tabla 2.1.1. Los resultados son los siguientes:

$$a = 0{,}04158 \qquad b = 1{,}1981 \qquad r^2 = 0{,}9982$$

Puesto que empeora el coeficiente de regresión, queda confirmado que el óptimo se encuentra en el valor $n = 2$. Por lo tanto, el orden más probable para esa reacción es 2.

En todo caso, el procedimiento iterativo se puede aplicar con el grado de precisión que se desee. Es decir, se podrían haber aplicado sucesivamente variaciones de n cada vez más pequeñas, hasta el límite elegido. Como se ha indicado, puesto que los valores de n suelen ser fracciones de números enteros sencillos, se asume aquí el valor 2 como resultado suficiente.

Una vez obtenido el valor de n, el valor de k se puede despejar a su vez del valor de la pendiente de ajuste correspondiente. Así, para $n = 2$ tenemos que:

$$A^{-n+1} = (n - 1)k\,t + A_o^{-n+1} \qquad A^{-1} = k\,t + A_o^{-1} \qquad Y = a\,X + b$$

$$a = 0{,}0278 \qquad b = 1{,}2519 \qquad r^2 = 0{,}999993$$

Por lo tanto, en este caso $a = k$. Además, mediante el análisis dimensional correspondiente se observa que k debe adoptar unidades de $A^{-1}t^{-1}$. En consecuencia, el resultado final buscado es el siguiente:

$$n = 2 \qquad k = 0{,}0278\,\frac{L}{mol\,min}$$

Dado que el valor del orden de reacción obtenido es 2, se puede proponer como mecanismo más simple para la reacción el siguiente: [2 A → 2 P], que cumple tanto la condición cinética como la condición estequiométrica.

NOTA

Aunque se ha indicado que no es posible aplicar el método de los tiempos fraccionales en este ejercicio, puesto que no se suministran datos para distintas concentraciones iniciales, es posible aplicar un procedimiento indirecto alternativo. El método consiste en usar el conjunto de datos disponibles para extraer diferentes valores de algún tiempo fraccional concreto. Por ejemplo, en este ejercicio se pueden extraer diferentes valores del tiempo de semirreacción a partir de los datos suministrados. Así, para pasar de la concentración inicial de 0,8 M a la concentración intermedia de 0,4 M se tardan 45 min. Del mismo modo, para pasar de la concentración intermedia de 0,6 M a la de 0,3 M se tardan 60 min (75 − 15 = 60). Finalmente, para pasar de la concentración intermedia de 0,4 M a la concentración final de 0,2 M se tardan 90 min (153 − 45 = 90). Por lo tanto, tenemos la siguiente tabla de datos indirectos:

A_o (mol/L)	0,8	0,6	0,4
$t_{1/2}$ (min)	45	60	90

Como se ha indicado en la introducción teórica, la ecuación correspondiente al método de los tiempos fraccionales se ha deducido para reacciones químicas elementales. No obstante, como se ha hecho en casos anteriores, podemos suponer que las hipotéticas etapas del mecanismo se acoplan rápidamente y podemos despreciar las posibles cantidades de compuestos intermedios presentes. En definitiva, restringimos los balances de materia estequiométricos a los reactivos y productos de la ecuación química global. De este modo, la ecuación a considerar también en este caso sería la siguiente:

$$t_{1/f} = \frac{f^{n-1} - 1}{A_o^{n-1}(n-1)\,k} = \frac{f^{n-1} - 1}{(n-1)\,k}A_o^{-(n-1)}$$

$$\ln\left(t_{1/f}\right) = \ln\left(\frac{f^{n-1} - 1}{(n-1)\,k}\right) - (n-1)\,\ln A_o$$

Aplicando dicha ecuación para el caso de $f = 2$ (tiempo de semirreacción, $t_{1/2}$) tenemos que:

$$\ln\left(t_{1/2}\right) = \ln\left(\frac{2^{n-1} - 1}{(n-1)\,k}\right) - (n-1)\,\ln A_o \qquad Y = aX + b$$

Para el ajuste lineal debemos representar entonces los datos de $\ln(t_{1/2})$ versus $\ln(A_o)$. A partir de los datos extraídos en la tabla anterior, tenemos que:

A_o	$t_{1/2}$	$\ln(A_o)$	$\ln(t_{1/2})$
mol/L	min		
0,8	45	-0,2231	3,80666
0,6	60	-0,5108	4,09434
0,4	90	-0,9163	4,49981

Una vez aplicado el método de mínimos cuadrados, los resultados son los siguientes:

$$a = -1 \qquad b = 3,5835 \qquad r^2 = 1$$

Dado que el coeficiente de regresión obtenido es excelente, se deduce que los datos experimentales son compatibles con el modelo cinético implícito en el método y, además, el valor de n buscado se puede obtener del valor de la pendiente:

$$a = -(n-1) = -1 \qquad n - 1 = 1 \qquad n = 1 + 1 = 2$$

Como se puede observar, este procedimiento indirecto ha conducido al mismo valor del orden de reacción que se obtuvo antes ($n = 2$). Igualmente, se puede calcular ahora que el valor de k sería:

$$b = \ln\left(\frac{2^{n-1}-1}{(n-1)\,k}\right) = \ln\left(\frac{2^{2-1}-1}{(2-1)\,k}\right) = \ln\left(\frac{1}{k}\right) = 3,5835$$

$$k = 0,027778 \; \frac{L}{mol\;min}$$

El valor obtenido también coincide con el calculado por el procedimiento anterior.

FIN DE LA NOTA

PROBLEMA 2.2. Aplicación del método diferencial de análisis de datos para una reacción a densidad constante

En un reactor discontinuo se desarrolla la reacción [A → P], obteniéndose los datos que se incluyen a continuación.

t (s)	1,5	3	4,5	6	7,5	9
C_A (g/L)	35,5	23,2	13,7	6,6	2	0,5

Calcule la expresión cinética correspondiente mediante el método diferencial de análisis de datos. Si en determinada carga se partiera de una concentración de reactivo de 20 g/L, ¿cuánto tiempo habría que esperar para que quedara sólo el 1 %?

SOLUCIÓN

Puesto que el incremento estequiométrico (σ) es 0, la reacción se desarrolla a volumen constante. En consecuencia, no es necesario tener en cuenta el factor de expansión (ε) en los cálculos. Por otra parte, no se indica nada sobre el posible mecanismo, luego el orden (n) podría ser cualquiera. Así, la ecuación cinética general sería la siguiente:

$$-r_A = -\frac{dC_A}{dt} = k\, C_A{}^n$$

Dado que se pide específicamente que se use el método diferencial, tomamos logaritmos en la expresión anterior para linealizarla:

$$\ln(-r_A) = \ln(k) + n\ln(C_A) \qquad Y = a\,X + b$$

Por otra parte, puesto que no se dispone de datos de velocidad de reacción ($-r_A$), hay que aplicar un método de derivación numérica a los datos de concentración (C_A) y de tiempo (t) para obtenerlos. Uno de los procedimientos más simples de este tipo es el método de la pendiente media. La idea básica del método consiste en asignar a cada punto un valor de su tangente que es la media de las pendientes anterior y posterior a dicho punto. Cada una de ellas corresponde respectivamente a la ratio $\Delta C_A/\Delta t$ de los intervalos anterior y posterior al mismo.

De este modo, se calcula primero la velocidad de reacción para cada intervalo (cada par de puntos sucesivos de tiempo y concentración). Así, la velocidad de reacción para cualquier intervalo entre el punto i-1 y el punto i se obtiene del siguiente modo:

$$-r_{A(i-1),(i)} = -\frac{C_{A(i)} - C_{A(i-1)}}{t_{(i)} - t_{(i-1)}} = \frac{C_{A(i-1)} - C_{A(i)}}{t_{(i)} - t_{(i-1)}}$$

Después, a cada punto i de la curva concentración-tiempo $(C_{A(i)}, t_{(i)})$ se le asocia un valor de velocidad de reacción $(-r_{A(i)})$ que es la media de las velocidades del intervalo anterior y el posterior al punto. Es decir:

$$-r_{A(i)} = \frac{\left[-r_{A(i-1),(i)}\right] + \left[-r_{A(i),(i+1)}\right]}{2} = \frac{\left[\dfrac{C_{A(i-1)} - C_{A(i)}}{t_{(i)} - t_{(i-1)}}\right] + \left[\dfrac{C_{A(i)} - C_{A(i+1)}}{t_{(i+1)} - t_{(i)}}\right]}{2}$$

Una representación de la ecuación se puede apreciar en la figura siguiente.

Figura 2.2.1. Representación del método de la pendiente media.

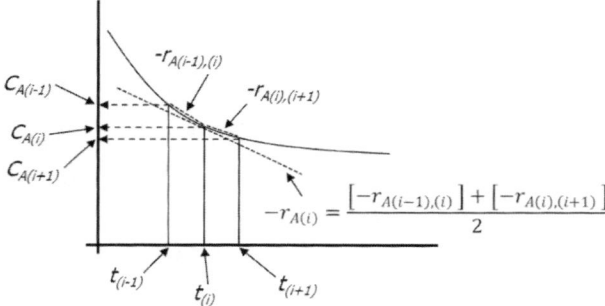

Como es de esperar, tanto el primer punto como el último punto de la lista quedan sin pendiente, ya que no se puede computar una velocidad media para ellos. En la Tabla 2.2.1 se muestran los cálculos necesarios para asignar una velocidad de reacción a cada punto según este procedimiento.

Tabla 2.2.1. Cálculos necesarios para la determinación de las velocidades de reacción y para el ajuste lineal de la ecuación cinética.

t	C_A	$-r_{A(i-1),(i)}$	$-r_{A(i)}$	$\ln C_A$	$\ln -r_{A(i)}$
s	g/L	g/Ls	g/Ls	-	-
1,5	35,5				
3	23,2	8,2	7,26667	3,14415	1,9833
4,5	13,7	6,33333	5,53333	2,6174	1,71079
6	6,6	4,73333	3,9	1,88707	1,36098
7,5	2	3,06667	2,03333	0,69315	0,70968
9	0,5	1			

En la tercera columna se calcula el valor de velocidad de reacción para cada inter-

valo, según la expresión indicada antes. La del primer intervalo se ha colocado en la segunda fila, y así sucesivamente. Luego, en la cuarta columna se muestra el valor medio de cada par de velocidades consecutivas. Cada valor es la media de la cantidad situada a su izquierda y siguiente. Como consecuencia, obtenemos un valor de velocidad de reacción para cada instante tabulado en cada fila, excepto para la primera y última filas.

NOTA

Para evitar la ausencia de valores de velocidad en los instantes inicial y final, el método de la pendiente media se puede refinar tomando directamente como velocidad del primer instante (primera fila) la que corresponde al primer intervalo. Asimismo, se tomaría como velocidad del último instante (última fila), la que corresponde al último intervalo.

Por supuesto, para calcular los valores de velocidad de reacción se puede aplicar cualquiera de los procedimientos de derivación numérica existente, según el caso (Euler, Ruge-Kutta, etc.). No obstante, en este manual se aplicará siempre el método de la pendiente media por su simplicidad, de modo que no dificulte la compresión de los conceptos que se quieren desarrollar en cada momento.

FIN DE LA NOTA

Una vez que se han obtenido los valores de la velocidad de reacción para cada punto, se puede calcular el logaritmo, tanto de la concentración de reactivo (quinta columna de la Tabla 2.2.1) como de la velocidad de reacción (sexta columna). Luego, se aplica la regresión lineal por mínimos cuadrados a ambos logaritmos [$\ln(-r_{A(i)})$ versus $\ln(C_{A(i)})$]. El resultado es el siguiente:

$$a = 0,518 \qquad b = 0,3609 \qquad r^2 = 0,9992$$

El coeficiente de regresión obtenido es muy bueno ($r^2 > 0,999$). Por lo tanto, podemos decir que el modelo cinético propuesto es compatible con los datos experimentales. Además, el valor del orden de reacción (n) se puede deducir directamente del valor de la pendiente de ajuste (a). Puesto que la pendiente obtenida vale [$a = 0,518$], se puede decir que el orden más probable para la reacción es $n = 0,5 = 1/2$. En este sentido, se debe tener en cuenta que el orden de reacción suele ser una fracción de números enteros sencillos. En consecuencia, finalmente, la ecuación cinética buscada es la siguiente:

$$-r_A = k\, C_A{}^{1/2} = k\, \sqrt{C_A}$$

El análisis dimensional de esta ecuación ofrece las siguientes unidades para la constante cinética (k):

$$\left[\frac{g}{L \cdot s}\right] \equiv [k] \left[\frac{g}{L}\right]^{1/2} \qquad [k] \equiv \frac{\left[\frac{g}{L \cdot s}\right]}{\left[\frac{g}{L}\right]^{1/2}} \equiv \frac{[g \cdot L^{1/2}]}{[L \cdot s \cdot g^{1/2}]} \equiv \frac{[g^{1/2}]}{[L^{1/2} \cdot s]}$$

Para calcular el valor concreto de k se utiliza el valor del coeficiente b obtenido en la anterior regresión:

$$b = \ln k = 0{,}3609 \qquad k = e^b = e^{0{,}3609} = 1{,}43462 \; \frac{g^{1/2}}{L^{1/2} \, s}$$

En definitiva, la ecuación cinética resultante se puede expresar del siguiente modo:

$$-\frac{dC_A}{dt} = k \sqrt{C_A} \qquad [t] \equiv [s] \quad [C_A] \equiv \left[\frac{g}{L}\right] \quad k = 1{,}43462 \; \frac{g^{1/2}}{L^{1/2} \, s}$$

Por otra parte, para responder a la segunda pregunta del problema, debemos integrar la ecuación cinética obtenida, puesto que necesitamos conocer la función concreta que relaciona la concentración con el tiempo [$C_A = f(t)$]. Dicha integración resulta del siguiente modo:

$$-\frac{dC_A}{dt} = k \sqrt{C_A} \qquad -\frac{dC_A}{C_A^{1/2}} = k \, dt \qquad -\int_{C_{Ao}}^{C_A} \frac{dC_A}{C_A^{1/2}} = \int_0^t k \, dt$$

$$-\int_{C_{Ao}}^{C_A} C_A^{-1/2} dC_A = \int_0^t k \, dt \qquad -\left[2 \, C_A^{1/2}\right]_{C_{Ao}}^{C_A} = k \, t - 0$$

$$-\left(2 \, C_A^{1/2} - 2 \, C_{Ao}^{1/2}\right) = k \, t \qquad -\frac{2}{k}\left(C_A^{1/2} - C_{Ao}^{1/2}\right) = t$$

La concentración inicial sería de 20 g/L y la concentración buscada sería de sólo el 1 % de aquella, es decir, de 0,2 g/L.

$$t = \frac{2\left(\sqrt{C_{Ao}} - \sqrt{C_A}\right)}{k} = \frac{2\left(\sqrt{20} - \sqrt{0{,}2}\right)}{1{,}43462} = 5{,}61113$$

$$t = 5{,}6 \; s$$

PROBLEMA 2.3. Aplicación del método de las proporciones estequiométricas

La reacción en fase líquida entre los reactivos A y B produce los productos R y S, según la siguiente ecuación: [A + B → R + S]. Cuando se mezclan volúmenes iguales de una disolución de cada reactivo (0,2 M), se obtienen los datos cinéticos que se muestran en la siguiente tabla:

t (min)	13	34	59	120	140	160
x_A	0,206	0,405	0,541	0,706	0,737	0,762

Calcule el orden global de la reacción y el valor de la constante de velocidad en unidades del SI.

SOLUCIÓN

La reacción es en fase líquida (volumen constante), por lo que no es necesario tener en cuenta el factor de expansión. Además, no se indica nada sobre el posible mecanismo, luego el orden con respecto a cada reactivo podría ser cualquiera. Entonces aplicamos la ecuación cinética general para dos reactivos:

$$-r_A = -\frac{dA}{dt} = k\,A^\alpha\,B^\beta \qquad A_o\,\frac{dx_A}{dt} = k\,[A_o(1 - x_A)]^\alpha\,[B_o(1 - x_B)]^\beta$$

Las concentraciones iniciales de los reactivos en el medio de reacción (A_o y B_o) no son las de las disoluciones que se mezclan (0,2 M), sino que deben ser calculadas aplicando precisamente las leyes de mezcla. Tenemos un volumen V_1 de una disolución de A de concentración A_1 y un volumen V_2 de una disolución de B de concentración B_2. Asimismo, sabemos que V_1 y V_2 son iguales. Por lo tanto:

$$A_o = \frac{A_1\,V_1}{V_1 + V_2} = \frac{A_1\,V_1}{2\,V_1} = \frac{A_1}{2} = \frac{0,2}{2} = 0,1\,M$$

$$B_o = \frac{B_2\,V_2}{V_1 + V_2} = \frac{B_2\,V_2}{2\,V_2} = \frac{B_2}{2} = \frac{0,2}{2} = 0,1\,M$$

Como en ejercicios anteriores, suponemos acoplamiento rápido de las etapas del mecanismo, cantidad despreciable de compuestos intermedios, y balance de materia estequiométrico restringido a reactivos y productos. Además, dado que las cantidades iniciales de los reactivos ($A_o = B_o$) mantienen la misma proporción que sus coeficientes estequiométricos ($a = b$), podemos aplicar en este caso una simplificación especial de la ecuación cinética. En esencia, esa es la simplificación correspondiente al método de las proporciones estequiométricas. Por una parte, el balance estequiométrico de la reacción nos conduce a la siguiente expresión:

$$\frac{A_o - A}{1} = \frac{B_o - B}{1} \qquad A_o\, x_A = B_o\, x_B \qquad x_B = \frac{A_o}{B_o}\, x_A = \frac{0,1}{0,1}\, x_A = x_A$$

Después, sustituyendo ese resultado en la ecuación cinética inicial, tenemos que:

$$A_o \frac{dx_A}{dt} = k\,[A_o(1 - x_A)]^\alpha\,[B_o(1 - x_B)]^\beta = k\,[A_o(1 - x_A)]^\alpha\,[A_o(1 - x_A)]^\beta$$

$$A_o \frac{dx_A}{dt} = k\,[A_o(1 - x_A)]^{\alpha+\beta} = k\,[A_o(1 - x_A)]^\eta$$

$$\frac{dx_A}{dt} = k\,A_o{}^{\eta-1}\,(1 - x_A)^\eta$$

Una vez deducida la forma diferencial de la ecuación cinética, podemos aplicar cualquiera de los dos métodos de análisis de datos para obtener el orden global de la reacción (η). En este caso aplicaremos el método diferencial. Para ello, linealizamos la expresión original tomando logaritmos:

$$\ln\left(\frac{dx_A}{dt}\right) = \ln\!\left(k\,A_o{}^{\eta-1}\right) + \eta\,\ln(1 - x_A) \qquad Y = a\,X + b$$

Por lo que tenemos la ecuación lineal que nos permite realizar el ajuste de los datos por el método de mínimos cuadrados. Aquí debemos representar los valores de $\ln(dx_A/dt)$ versus $\ln(1-x_A)$. Puesto que no disponemos de datos de velocidad de conversión (dx_A/dt), debemos obtenerlos por algún método de derivación numérica. En la Tabla 2.3.1 se muestran los cálculos necesarios para calcular estos datos mediante el método de la pendiente media, siguiendo el mismo procedimiento que en el ejercicio anterior.

Tabla 2.3.1. Cálculos necesarios para realizar distintos ajustes lineales de los datos.

t	x_A	$-r_{x\,(i-1),(i)}$	$-r_{x(i)}$	$\ln(1-x_A)$	$\ln(-r_{x(i)})$	$x_A/(1-x_A)$
min	-	min^{-1}	min^{-1}	-	-	-
13	0,206			-0,2307		0,25945
34	0,405	0,00948	0,00746	-0,5192	-4,8985	0,68067
59	0,541	0,00544	0,00407	-0,7787	-5,5035	1,17865
120	0,706	0,0027	0,00213	-1,2242	-6,1528	2,40136
140	0,737	0,00155	0,0014	-1,3356	-6,5713	2,80228
160	0,762	0,00125		-1,4355		3,20168

En la tercera columna se presenta el valor de las velocidades de conversión de cada intervalo ($-r_{x(i),(i+1)}$), colocando la del primer intervalo en la segunda fila y así sucesiva-

mente. En la cuarta columna se muestra el valor de las velocidades de conversión correspondientes a cada punto ($-r_{x(i)}$), media de los valores de cada intervalo anterior y posterior. Obsérvese que, como corresponde al método numérico aplicado, no hay valores ni
en la primera ni en la última fila. Finalmente, en las columnas quinta y sexta se obtienen
los valores de los logaritmos correspondientes al ajuste lineal.

Una vez calculada la regresión indicada (lógicamente sin incluir ni la primera ni la
última fila), los resultados obtenidos son los siguientes:

$$a = 1,9052 \qquad b = -3,9442 \qquad r^2 = 0,9821$$

El coeficiente de regresión obtenido resulta aceptable ($r^2 > 0,98$), aunque no demasiado alto. En cualquier caso, la pendiente de ajuste (a) se puede usar para estimar el
orden global de la reacción (η). Así, puesto que $a = 1,9052 \approx 2$, podemos asignar inicialmente un orden de $\eta = 2$. En definitiva, la ecuación cinética sería:

$$\frac{dx_A}{dt} = k \, A_o \, (1 - x_A)^2$$

El análisis dimensional aplicado esta ecuación ofrece para k las unidades siguientes:

$$\left[\frac{1}{min}\right] \equiv [k] \cdot \left[\frac{mol}{L}\right] \cdot [1]^2 \qquad [k] \equiv \frac{\left[\frac{1}{min}\right]}{\left[\frac{mol}{L}\right]} \equiv \left[\frac{L}{mol \, min}\right]$$

Para calcular su valor concreto se utiliza el valor de b obtenido en la regresión:

$$b = \ln(k \, A_o) = -3,9442 \qquad k = \frac{e^b}{A_o} = \frac{e^{-3,9442}}{0,2} = 0,0968 \, \frac{L}{mol \, min}$$

Finalmente, si queremos expresar ese valor en unidades del SI, debemos realizar las
conversiones necesarias.

$$k = 0,0968 \, \frac{L}{mol \, min} \cdot \left(\frac{1 \, m^3}{1000 \, L}\right) \cdot \left(\frac{1 \, min}{60 \, s}\right) = 1,61 \cdot 10^{-6} \, \frac{m^3}{mol \, s}$$

NOTA

Después de asumir para la reacción el orden 2, se podría haber aplicado el método integral
de análisis de datos cinéticos y estimar el valor de k por otra vía. Así:

$$\frac{dx_A}{dt} = k \, A_o \, (1 - x_A)^2 \qquad \int_o^{x_A} \frac{dx_A}{(1 - x_A)^2} = \int_o^t k \, A_o \, dt$$

Mediante cambio de variable:

$$u = 1 - x_A \qquad du = -dx_A \qquad \int \frac{dx_A}{(1 - x_A)^2} = -\int \frac{du}{u^2} = \frac{1}{u} = \frac{1}{1 - x_A}$$

Por lo tanto:

$$\int_o^{x_A} \frac{dx_A}{(1 - x_A)^2} = \int_o^t k\, A_o\, dt \qquad \left[\frac{1}{1 - x_A}\right]_o^{x_A} = [k\, A_o\, t]_o^t$$

$$\frac{1}{1 - x_A} - \frac{1}{1 - 0} = k\, A_o\, t - 0$$

$$\frac{x_A}{1 - x_A} = k\, A_o\, t \qquad Y = a\, X + b$$

$$Y = \frac{x_A}{1 - x_A} \qquad X = t \qquad a = k\, A_o \qquad b = 0$$

En consecuencia, tenemos una nueva ecuación lineal para ajustar los datos cinéticos. Ahora el ajuste corresponde a la representación de $x_A/(1-x_A)$ versus t. Particularmente, el coeficiente b debería resultar igual a cero. En la columna séptima de Tabla 2.3.1 se han incluido los valores de la variable secundaria (X). Una vez realizada la regresión correspondiente (en este caso incluyendo todas las filas), los resultados obtenidos son los siguientes:

$$a = 0{,}020018 \qquad b = 0{,}000895 \qquad r^2 = 0{,}9999$$

El coeficiente de regresión resulta mucho mejor que el anterior. Además, el valor del parámetro b es prácticamente nulo, como se esperaba. Todo ello confirma que la asignación de orden 2 para la reacción es adecuada. En consecuencia, para calcular el valor de k, tenemos que:

$$a = k\, A_o = 0{,}02 \qquad k = \frac{a}{A_o} = \frac{0{,}02}{0{,}2} = 0{,}1 \ \frac{L}{mol\, min} = 1{,}67 \cdot 10^{-6} \ \frac{m^3}{mol\, s}$$

El nuevo valor obtenido no difiere más del 4 % del anterior.

FIN DE LA NOTA

PROBLEMA 2.4. Comparación de sistemas de volumen constante con sistemas de volumen variable

Se sabe que determinada reacción en fase gaseosa, [2 A → R + 2 S], es elemental. Cuando se carga un reactor de volumen constante con el reactivo a 600 K y 1 atm, la reacción provoca que la presión interna aumente un 40 % en 3 minutos. Calcule:

a) El valor de la constante de velocidad (referida al producto R).

b) El tiempo necesario para lograr la misma conversión en un reactor de volumen variable.

c) El aumento de volumen (%) que sufre el reactor en dicho intervalo.

SOLUCIÓN

a) Constante de velocidad

La reacción es en fase gaseosa y tiene un incremento estequiométrico distinto de cero ($\sigma = 1$). Por lo tanto, es una reacción de densidad variable. Por otra parte, puesto que el reactor es de volumen constante, estamos ante una reacción de presión variable. Además, si la reacción es elemental, el sistema de ecuaciones cinéticas debe ser el siguiente:

$$-r_A = -\frac{dA}{dt} = k_A\,A^2 \qquad r_R = \frac{dR}{dt} = k_R\,A^2 \qquad r_S = \frac{dS}{dt} = k_S\,A^2$$

Teniendo en cuenta el balance estequiométrico, las constantes cinéticas deben guardar la siguiente relación:

$$\frac{-r_A}{2} = \frac{r_R}{1} = \frac{r_S}{2} = r \qquad\qquad \frac{k_A}{2} = \frac{k_R}{1} = \frac{k_S}{2} = k$$

La ecuación que refleja los cambios de presiones en los sistemas de reacción elementales a presión variable es la siguiente:

$$\frac{p_i - p_{io}}{P_T - P_{To}} = \frac{v_i}{\sigma} \qquad \frac{p_A - p_{Ao}}{P_T - P_{To}} = \frac{-2}{1} \qquad p_{Ao} - p_A = 2(P_T - P_{To})$$

Si introducimos el reactivo puro en el reactor, entonces $p_{Ao} = P_{To}$. Además, al aumentar la presión un 40 % con respecto a su valor inicial en 3 minutos, tenemos que en ese instante P_T vale:

$$P_T = P_{To} + 0{,}4\,P_{To} = 1{,}4\,P_{To} \qquad\qquad p_{Ao} = P_{To} = 1\;atm$$

$$p_{Ao} - p_A = 2(P_T - P_{To})$$

$$1 - p_A = 2(1{,}4\,P_{To} - P_{To}) = 2P_{To}(1{,}4 - 1) = 2\,P_{To}\,0{,}4 = 0{,}8\,P_{To} = 0{,}8 \cdot 1$$

$$1 - p_A = 0{,}8 \qquad p_A = 1 - 0{,}8 = 0{,}2\,atm$$

Ahora debemos relacionar esa presión parcial del reactivo a los 3 minutos con su conversión. Suponiendo gases ideales, tenemos que:

$$x_A = \frac{n_{Ao} - n_A}{n_{Ao}} \qquad p_A V = n_A RT \qquad n_A = \frac{p_A V}{RT} \qquad n_{Ao} = \frac{p_{Ao} V}{RT}$$

$$x_A = \frac{\dfrac{p_{Ao} V}{RT} - \dfrac{p_A V}{RT}}{\dfrac{p_{Ao} V}{RT}} = \frac{p_{Ao} - p_A}{p_{Ao}} \qquad x_A = \frac{P_{To} - 0{,}2\,P_{To}}{P_{To}} = \frac{1 - 0{,}2}{1} = 0{,}8$$

Tenemos pues una conversión del 80 % a los 3 minutos. Para calcular el valor de la constante, debemos integrar la ecuación cinética inicial.

$$-\frac{dA}{dt} = k_A\,A^2 \qquad -\int_{A_o}^{A} \frac{dA}{A^2} = \int_{o}^{t} k_A\,dt \qquad \left[\frac{1}{A}\right]_{A_o}^{A} = [k_A\,t]_{o}^{t}$$

$$\frac{1}{A} - \frac{1}{A_o} = k_A\,t$$

Puesto que el dato que hemos calculado antes es la conversión del reactivo, debemos transformar esta ecuación integrada en función de la conversión:

$$\frac{1}{A_o(1 - x_A)} - \frac{1}{A_o} = k_A\,t \qquad \frac{1}{1 - x_A} - \frac{1}{1} = A_o\,k_A\,t$$

$$\frac{1}{1 - x_A} - 1 = \frac{x_A}{1 - x_A} = A_o\,k_A\,t \qquad k_A = \frac{\dfrac{x_A}{1 - x_A}}{A_o\,t}$$

Se puede observar que, para obtener el valor de k, se necesita también la concentración inicial del reactivo (A_o). Por lo tanto, calculamos su valor teniendo en cuenta que el reactor se carga con un reactivo que se supone gas ideal:

$$p_{Ao} V_o = n_{Ao} RT \qquad A_o = \frac{n_{Ao}}{V_o} = \frac{p_{Ao}}{RT} = \frac{P_{To}}{RT} = \frac{1\,atm}{0{,}082\,\dfrac{atm\,L}{k\,mol} \cdot 600\,K} = 0{,}02033\,\frac{mol}{L}$$

$$A_o = 0{,}02033\,\frac{mol}{L}$$

En consecuencia:

$$k_A = \frac{\dfrac{x_A}{1 - x_A}}{A_o\,t} = \frac{\dfrac{0{,}8}{1 - 0{,}8}}{0{,}02033\,\dfrac{mol}{L} \cdot 3\,min} = 65{,}585\,\frac{L}{mol\,min}$$

Que, referida al producto R, resulta:

$$\frac{k_A}{2} = \frac{k_R}{1} = k \qquad k_R = k = \frac{k_A}{2} = \frac{65,585}{2} = 32,79 \frac{L}{mol\ min}$$

b) Tiempo necesario

La conversión que se busca aquí es la misma que en el apartado anterior ($x_A = 0,8$), pero producida ahora mediante un reactor de volumen variable. Por lo tanto, para calcular el tiempo necesario debemos integrar la ecuación correspondiente a volumen variable. Teniendo en cuanta que se trata de una cinética de orden 2, en función de la conversión resulta que:

$$-r_A = -\frac{1}{V}\frac{dn_A}{dt} = k_A\,A^2 \qquad -\frac{1}{V}\frac{dn_A}{dt} = k_A\left(\frac{n_A}{V}\right)^2 \qquad -\frac{dn_A}{dt} = k_A\frac{n_A{}^2}{V}$$

$$-\frac{d}{dt}\left[n_{Ao}(1-x_A)\right] = k_A\frac{[n_{Ao}(1-x_A)]^2}{V_o(1+\varepsilon_A\,x_A)} \qquad -\frac{d}{dt}[1-x_A] = k_A\frac{n_{Ao}(1-x_A)^2}{V_o(1+\varepsilon_A\,x_A)}$$

$$\frac{dx_A}{dt} = k_A\,A_o\frac{(1-x_A)^2}{1+\varepsilon_A\,x_A}$$

Integrando:

$$\int_o^{x_A}\frac{1+\varepsilon_A\,x_A}{(1-x_A)^2}\,dx_A = \int_o^t k_A\,A_o\,dt$$

$$\int_o^{x_A}\frac{1}{(1-x_A)^2}\,dx_A + \varepsilon_A\int_o^{x_A}\frac{x_A}{(1-x_A)^2}\,dx_A = k_A\,A_o\,t$$

Mediante cambio de variable, la primera integral resulta:

$$u = 1-x_A \qquad du = -dx_A \qquad \int\frac{dx_A}{(1-x_A)^2} = -\int\frac{du}{u^2} = \frac{1}{u} = \frac{1}{1-x_A}$$

$$\int_o^{x_A}\frac{dx_A}{(1-x_A)^2} = \left[\frac{1}{1-x_A}\right]_o^{x_A} = \frac{x_A}{1-x_A}$$

Y la segunda resulta:

$$u = 1-x_A \qquad du = -dx_A \qquad \int\frac{x_A}{(1-x_A)^2}\,dx_A = -\int\frac{1-u}{u^2}\,du =$$

$$= -\int\frac{1}{u^2}\,du + \int\frac{u}{u^2}\,du = -\int\frac{du}{u^2} + \int\frac{du}{u} = \frac{1}{u} + \ln u = \frac{1}{1-x_A} + \ln(1-x_A)$$

$$\int_o^{x_A}\frac{x_A}{(1-x_A)^2}\,dx_A = \left[\frac{1}{1-x_A} + \ln(1-x_A)\right]_o^{x_A} =$$

$$= \frac{1}{1-x_A} + \ln(1-x_A) - \frac{1}{1-0} + \ln(1-0) = \frac{x_A}{1-x_A} + \ln(1-x_A)$$

Por lo tanto:

$$\int_o^{x_A} \frac{dx_A}{(1-x_A)^2} + \varepsilon_A \int_o^{x_A} \frac{x_A}{(1-x_A)^2}\, dx_A = \frac{x_A}{1-x_A} + \varepsilon_A \left[\frac{x_A}{1-x_A} + \ln(1-x_A)\right]$$

En definitiva, la ecuación cinética integrada es:

$$(1+\varepsilon_A)\frac{x_A}{1-x_A} + \varepsilon_A \ln(1-x_A) = k_A A_o\, t \qquad t = \frac{(1+\varepsilon_A)\dfrac{x_A}{1-x_A} + \varepsilon_A \ln(1-x_A)}{k_A A_o}$$

Como se puede observar, para calcular el tiempo t es necesario disponer del valor del coeficiente de expansión con respecto al reactivo A (ε_A). El resto de variables fueron ya calculadas en el apartado anterior. Debido a que no se dispone del número inicial de moles de reactivo que llenan el reactor y no hay inertes, resulta irrelevante la cantidad de moles de A que se tome como base de cálculo para calcular el coeficiente de expansión. Así, por ejemplo, tomamos como base de cálculo 100 moles de A y resulta la siguiente tabla.

	2 A	→	R	2 S		
t	n_A		n_R	n_S	n_T	V_T
$x_A = 0$	100		0	0	100	100
$x_A = 1$	0		50	100	150	150

$$\varepsilon_A = \frac{V_{fA} - V_o}{V_o} = \frac{150 - 100}{100} = 0,5$$

En consecuencia, el tiempo buscado resulta:

$$t = \frac{(1+\varepsilon_A)\dfrac{x_A}{1-x_A} + \varepsilon_A \ln(1-x_A)}{k_A A_o} =$$

$$= \frac{(1+0,5)\dfrac{0,8}{1-0,8} + 0,5\cdot\ln(1-0,8)}{65,585\,\dfrac{L}{mol\,min}\cdot 0,02033\,\dfrac{mol}{L}} = 3,896\ min$$

NOTA

Cabe resaltar que la expansión del medio de reacción durante el proceso retarda su avance, alargando el tiempo necesario para alcanzar una determinada situación. Esto es debido a que hay dos factores que contribuyen simultáneamente a la reducción de la concentración del reactivo. Por una parte, su consumo por reacción y, por otra, su dilución por la expansión. En concreto, en este ejercicio se necesitan 3 min para alcanzar una conversión del 80 %, si el reactor funciona a volumen constante, pero casi 4 min si se le deja expandir libremente.

FIN DE LA NOTA

c) Aumento de volumen

Para cualquier sistema de reacción a volumen variable se cumple que:

$$V = V_o(1 + \varepsilon_A\, x_A)$$

Luego en este caso:

$$\frac{V}{V_o} = 1 + \varepsilon_A\, x_A = 1 + 0,5 \cdot 0,8 = 1,4$$

Por lo tanto, el aumento de volumen que sufre el reactor en con respecto a su valor inicial (v) es:

$$v = \frac{V - V_o}{V_o} = \frac{V}{V_o} - 1 = 1,4 - 1 = 0,4 \qquad v = 40\ \%$$

PROBLEMA 2.5. Análisis cinético a partir de la variación de volumen del sistema

En un reactor isotermo de volumen variable se lleva a cabo a presión constante la siguiente reacción en fase gaseosa: [A → R + S]. Cuando se parte de una concentración del reactivo igual a 1 M, los datos del volumen del sistema a lo largo de la reacción son los que se indican en la tabla.

t (min)	1	2	3	4	6	10	∞
V (L)	6,6	7,4	7,9	8,2	8,5	8,8	9,4

Calcule la ecuación para la variación de la concentración del producto S con el tiempo.

SOLUCIÓN

Como se indica en el enunciado, la reacción transcurre a volumen variable. Esto es así porque se desarrolla en fase gaseosa y tiene un incremento estequiométrico distinto de cero ($\sigma = 1$). Por lo tanto, primero debemos calcular la ecuación que representa a la variación de la concentración de A con el tiempo, a partir de la variación del volumen del sistema con el tiempo. Luego, mediante el balance estequiométrico correspondiente, podremos calcular la ecuación para la variación de la concentración del producto S. Así, puesto que estamos ante una reacción con un solo reactivo, la ecuación cinética general tendrá la siguiente forma:

$$-r_A = -\frac{1}{V} \cdot \frac{dn_A}{dt} = k_A \, A^\eta \qquad \frac{n_{Ao}}{V_o(1 + \varepsilon_A \, x_A)} \cdot \frac{dx_A}{dt} = k_A \left(\frac{A_o(1 - x_A)}{1 + \varepsilon_A \, x_A} \right)^\eta$$

$$\frac{A_o}{1 + \varepsilon_A \, x_A} \cdot \frac{dx_A}{dt} = k_A \left(\frac{A_o(1 - x_A)}{1 + \varepsilon_A \, x_A} \right)^\eta$$

$$\ln \left(\frac{A_o}{1 + \varepsilon_A \, x_A} \right) + \ln \left(\frac{dx_A}{dt} \right) = \ln k_A + \eta \cdot \ln \left(\frac{A_o(1 - x_A)}{1 + \varepsilon_A \, x_A} \right)$$

Por lo que tenemos una ecuación lineal del tipo $Y = a\,X + b$. Donde:

$$Y = \ln \left(\frac{A_o}{1 + \varepsilon_A \, x_A} \right) + \ln \left(\frac{dx_A}{dt} \right) \qquad X = \ln \left(\frac{A_o(1 - x_A)}{1 + \varepsilon_A \, x_A} \right)$$

$$a = \eta \qquad b = \ln k_A$$

En consecuencia, para calcular el orden de reacción debemos realizar el ajuste lineal de la variable secundaria Y versus la variable secundaria X. Antes, como se puede observar, necesitamos disponer de un conjunto de datos de conversión con el tiempo, para

calcular su derivada numérica y obtener el valor del segundo término que aparece en la variable Y. También necesitamos calcular el valor del coeficiente de expansión (ε_A). Por último, la concentración inicial del reactivo se da en el enunciado, $A_o = 1$ mol/L.

Como no se indica nada sobre el mecanismo, suponemos acoplamiento rápido de etapas, intermedios despreciables y balance de materia estequiométrico restringido a reactivos y productos. En definitiva, el coeficiente de expansión se calcula de forma análoga a como se ha hecho en problemas anteriores. En este caso también resulta irrelevante la cantidad de A que se tome como base de cálculo, puesto que no se indica nada sobre los moles iniciales en el sistema, ni sobre las posibles cantidades de inertes. Por lo tanto, tomamos como base de cálculo, por ejemplo, 100 moles de A y resulta la siguiente tabla de progreso de reacción.

	A	$\rightarrow$	R	S		
t	n_A		n_R	n_S	n_T	V_T
$x_A = 0$	100		0	0	100	100
$x_A = 1$	0		100	100	200	200

$$\varepsilon_A = \frac{V_{fA} - V_o}{V_o} = \frac{200 - 100}{100} = 1$$

Por otra parte, para calcular la conversión en cada instante se recurre a la ecuación característica de los sistemas de volumen variable:

$$V = V_o(1 + \varepsilon_A\, x_A) \qquad \frac{V}{V_o} - 1 = \varepsilon_A\, x_A \qquad x_A = \frac{\dfrac{V}{V_o} - 1}{\varepsilon_A} = \frac{V - V_o}{V_o\, \varepsilon_A}$$

Según la ecuación obtenida, es necesario conocer el volumen inicial del sistema (V_o) para calcular los datos de conversión. No obstante, se puede usar la misma ecuación para deducirlo, ya que el enunciado incluye el dato de volumen final del sistema, que corresponde a tiempo infinito y conversión total ($x_A = 1$). Por lo tanto, tenemos que:

$$V_f = V_o\left(1 + \varepsilon_A\, x_{Af}\right) \qquad V_f = V_o(1 + 1 \cdot 1) \qquad V_f = 2\,V_o$$

$$V_o = \frac{V_f}{2} = \frac{9{,}4}{2} = 4{,}7\ L$$

$$x_A = \frac{V - V_o}{V_o\, \varepsilon_A} = \frac{V - 4{,}7}{4{,}7 \cdot 1} = \frac{V}{4{,}7} - 1$$

Sustituyendo estos resultados en el ajuste lineal que debemos realizar, obtenemos lo siguiente:

$$Y = \ln\left(\frac{A_o}{1 + \varepsilon_A\, x_A}\right) + \ln\left(\frac{dx_A}{dt}\right) \qquad versus \qquad X = \ln\left(\frac{A_o(1 - x_A)}{1 + \varepsilon_A\, x_A}\right)$$

$$Y = \ln\left(\frac{1}{1 + x_A}\right) + \ln\left(\frac{dx_A}{dt}\right) \quad versus \quad X = \ln\left(\frac{1 - x_A}{1 + x_A}\right)$$

Como se ha indicado, debemos obtener la derivada numérica de los datos de conversión para calcular el segunde término de Y. Así, en la tercera columna de la Tabla 2.5.1 se calculan primero los valores de conversión, a partir de los datos de volumen y mediante la ecuación deducida antes. Después, en la cuarta y quinta columnas se aplica el método de la pendiente media para calcular los valores de la velocidad de conversión (dx_A/dt). Finalmente, en la columna sexta se calcula la variable secundaria X y en columna séptima, la variable secundaria Y.

Tabla 2.5.1. Cálculos necesarios para el ajuste lineal.

t	V	x_A	$-r_{x(i-1),(i)}$	$-r_{x(i)}$	X	Y
min	L	-	min^{-1}	min^{-1}	-	-
1	6,6	0,40426			-0,8575	
2	7,4	0,57447	0,17021	0,1383	-1,3083	-2,4323
3	7,9	0,68085	0,10638	0,08511	-1,6614	-2,9832
4	8,2	0,74468	0,06383	0,04787	-1,9218	-3,5958
6	8,5	0,80851	0,03191	0,02394	-2,2454	-4,3249
10	8,8	0,87234	0,01596		-2,6856	

Una vez realizada la regresión lineal (excluyendo la primera y última filas), los resultados obtenidos son los siguientes:

$$a = 2,0398 \qquad b = 0,3055 \qquad r^2 = 0,9911$$

En la Figura 2.5.1 se puede apreciar la representación correspondiente a estos cálculos. El coeficiente de regresión resultante es muy bueno ($r^2 > 0,99$). Por lo que el modelo cinético propuesto es aceptable y podemos estimar el valor del orden de reacción (η) a partir de la pendiente de ajuste (a).

Dado que se ha obtenido que $a = 2,0398 \approx 2$, se puede asumir que $\eta = 2$. En definitiva, la ecuación cinética del sistema de reacción sería la siguiente:

$$\frac{A_o}{1 + \varepsilon_A x_A} \frac{dx_A}{dt} = k_A \left(\frac{A_o(1 - x_A)}{1 + \varepsilon_A x_A}\right)^2 \qquad \frac{dx_A}{dt} = k_A A_o \frac{(1 - x_A)^2}{1 + \varepsilon_A x_A}$$

Además, el análisis dimensional aplicado a esta ecuación ofrece las unidades siguientes para k:

$$\left[\frac{1}{min}\right] \equiv [k] \cdot \left[\frac{mol}{L}\right] \cdot [1] \qquad [k] \equiv \frac{\left[\frac{1}{min}\right]}{\left[\frac{mol}{L}\right]} \equiv \left[\frac{L}{mol\ min}\right]$$

Figura 2.5.1. Linealización correspondiente a la aplicación del método diferencial.

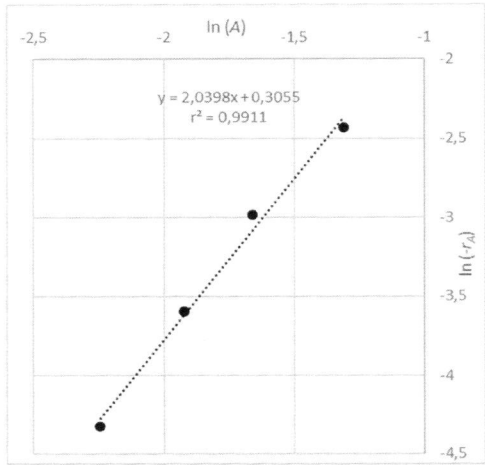

Finalmente, para obtener su valor concreto se utiliza el coeficiente b de la regresión lineal, del siguiente modo:

$$b = \ln k_A = 0{,}3055 \qquad k_A = e^b = e^{0{,}3055} = 1{,}3573\ \frac{L}{mol\ min}$$

Puesto que lo que se pide en el enunciado es la ecuación para la concentración del producto S con el tiempo, es necesario integrar la ecuación cinética que se acaba de obtener:

$$\frac{dx_A}{dt} = k_A\,A_o\,\frac{(1 - x_A)^2}{1 + \varepsilon_A\,x_A}$$

Precisamente, esa expresión ya ha sido integrada en el ejercicio anterior, obteniéndose el siguiente resultado:

$$(1 + \varepsilon_A)\frac{x_A}{1 - x_A} + \varepsilon_A \ln(1 - x_A) = k_A\,A_o\,t$$

Ahora, debemos sustituir la conversión del reactivo (x_A) en función de la concentración del producto (S). Lo que se puede realizar aplicando el balance estequiométrico:

$$\frac{n_{Ao} - n_A}{1} = \frac{n_S - n_{So}}{1} \qquad n_{Ao} - n_{Ao}(1 - x_A) = n_S - n_{So} \qquad \frac{n_{Ao}x_A}{V} = \frac{n_S - n_{So}}{V}$$

$$\frac{A_o\, x_A}{1 + \varepsilon_A\, x_A} = S - \frac{S_o}{1 + \varepsilon_A\, x_A} \qquad A_o\, x_A = S + S\, \varepsilon_A\, x_A - S_o$$

$$A_o\, x_A - S\, \varepsilon_A\, x_A = S - S_o \qquad x_A(A_o - S\, \varepsilon_A) = S - S_o \qquad x_A = \frac{S - S_o}{A_o - S\, \varepsilon_A}$$

Y sustituyendo:

$$(1 + \varepsilon_A)\,\frac{\dfrac{S - S_o}{A_o - S\, \varepsilon_A}}{1 - \dfrac{S - S_o}{A_o - S\, \varepsilon_A}} + \varepsilon_A \ln\left(1 - \frac{S - S_o}{A_o - S\, \varepsilon_A}\right) = k_A\, A_o\, t$$

$$\frac{S - S_o}{A_o - S\, \varepsilon_A - S + S_o} + \frac{\varepsilon_A}{1 + \varepsilon_A}\, \ln\left(1 - \frac{S - S_o}{A_o - S\, \varepsilon_A}\right) = \frac{k_A\, A_o}{1 + \varepsilon_A}\, t$$

Expresión que, para $S_o = 0$ M, $A_o = 1$ M y $\varepsilon_A = 1$, se reduce a lo siguiente:

$$\frac{S}{1 - S - S} + \frac{1}{1 + 1}\, \ln\left(1 - \frac{S}{1 - S}\right) = \frac{k_A}{1 + 1}\, t \qquad \frac{S}{1 - 2S} + \frac{1}{2}\, \ln\left(1 - \frac{S}{1 - S}\right) = \frac{k_A}{2}\, t$$

$$2\,\frac{S}{1 - 2S} + \ln\left(\frac{1 - 2S}{1 - S}\right) = k_A\, t$$

$$k_A = 1{,}3573\, \frac{L}{mol\, min} \qquad [t] \equiv [min] \qquad [S] \equiv \left[\frac{mol}{L}\right]$$

Ésta última expresión se puede considerar la ecuación buscada; aunque hay que indicar que se trata de una ecuación de t en función de S, y que esta última no se puede despejar algebraicamente. Por lo tanto, debe calcularse por métodos iterativos.

NOTA

Tabulando sucesivamente datos de S y t se puede observar que, a medida que avanza el tiempo aumenta la concentración de S. Puesto que se parte de $S_o = 0$ M, la máxima concentración del producto S que se puede alcanzar es 0,5 M (para $t = \infty$). En la Figura 2.5.2 se muestra la curva de concentración obtenida.

Este resultado puede parecer en principio contradictorio, ya que la estequiometría de la reacción indica que se debe obtener exactamente la misma cantidad de S que se añade de A. Dado que se parte de un valor de $A_o = 1$ M, parece que debería alcanzarse una concentración máxima de S igual a 1 M. Sin embargo, la reacción es expansiva y en el momento final el volumen del sistema se habrá duplicado ($\varepsilon_A = 1$). Por lo tanto, la concentración resultante de S será en realidad la mitad ($S_f = 0{,}5$ M).

Figura 2.5.2. Representación de la función de S solicitada.

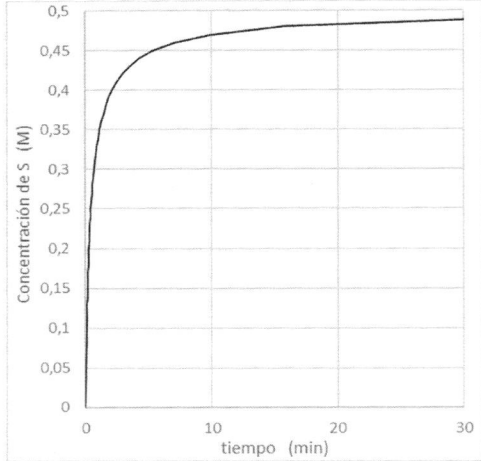

FIN DE LA NOTA

PROBLEMA 2.6. Análisis cinético a partir de la variación de presión del sistema

Una pequeña cámara de reacción hermética, equipada con un dispositivo para la medida de presión, se llena del gas A puro a la presión de 1 atm y 25 °C. Posteriormente, se cierra la cámara y se calienta de forma rápida hasta 100 °C, para que se produzca la siguiente reacción: [2 A → B]. Los datos de presión en la cámara, obtenidos durante la reacción, son los siguientes:

t (min)	1	2	3	4	5	6	7	8	9	10	15	20
P (atm)	1,17	1,10	1,05	1,01	0,98	0,95	0,93	0,90	0,89	0,87	0,82	0,78

Deduzca la ecuación a la que se ajustan dichos datos, expresada en el SI de unidades.

SOLUCIÓN

Puesto que la reacción se da en fase gaseosa y tiene incremento estequiométrico distinto de cero, se trata de un sistema de densidad variable ($\sigma = -1$). Dado que es una cámara de reacción de volumen fijo, tenemos un sistema de presión variable (presión decreciente). Como en casos anteriores, considerando acoplamiento rápido del mecanismo y cantidades despreciables de los intermedios, podemos restringir el balance estequiométrico a los compuestos que aparecen en la ecuación química. Por lo tanto, la ecuación que relaciona las presiones de los sistemas a presión variable sería, de forma general, la siguiente:

$$\frac{p_i - p_{io}}{P_T - P_{To}} = \frac{\nu_i}{\sigma}$$

Aquí, i se refiere sólo a cualquier reactivo o producto de la ecuación química global. Dicha ecuación, referida al componente A, en este caso vale:

$$p_A = p_{Ao} + \frac{\nu_A}{\sigma}(P_T - P_{To}) \qquad p_A = p_{Ao} + \frac{-2}{-1}(P_T - P_{To})$$

$$p_A = p_{Ao} + 2\,P_T - 2\,P_{To}$$

Puesto que el sistema se carga con A puro, al comenzar la reacción $p_{Ao} = P_{To}$.

$$p_A = P_{To} + 2\,P_T - 2\,P_{To} = 2\,P_T - P_{To} \qquad p_A = 2\,P_T - P_{To}$$

Dado que la cámara se calienta de T_1 a T_2 sin variación de contenido ni de volumen, la presión varía de P_1 a P_2. De ese modo, la presión total tras el calentamiento y al iniciar la reacción (P_{To}), sería la siguiente:

$$P_1 V = nRT_1 \qquad P_2 V = nRT_2 \qquad \frac{P_1 V}{P_2 V} = \frac{nRT_1}{nRT_2} \qquad \frac{P_1}{P_2} = \frac{T_1}{T_2}$$

$$P_2 = P_1 \frac{T_2}{T_1} = 1\ atm \cdot \frac{(273,15 + 100)\ K}{(273,15 + 25)\ K} = 1,2516\ atm$$

$$P_{To} = 1,2516\ atm$$

Por otra parte, para convertir las presiones parciales en concentraciones, tenemos que:

$$p_A V = n_A RT \qquad p_A = \frac{n_A}{V} RT \qquad p_A = ART \qquad A = \frac{p_A}{RT}$$

En consecuencia, la ecuación para calcular la concentración de A a partir de la presión de la cámara sería:

$$A = \frac{p_A}{RT} = \frac{2\,P_T - P_{To}}{RT}$$

$$A = \frac{2\,P_T\,[atm] - 1,2516\ atm}{0,082\ \dfrac{atm\,L}{mol\,K} \cdot (273,15 + 100)\ K} = \frac{2\,P_T\,[atm] - 1,2516}{30,5983}\ M$$

$$A\,[M] = 0,06536\,P_T\,[atm] - 0,0409$$

En las columnas tercera y cuarta de la Tabla 2.6.1 se presentan los datos de presión parcial y de concentración de A, obtenidos como se ha indicado. Aunque no se tabulan en el enunciado, se han añadido también los datos correspondientes al instante inicial de la reacción, que han sido calculados antes.

Tabla 2.6.1. Cálculos necesarios para el ajuste correspondiente.

t	P	p_A	A	$-r_{A(i-1),(i)}$	$-r_{A(i)}$	ln A	ln($-r_{A(i)}$)	1/A	P_{teo}
min	atm	atm	M	M/min	M/min	-	-	1/M	atm
0	1,2516	1,2516	0,0409			-3,1965		24,4473	1,2516
1	1,17	1,0884	0,03557	0,00533	0,00495	-3,3362	-5,3075	28,1131	1,16934
2	1,1	0,9484	0,031	0,00458	0,00392	-3,4739	-5,5412	32,2631	1,10619
3	1,05	0,8484	0,02773	0,00327	0,00294	-3,5853	-5,8289	36,0659	1,05619
4	1,01	0,7684	0,02511	0,00261	0,00229	-3,6844	-6,0802	39,8208	1,01561
5	0,98	0,7084	0,02315	0,00196	0,00196	-3,7657	-6,2344	43,1935	0,98203
6	0,95	0,6484	0,02119	0,00196	0,00163	-3,8542	-6,4167	47,1905	0,95377
7	0,93	0,6084	0,01988	0,00131	0,00163	-3,9179	-6,4167	50,2931	0,92967
8	0,9	0,5484	0,01792	0,00196	0,00131	-4,0217	-6,6398	55,7956	0,90887
9	0,89	0,5284	0,01727	0,00065	0,00098	-4,0588	-6,9275	57,9075	0,89073
10	0,87	0,4884	0,01596	0,00131	0,00098	-4,1376	-6,9275	62,6501	0,87478
15	0,82	0,3884	0,01269	0,00065	0,00059	-4,3667	-7,4383	78,7804	0,81717
20	0,78	0,3084	0,01008	0,00052		-4,5973		99,2163	0,7812

Para deducir la ecuación cinética buscada, se puede aplicar cualquiera de los métodos de análisis cinético que se han expuesto anteriormente. Puesto que no se informa nada sobre si la reacción es elemental o no, el orden de reacción podría ser cualquiera (n). No tiene que ser necesariamente 2, aunque la estequiometría para el reactivo A sea 2. Entonces, si aplicamos el método diferencial a un sistema de volumen fijo como este, tenemos que:

$$-r_A = -\frac{dA}{dt} = k_A\,A^n \qquad \ln(-r_A) = \ln(k_A) + n\ln(A) \qquad Y = a\,X + b$$

Igual que en problemas anteriores, para obtener los valores de la velocidad de reacción en cada punto ($-r_{A(i)}$), aplicamos el método de derivación numérica de la pendiente media. En las columnas quinta y sexta de la tabla anterior se muestran los cálculos correspondientes. Finalmente, tras aplicar la regresión lineal correspondiente por el método de mínimos cuadrados (columnas séptima y octava), los resultados obtenidos son los siguientes:

$$a = 2{,}0682 \qquad b = 1{,}5931 \qquad r^2 = 0{,}9897$$

El coeficiente de regresión es aceptable ($r^2 > 0{,}98$). Lo que permite deducir el orden de reacción a partir del valor de la pendiente de ajuste ($a = 2{,}0682 \approx 2$). Así que, en este caso se asume que el orden de reacción es $n = 2$.

$$-r_A = -\frac{dA}{dt} = k_A\,A^2$$

Por otra parte, el análisis dimensional ofrece las unidades siguientes para la constante cinética k_A:

$$\left[\frac{mol}{L\cdot min}\right] \equiv [k_A]\left[\frac{mol}{L}\right]^2 \qquad [k_A] \equiv \frac{\left[\dfrac{mol}{L\cdot min}\right]}{\left[\dfrac{mol}{L}\right]^2} \equiv \frac{[mol\cdot L^2]}{[L\cdot min\cdot mol^2]} \equiv \frac{[L]}{[mol\cdot min]}$$

Finalmente, para calcular su valor se utiliza el parámetro b obtenido en la regresión:

$$b = \ln k_A = 1{,}5931$$

$$k_A = e^{1{,}5931} = 4{,}91897\,\frac{L}{mol\,min}$$

Una vez obtenida la ecuación cinética, para deducir una función de A con el tiempo, integramos la expresión cinética correspondiente. Por lo tanto, tenemos que:

$$-\frac{dA}{dt} = k_A\,A^2 \qquad -\int_{A_o}^{A}\frac{dA}{A^2} = \int_{o}^{t} k_A\,dt \qquad \left[\frac{1}{A}\right]_{A_o}^{A} = [k_A\,t]_o^t$$

$$\frac{1}{A} - \frac{1}{A_o} = k_A\, t \qquad \frac{1}{A} = k_A\, t + \frac{1}{A_o} \qquad Y = aX + b \qquad A = \frac{A_o}{A_o\, k_A\, t + 1}$$

Dado que el valor de k_A obtenido antes pudiera no ser muy preciso, debido el mediocre coeficiente de regresión alcanzado, la calculamos también por otra vía. En ese caso, realizamos un nuevo ajuste lineal por el método de mínimos cuadrados, pero representando ahora $1/A$ versus t. En la columna novena de la Tabla 2.6.1 se muestran los datos necesarios para ello. El coeficiente de regresión obtenido aquí ($r^2 = 0{,}9989$) resulta mucho mejor que el anterior, por lo que el valor deducido de la constante será más preciso. La pendiente de ajuste vale $a = 3{,}700032$. Por lo tanto, se puede tomar como valor más adecuado de la constante cinética el siguiente:

$$k_A = 3{,}7\ \frac{L}{mol\ min}$$

Por lo tanto, para obtener la ecuación buscada, sustituimos la expresión anterior en función de las presiones parciales:

$$A = \frac{p_A}{RT} \qquad \frac{p_A}{RT} = \frac{\dfrac{p_{Ao}}{RT}}{\dfrac{p_{Ao}}{RT}\, k_A\, t + 1} \qquad p_A = \frac{p_{Ao}}{\dfrac{p_{Ao}}{RT}\, k_A\, t + 1}$$

Finalmente, sustituyendo en función de la presión total:

$$p_A = 2\, P_T - P_{To} \qquad \frac{p_{Ao}}{\dfrac{p_{Ao}}{RT}\, k_A\, t + 1} = 2\, P_T - P_{To}$$

$$\frac{2\, P_{To} - P_{To}}{\dfrac{(2\, P_{To} - P_{To})}{RT}\, k_A\, t + 1} = 2\, P_T - P_{To}$$

$$2\, P_T = P_{To} + \frac{P_{To}}{\dfrac{P_{To}}{RT}\, k_A\, t + 1} = P_{To} + \frac{1}{\dfrac{k_A\, t}{RT} + \dfrac{1}{P_{To}}} \qquad P_T = \frac{P_{To}}{2} + \frac{1}{\dfrac{2\, k_A\, t}{RT} + \dfrac{2}{P_{To}}}$$

$$P_T = \frac{P_{To}}{2} + \frac{\dfrac{P_{To}}{2}}{\dfrac{k_A\, P_{To}\, t}{RT} + 1} = \frac{P_{To}}{2}\left(1 + \frac{1}{1 + \dfrac{k_A\, P_{To}}{RT}\, t}\right)$$

En consecuencia, la ecuación para la presión total (P_T) con el tiempo (t) sería:

$$P_T = \frac{P_{To}}{2}\left(1 + \frac{1}{1 + \dfrac{k_A\, P_{To}}{RT}\, t}\right) \qquad P_{To} = 1{,}2516\ atm \qquad k_A = 3{,}7\ \frac{L}{mol\ min}$$

$$R = 0{,}082\ \frac{atm\ L}{mol\ K} \qquad T = 273{,}15 + 100 = 373{,}15\ K$$

$$P_T = \frac{1,2516}{2}\left(1 + \frac{1}{1 + \dfrac{3,7 \cdot 1,2516}{0,082 \cdot 373,15}t}\right) = 0,6258\left(1 + \frac{1}{1 + 0,15135 \cdot t}\right)$$

Los valores teóricos de presión calculados mediante la expresión anterior, para los diferentes los instantes tabulados, se muestran en la columna décima de la Tabla 2.1.6. Se puede observar que la presión total de la cámara (P_T) varía desde el valor P_{To} a tiempo 0, hasta el valor $P_{To}/2$ a tiempo infinito.

PROBLEMA 2.7. Análisis cinético de reacción compresiva de primer orden

Calcule el valor del coeficiente cinético (en unidades del SI) para la transformación del reactivo A, mediante una reacción de primer orden en fase gaseosa del tipo [2 A → R]. Se sabe que, si se parte de una mezcla al 80 % en volumen de A con inertes y la presión se mantiene constante, el volumen del sistema disminuye un 20 % en tres minutos.

SOLUCIÓN

Puesto que la reacción se da en fase gaseosa y tiene incremento estequiométrico no nulo, se trata de un sistema de densidad variable ($\sigma = -1$). Dado que la presión se mantiene constante, se trata de un sistema de volumen variable. De hecho, el enunciado indica que el volumen disminuye. Por otra parte, sabemos que la disminución de volumen del sistema depende del avance de la reacción o, lo que es lo mismo, de la conversión del reactivo, según la siguiente expresión:

$$V = V_o(1 + \varepsilon_A \, x_A)$$

Por lo tanto, debemos calcular el valor del factor de expansión con respecto de A (ε_A). Dado que partimos de una mezcla gaseosa con el 80 % del volumen lleno de A y el resto de inertes (I), si suponemos gases ideales, tendríamos 20 moles de I por cada 80 moles de A. Por otra parte, a pesar de que se indica que el orden de la reacción es 1, no se dan detalles del mecanismo (obviamente no es elemental). Por lo tanto, como en ejercicios anteriores, suponemos acoplamiento rápido de etapas, despreciamos las cantidades de intermedios y los balances de materia estequiométricos quedan restringidos a reactivos y productos. En este caso resulta cómodo tomar como base de cálculo 100 moles de mezcla, de modo que la tabla de progreso de reacción que resulta es la siguiente:

	2 A $\xrightarrow{I}$ R				
t	n_A	n_I	n_R	n_T	V_T
$x_A = 0$	80	20	0	100	100
$x_A = 1$	0	20	40	60	60

En consecuencia:

$$\varepsilon_A = \frac{V_{fA} - V_o}{V_o} = \frac{60 - 100}{100} = -0{,}4$$

Por otra parte, puesto que se nos indica que la reacción es de primer orden, tendríamos la siguiente ecuación cinética:

$$-r_A = -\frac{1}{V}\frac{dn_A}{dt} = k_A A \qquad -\frac{1}{V}\frac{dn_A}{dt} = k_A \frac{n_A}{V}$$

$$\frac{n_{Ao}}{V_o(1 + \varepsilon_A x_A)}\frac{dx_A}{dt} = k_A \frac{n_{Ao}(1 - x_A)}{V_o(1 + \varepsilon_A x_A)}$$

$$\frac{dx_A}{dt} = k_A(1 - x_A) \qquad \int_o^{x_A}\frac{1}{1 - x_A}dx_A = \int_o^t k_A\,dt = k_A\,t$$

Mediante cambio de variable, la primera integral resulta:

$$u = 1 - x_A \qquad du = -dx_A \qquad \int\frac{dx_A}{1 - x_A} = -\int\frac{du}{u} = -\ln u = -\ln[1 - x_A]$$

$$\int_o^{x_A}\frac{dx_A}{1 - x_A} = -\ln[1 - x_A]_o^{x_A} = -\ln[1 - x_A] + \ln[1 - 0] = \ln\left[\frac{1}{1 - x_A}\right]$$

Por lo tanto, la ecuación cinética integrada que resulta es la siguiente:

$$\ln\left[\frac{1}{1 - x_A}\right] = k_A\,t \qquad \frac{1}{1 - x_A} = e^{k_A\,t}$$

$$1 - x_A = e^{-k_A\,t} \qquad x_A = 1 - e^{-k_A\,t}$$

NOTA

Como se acaba de ver, la ecuación cinética queda simplificada desde el principio y la evolución de la conversión con el tiempo termina resultando independiente del factor de expansión (ε_A). Es decir, en las reacciones de orden 1 con un solo reactivo, la evolución del avance de la reacción es la misma, tanto para los sistemas de volumen constante como para los de volumen variable. Eso es debido a que, en las reacciones de primer orden, la velocidad de la reacción no se asocia con las colisiones entre las moléculas (característico de las cinéticas de orden superior), sino con factores intrínsecos a las rotaciones o las vibraciones de la propia molécula que reacciona. Por ejemplo, se asocia con recolocaciones de los átomos en la molécula, o con diferentes fracturas que ésta pueda sufrir, etc.

Cuando una reacción elemental depende de las colisiones, su velocidad es proporcional al producto de las concentraciones de las moléculas que colisionan: [$A \cdot B$], [$A \cdot A$], etc. Puesto que, cuanto más concentradas están tienen más probabilidad de colisión. Sin embargo, cuando la reacción no depende de las colisiones, su velocidad pasa a ser proporcional de la cantidad neta de moléculas de reactivo que hay en el sistema, no de su concentración. Es decir:

$$-\frac{dn_A}{dt} = k_A\,n_A \qquad -\frac{1}{V}\frac{dn_A}{dt} = k_A\frac{n_A}{V} \qquad -\frac{d\,n_{Ao}(1 - x_A)}{dt} = k_A\,n_{Ao}(1 - x_A)$$

$$-\frac{d\,(1-x_A)}{dt} = k_A\,(1-x_A) \qquad \frac{d\,x_A}{dt} = k_A\,(1-x_A)$$

En consecuencia, en este caso, tanto si el volumen del sistema es constante como si no, la velocidad de conversión del reactivo progresa de la misma forma.

Por otra parte, en el caso de las cinéticas de orden 0, la velocidad de reacción tampoco se asocia con la frecuencia de colisiones entre las moléculas, sino con factores extrínsecos a los propios reactivos. Por ejemplo, la aplicación de una determinada cantidad de radiación. Ahora, la velocidad de la reacción pasa a depender sólo de la cantidad del factor que se aplica (que se supone constante) y es independiente tanto de la concentración de las moléculas como de su cantidad neta.

$$-\frac{dn_A}{dt} = k_A \qquad -\frac{d\,n_{Ao}(1-x_A)}{dt} = k_A \qquad \frac{d\,x_A}{dt} = \frac{k_A}{n_{Ao}} = k'_A$$

Por supuesto, esto sólo es aplicable cuando la concentración de moléculas del reactivo es lo suficientemente grande como para asimilar de forma constante y uniforme la totalidad del efecto que se aplica. No sería válido si aparecen espacios vacíos o solapamientos de otro tipo de moléculas que puedan provocar pérdidas de eficacia. De hecho, en las reacciones fotoquímicas es muy importante la geometría concreta del sistema de reacción y esos detalles quedan incluidos también dentro del valor de la constante cinética.

En definitiva, el tipo de comportamiento cinético observado experimentalmente nos puede orientar sobre el posible mecanismo involucrado. Por ejemplo, si una reacción elemental expansiva (en fase gaseosa) avanza más lentamente en los sistemas de volumen variable que en los de volumen fijo, debemos estar ante una reacción de orden superior, es decir $\eta > 1$. Eso induce a pensar que podría estar promovida por colisiones. Un razonamiento análogo se podría hacer con las reacciones compresivas. Por el contrario, si dichas reacciones avanzan del mismo modo tanto en los sistemas de volumen fijo como en los de volumen variable, entonces el mecanismo podría ser ajeno a las colisiones.

FIN DE LA NOTA

En resumen, en este caso, la variación del volumen del sistema con el tiempo sería:

$$V = V_o(1 + \varepsilon_A\,x_A) \qquad V = V_o(1 + \varepsilon_A\,[1 - e^{-k_A\,t}]) \qquad \frac{V}{V_o} = 1 + \varepsilon_A\,[1 - e^{-k_A\,t}]$$

$$\frac{V}{V_o} - 1 = \varepsilon_A\,[1 - e^{-k_A\,t}] \qquad \frac{V - V_o}{V_o} = \varepsilon_A\,[1 - e^{-k_A\,t}]$$

Por otra parte, dado que el volumen disminuye un 20 % en 3 minutos, tenemos que:

$$\frac{V_o - V}{V_o} 100 = 20 \qquad \frac{V_o - V}{V_o} = \frac{20}{100} = 0,2$$

Por lo tanto, finalmente tenemos que:

$$\frac{V_o - V}{V_o} = -\varepsilon_A \left[1 - e^{-k_A t}\right] \qquad 0,2 = -(-0,4)\left[1 - e^{-k_A t}\right]$$

$$\frac{0,2}{0,4} = 1 - e^{-k_A t} \qquad 1 - \frac{0,2}{0,4} = e^{-k_A t} \qquad 0,5 = e^{-k_A t} \qquad \ln(0,5) = -k_A t$$

$$k_A = \frac{-\ln(0,5)}{t} = \frac{0,69315}{3\ min} = 0,231\ \frac{1}{min}\left(\frac{1\ min}{60\ s}\right) = 3,85 \cdot 10^{-3}\ s^{-1}$$

$$k_A = 3,85 \cdot 10^{-3}\ s^{-1}$$

PROBLEMA 2.8. Análisis cinético de reacción expansiva de orden 0

La reacción de orden cero en fase gaseosa [A → 3 R] se desarrolla en una cámara de volumen constante en condiciones ambientales (20 °C, 1 atm), partiendo de A puro. En tales condiciones, la presión se eleva un 40 % en 5 minutos. Si la misma reacción se efectuara en un cilindro de pistón deslizante, ¿cuál sería el porcentaje de aumento de volumen esperado a los 7 minutos?

SOLUCIÓN

En el enunciado se indica que se trata de una reacción de orden cero. Por lo tanto, para el reactor de volumen fijo, tenemos que:

$$-r_A = -\frac{dA}{dt} = k_A \qquad -dA = k_A\, dt \qquad -\int_{A_o}^{A} dA = k_A \int_{o}^{t} dt$$

$$A - A_o = -k_A\, t \qquad A = A_o - k_A\, t$$

Suponiendo gases ideales:

$$p_A V = n_A RT \qquad \frac{p_A}{RT} = \frac{n_A}{V} = A \qquad \frac{p_A}{RT} = \frac{p_{Ao}}{RT} - k_A\, t \qquad p_A = p_{Ao} - k_A RT\, t$$

Como es sabido, en los sistemas de reacción elementales (o con mecanismos que se acoplan rápidamente) de densidad variable y volumen fijo, la relación entre las variaciones de las presiones parciales y las presiones totales de cualquier reactivo o producto (i) del sistema es la siguiente:

$$\frac{p_i - p_{io}}{P_T - P_{To}} = \frac{v_i}{\sigma} \qquad v_i = -1 \qquad \sigma = 3 - 1 = 2$$

En ese caso, tenemos que:

$$\frac{p_A - p_{Ao}}{P_T - P_{To}} = \frac{-1}{2} \qquad 2(p_A - p_{Ao}) = -(P_T - P_{To}) \qquad P_T - P_{To} = -2\,(p_A - p_{Ao})$$

$$P_T = P_{To} + 2\,(p_{Ao} - p_A) = P_{To} + 2\,(p_{Ao} - p_{Ao} + k_A RT\, t) = P_{To} + 2\, k_A RT\, t$$

$$P_T = P_{To} + 2\, k_A RT\, t \qquad \frac{P_T - P_{To}}{P_{To}} = \frac{2\, k_A RT\, t}{P_{To}}$$

También se indica en el enunciado que, en condiciones ambientales (20 °C y 1 atm), la presión aumenta un 40 % en 5 minutos. Por lo tanto:

$$\frac{P_T - P_{To}}{P_{To}} = \frac{1,4 - 1}{1} = 0,4 \qquad \frac{P_T - P_{To}}{P_{To}} = \frac{2\, k_A RT\, t}{P_{To}} \qquad 0,4 = \frac{2\, k_A RT\, t}{P_{To}}$$

$$\frac{0,4\,P_{To}}{2\,RT\,t} = k_A$$

$$k_A = \frac{0,4 \cdot 1\,atm}{2 \cdot 0,082\,\frac{atm\,L}{mol\,K} \cdot (273,15 + 20)\,K \cdot 5\,min} = 1,664 \cdot 10^{-3}\,\frac{mol}{L\,min}$$

Ahora, ya nos podemos plantear qué ocurrirá en un reactor de pistón deslizante. Puesto que se trata de un sistema de volumen variable:

$$-r_A = -\frac{1}{V}\frac{dn_A}{dt} = k_A \qquad n_A = n_{Ao}(1 - x_A) \qquad V = V_o(1 + \varepsilon_A\,x_A)$$

$$-\frac{1}{V_o(1 + \varepsilon_A\,x_A)} \cdot \frac{d\,n_{Ao}(1 - x_A)}{dt} = k_A \qquad -\frac{n_{Ao}}{V_o(1 + \varepsilon_A\,x_A)} \cdot \frac{d(1 - x_A)}{dt} = k_A$$

$$\frac{A_o}{1 + \varepsilon_A\,x_A} \cdot \frac{dx_A}{dt} = k_A \qquad \int_0^{x_A} \frac{A_o}{1 + \varepsilon_A\,x_A}\,dx_A = k_A \int_0^t dt$$

$$A_o \int_0^{x_A} \frac{dx_A}{1 + \varepsilon_A\,x_A} = k_A\,t$$

Para resolver la integral del primer miembro se aplica un cambio de variable:

$$u = 1 + \varepsilon_A\,x_A \qquad du = \varepsilon_A\,dx_A \qquad dx_A = \frac{du}{\varepsilon_A}$$

$$\int \frac{dx_A}{1 + \varepsilon_A\,x_A} = \frac{1}{\varepsilon_A}\int \frac{du}{u} = \frac{1}{\varepsilon_A}\ln u = \frac{1}{\varepsilon_A}\ln(1 + \varepsilon_A\,x_A)$$

$$A_o \int_0^{x_A} \frac{dx_A}{1 + \varepsilon_A\,x_A} = \frac{A_o}{\varepsilon_A}[\ln(1 + \varepsilon_A\,x_A)]_0^{x_A} = \frac{A_o}{\varepsilon_A}[\ln(1 + \varepsilon_A\,x_A) - \ln(1 + 0)] =$$

$$= A_o\,\frac{\ln(1 + \varepsilon_A\,x_A)}{\varepsilon_A}$$

En definitiva:

$$A_o\,\frac{\ln(1 + \varepsilon_A\,x_A)}{\varepsilon_A} = k_A\,t \qquad \ln(1 + \varepsilon_A\,x_A) = \frac{k_A\,\varepsilon_A}{A_o}\,t$$

$$1 + \varepsilon_A\,x_A = exp\left(\frac{k_A\,\varepsilon_A}{A_o}\,t\right) \qquad x_A = \frac{exp\left(\frac{k_A\,\varepsilon_A}{A_o}\,t\right) - 1}{\varepsilon_A}$$

Necesitamos calcular pues el valor del factor de expansión (ε_A). Dado que no hay inertes, resulta indiferente el valor de A que asignemos como base de cálculo. Así, por ejemplo, para 1 mol de A, tenemos la siguiente tabla de progreso de reacción:

	A	$\rightarrow$	3 R		
t	n_A		n_R	n_T	V_T
$x_A = 0$	1		0	1	1
$x_A = 1$	0		3	3	3

Por lo tanto:

$$\varepsilon_A = \frac{V_{fA} - V_o}{V_o} = \frac{3-1}{1} = 2$$

Por otra parte, si suponemos gases ideales, la concentración inicial del gas A en condiciones ambientales (20 °C, 1 atm) sería:

$$PV = nRT \qquad \frac{P}{RT} = \frac{n}{V}$$

$$A_o = \frac{P}{RT} = \frac{1\ atm}{0{,}082\ \frac{atm\ L}{mol\ K}\ (273{,}15 + 20)\ K} = 41{,}6 \cdot 10^{-3}\ \frac{mol}{L}$$

Así, a los 7 minutos, la conversión sería:

$$x_A = \frac{exp\left(\frac{k_A\,\varepsilon_A}{A_o}\,t\right) - 1}{\varepsilon_A} = \frac{exp\left(\dfrac{1{,}664 \cdot 10^{-3}\ \frac{mol}{L\ min} \cdot 2}{41{,}6 \cdot 10^{-3}\ \frac{mol}{L}}\ 7\ min\right) - 1}{2} = 0{,}3753$$

En consecuencia, el aumento de volumen esperado en ese instante es:

$$V = V_o(1 + \varepsilon_A\,x_A) \qquad \frac{V}{V_o} = 1 + \varepsilon_A\,x_A \qquad \frac{V}{V_o} - 1 = \varepsilon_A\,x_A = 2 \cdot 0{,}3753 = 0{,}7506$$

$$\frac{V - V_o}{V_o} = 0{,}7506 \qquad \frac{V - V_o}{V_o} \cdot 100 = 75{,}06$$

A los 7 min el reactor de pistón deslizante se debería expandir el 75,06 % de su volumen inicial.

PROBLEMA 2.9. Análisis cinético de reacción reversible de primer orden

En un reactor discontinuo se efectúa la reacción reversible de primer orden del tipo siguiente: [A $\rightleftharpoons$ R], cuya constante de equilibrio vale $K = 5$. Cuando se parte de una disolución en la que la concentración de A es el doble que la de R, se tarda 8 minutos en alcanzar una conversión de A del 33 %. ¿Cuánto tiempo más hay que esperar para que la concentración de R supere a la de A?

SOLUCIÓN

Puesto que se trata de una reacción reversible de primer orden, podemos suponer con carácter general que el mecanismo de este tipo de reacciones es el siguiente:

$$A \xrightarrow{k_1} R \qquad R \xrightarrow{k_2} A$$

$$x_A = x_{Aeq}\left(1 - e^{-k^* t}\right)$$

$$x_{Aeq} = \frac{K - M_o}{1 + K} \qquad K = \frac{k_1}{k_2} \qquad M_o = \frac{R_o}{A_o} \qquad k^* = \frac{k_1(1 + M_o)}{M_o + x_{Aeq}}$$

Siendo x_{Aeq} la conversión de equilibrio del reactivo A, que es la máxima que se obtiene, cuando la reacción alcanza el punto de equilibrio según su constante K. Por otra parte, k^* es la constante cinética aparente de la reacción.

NOTA

Se puede comprobar que la ecuación cinética para las reacciones irreversibles es sólo un caso particular de esta ecuación más general para las reacciones reversibles. Sólo es necesario sustituir aquí la conversión de equilibrio por $x_{Aeq} = 1$ y tendríamos que:

$$x_A = x_{Aeq}\left(1 - e^{-k^* t}\right) = 1\left(1 - e^{-k^* t}\right) \qquad k^* = \frac{k_1(1 + M_o)}{M_o + x_{Aeq}} = \frac{k_1(1 + M_o)}{M_o + 1} = k_1$$

$$x_A = 1 - e^{-k_1 t}$$

En efecto, las reacciones irreversibles solo presentan la primera de las dos etapas del mecanismo indicado más arriba y el punto de equilibrio se alcanza sólo cuando se ha agotado todo el reactivo ($x_{Aeq} = 1$).

FIN DE LA NOTA

En este caso, tenemos que:

$$M_o = \frac{R_o}{A_o} = \frac{R_o}{2\,R_o} = \frac{1}{2} \qquad x_{Aeq} = \frac{K - M_o}{1 + K} = \frac{5 - \dfrac{1}{2}}{1 + 5} = \frac{4,5}{6} = 0,75$$

Se nos indica que se alcanza un 33 % de conversión en 8 minutos. Entonces:

$$x_A = x_{Aeq}\left(1 - e^{-k^* t}\right) \qquad \frac{x_A}{x_{Aeq}} = 1 - e^{-k^* t} \qquad e^{-k^* t} = 1 - \frac{x_A}{x_{Aeq}}$$

$$-k^* t = \ln\left(1 - \frac{x_A}{x_{Aeq}}\right)$$

$$k^* = \frac{-\ln\left(1 - \dfrac{x_A}{x_{Aeq}}\right)}{t} = \frac{-\ln\left(1 - \dfrac{0,33}{0,75}\right)}{8\,min} = 0,07248\,min^{-1}$$

Para que la concentración de R supere a la de A, bastaría con esperar un instante más que el necesario para que $R = A$. Así, según el balance estequiométrico, en ese instante tenemos que:

$$\frac{A_o - A}{1} = \frac{R - R_o}{1} \qquad A_o - A = R \qquad A_o - A = A \qquad A_o = 2A$$

$$A = \frac{A_o}{2} \qquad \frac{A}{A_o} = \frac{1}{2}$$

$$x_A = \frac{A_o - A}{A_o} = 1 - \frac{A}{A_o} = 1 - \frac{1}{2} = 0,5$$

Sustituyendo en la ecuación cinética:

$$-k^* t = \ln\left(1 - \frac{x_A}{x_{Aeq}}\right) \qquad t = \frac{-\ln\left(1 - \dfrac{x_A}{x_{Aeq}}\right)}{k^*} = \frac{-\ln\left(1 - \dfrac{0,5}{0,75}\right)}{0,07248\,min^{-1}} = 15,157\,min$$

$$t = 15,157\,min = 15\,min + 0,157\,min\left(\frac{60\,s}{1\,min}\right) = 15\,min + 9,45\,s$$

En realidad, nos piden el tiempo que hay que esperar a partir de los 8 primeros minutos de reacción. Por lo tanto, la respuesta buscada es $15,157 - 8 = 7,157$ min.

$$t' = 7\,min + 9,45\,s$$

PROBLEMA 2.10. Análisis cinético de reacción catalizada

En una reacción catalizada que tiene lugar en disolución, se han obtenido los resultados de conversión (x_A) que se indican en la siguiente tabla de doble entrada. La entrada horizontal corresponde a distintas concentraciones del catalizador (C) y la entrada vertical corresponde a distintos tiempos de reacción (t). El resto de las condiciones se mantuvieron constantes.

x_A		t (min)				
		2	4	6	8	10
	0,2	0,29	0,49	0,64	0,74	0,82
C (M)	0,4	0,48	0,73	0,86	0,93	0,96
	0,6	0,62	0,86	0,95	0,98	0,99

Se sabe que la reacción sin catalizar es de primer orden y tiene un solo reactivo. ¿Cuánto tiempo se tardaría en alcanzar una conversión del 80 % si no se usara el catalizador?

SOLUCIÓN

Puesto que se trata de una reacción de primer orden a partir de un solo reactivo (A) y catalizada por el catalizador C, podemos suponer como mecanismo general para este tipo de reacciones las dos ecuaciones químicas siguientes:

$$A + C \xrightarrow{k_C} C + P \qquad\qquad A \xrightarrow{k} P$$

Aunque es sabido que la primera ocurre normalmente mediante complejos mecanismo por etapas, podemos suponer que el conjunto de ellas se acopla rápidamente (reacción catalizada) y podemos aplicar el balance estequiométrico restringido a los compuestos indicados en la ecuación. Igualmente, suponemos que la reacción no catalizada es elemental. Así, la constante cinética k_C corresponde a la reacción catalizada y la constante k a la reacción sin catalizar. Por lo tanto:

$$-r_A = -\frac{dA}{dt} = k_C \, A \, C + k \, A = (k_C \, C + k) \, A \qquad C = cte \qquad k^* = k_C \, C + k$$

$$-r_A = -\frac{dA}{dt} = k^* \, A \qquad x_A = 1 - e^{-k^* \, t}$$

Para linealizar esta última expresión, se toman logaritmos:

$$e^{-k^* \, t} = 1 - x_A \qquad \ln(1 - x_A) = -k^* \, t$$

$$Y = a \, X + b \qquad Y = \ln(1 - x_A) \qquad X = t \qquad a = -k^* \qquad b = 0$$

En la Tabla 2.10.1 se presentan los cálculos correspondientes a esta linealización sobre los datos del enunciado. Asimismo, una vez aplicados los ajustes lineales por el método de mínimos cuadrados, los resultados se muestran en la Tabla 2.10.2.

Tabla 2.10.1. Cálculos necesarios para las linealizaciones correspondientes.

$Y = \ln(1-x_A)$		$X = t$ (min)				
		2	4	6	8	10
	0,2	-0,3425	-0,6733	-1,0217	-1,3471	-1,7148
C (M)	0,4	-0,6539	-1,3093	-1,9661	-2,6593	-3,2189
	0,6	-0,9676	-1,9661	-2,9957	-3,912	-4,6052

Tabla 2.10.2. Resultados de los ajustes lineales correspondientes.

C	r^2	a	b	k^*
M	-	min^{-1}	-	min^{-1}
0,2	0,9996	-0,1709	0,00563	0,1709
0,4	0,9999	-0,324	-0,0176	0,324
0,6	0,9997	-0,4611	-0,123	0,4611

Como se puede observar, los valores de las distintas pendientes que se obtienen (a) van siendo más negativos conforme aumenta la concentración de catalizador (C). Por otra parte, la constante cinética aparente (k^*) resulta mayor cuanto mayor es la concentración del mismo. Ahora, podemos plantear entonces una nueva ecuación lineal sobre estos resultados:

$$k^* = k + k_C \, C$$

$$Y = a \, X + b \qquad Y = k^* \qquad X = C \qquad a = k_C \qquad b = k$$

Por lo tanto, debemos representar los datos de k^* versus C. El resultado de aplicar nuevamente la regresión lineal por mínimos cuadrados es el siguiente:

$$a = 0,7255 \qquad b = 0,02847 \qquad r^2 = 0,999$$

En definitiva, tenemos que:

$$k_C = a = 0,7255 \, \frac{L}{mol \, min} \qquad k = b = 0,02847 \, \frac{1}{min}$$

Como consecuencia, si no usamos catalizador y sólo tiene lugar la reacción no catalizada, k^* será igual a k, y tendremos la siguiente ecuación cinética:

$$A \xrightarrow{k} P \qquad -r_A = -\frac{dA}{dt} = k \, A \qquad x_A = 1 - e^{-k \, t}$$

Por lo tanto, para alcanzar un 80 % de conversión en este caso, necesitaríamos esperar un tiempo t, que se puede deducir del siguiente modo:

$$x_A = 1 - e^{-k\,t} \qquad 1 - x_A = e^{-k\,t} \qquad \ln(1 - x_A) = -k\,t$$

$$t = \frac{\ln(1 - x_A)}{-k} = \frac{\ln(1 - 0,8)}{-0,02847\,\dfrac{1}{min}} = 56{,}531\ min$$

$$t = 56{,}531\ min = 56\ min + 0{,}531\ min\left(\frac{60\ s}{1\ min}\right) = 56\ min + 31{,}9\ s$$

$$t = 56\ min + 31{,}9\ s$$

PROBLEMA 2.11. Análisis cinético mediante el método de exceso

Investigando la siguiente reacción: [A + B → P], se han obtenido los siguientes datos de velocidad:

A (M)	0,1	0,2	0,3	2	2	2
B (M)	2	2	2	0,1	0,2	0,3
$-r_A$ (M/min)	0,0510	0,0720	0,0880	0,0305	0,0484	0,0634

Deduzca su ecuación cinética.

SOLUCIÓN

En principio, no se conoce el orden con respecto a ninguno de los reactivos, puesto que no se indica nada al respecto y tampoco se indica nada sobre el mecanismo. Por lo tanto, suponemos un orden cualquiera para cada reactivo y admitimos que el hipotético mecanismo se acopla lo suficientemente rápido como para despreciar las cantidades presentes de compuestos intermedios. Es decir, restringimos el balance de materia estequiométrico a los compuestos indicados en la ecuación química. En definitiva, la ecuación cinética que se podría aplicar es la siguiente:

$$-r_A = k\, A^\alpha\, B^\beta$$

A partir de los datos que se suministran, es posible aplicar el método diferencial de análisis de datos cinéticos para obtener las incógnitas de la ecuación (k, α y β). En concreto, tomando logaritmos tenemos que:

$$\ln(-r_A) = \ln(k) + \alpha\, \ln(A) + \beta\, \ln(B)$$

Por lo tanto, se podría aplicar un ajuste lineal múltiple a los datos suministrados para deducir el valor de las incógnitas buscadas, procediendo del siguiente modo:

$$Y = a_1 X_1 + a_2 X_2 + b \qquad Y = \ln(-r_A) \qquad X_1 = \ln(A) \qquad X_2 = \ln(B)$$

$$a_1 = \alpha \qquad a_2 = \beta \qquad b = \ln(k)$$

Sin embargo, dado que la concentración de uno de los reactivos está suministrada siempre en exceso con respecto a la del otro, podemos aplicar el método de exceso que se indica en la introducción teórica del capítulo. De este modo, el tipo de regresión lineal a aplicar sería mucho más simple. Así, en las tres primeras columnas de datos, podemos aplicar lo siguiente:

$$-r_A = k\, A^\alpha\, B^\beta \qquad B_o \gg A_o \qquad B \approx B_o \approx cte$$

$$-r_A \approx k\, A^\alpha\, B_o{}^\beta = k^*\, A^\alpha \qquad k^* = k\, B_o{}^\beta \qquad \ln(-r_A) = \ln(k^*) + \alpha\, \ln(A)$$

$$Y = a\,X + b \qquad Y = \ln(-r_A) \qquad X = \ln(A)$$
$$a = \alpha \qquad b = \ln(k^*)$$

Entonces, aplicando este ajuste, se obtiene la Tabla 2.11.1.

Tabla 2.11.1. Valores de la regresión lineal para el reactivo A.

A	B	$-r_A$	ln A	ln $-r_A$
M	M	M/min		
0,1	2	0,051	-2,3026	-2,9759
0,2	2	0,072	-1,6094	-2,6311
0,3	2	0,088	-1,204	-2,4304

Los resultados de la regresión lineal de la quinta columna frente a la cuarta son los siguientes:

$$a = \alpha = 0{,}4966 \qquad b = \ln(k^*) = -1{,}8322 \qquad r^2 \approx 1$$
$$\alpha \approx 0{,}5 = 1/2 \qquad k^* = e^{-1{,}8322} = 0{,}16006$$

Por otra parte, para las tres últimas columnas de datos del enunciado tenemos que:

$$-r_A = k\,A^\alpha\,B^\beta \qquad A_o \gg B_o \qquad A \approx A_o \approx cte$$
$$-r_A \approx k\,A^\alpha\,B_o^{\,\beta} = k^*\,B^\beta \qquad k^* = k\,A_o^{\,\alpha} \qquad \ln(-r_A) = \ln(k^*) + \beta\,\ln(B)$$
$$Y = a\,X + b \qquad Y = \ln(-r_A) \qquad X = \ln(B)$$
$$a = \beta \qquad b = \ln(k^*)$$

Y aplicando ahora este otro ajuste, obtenemos la Tabla 2.11.2.

Tabla 2.11.2. Valores de la regresión lineal para el reactivo B.

A	B	$-r_A$	ln B	ln $-r_A$
M	M	M/min		
2	0,1	0,0305	-2,3026	-3,49
2	0,2	0,0484	-1,6094	-3,0283
2	0,3	0,0634	-1,204	-2,7583

Los resultados de la regresión lineal de la quinta columna frente a la cuarta son los siguientes:

$$a = \beta = 0{,}6661 \qquad b = \ln(k^*) = -1{,}9563 \qquad r^2 \approx 1$$
$$\alpha \approx 0{,}6666 = 2/3 \qquad k^* = e^{-1{,}8322} = 0{,}14138$$

En definitiva, la ecuación cinética buscada es la siguiente:

$$-r_A = k\, A^{\frac{1}{2}}\, B^{\frac{2}{3}} \qquad -r_A = k\, \sqrt{A}\, \sqrt[3]{B^2}$$

Finalmente, asumiendo esta ecuación, podemos estimar el valor de la constante cinética del siguiente modo:

$$-r_A = k\, \sqrt{A}\, \sqrt[3]{B^2} \qquad k = \frac{-r_A}{\sqrt{A}\, \sqrt[3]{B^2}}$$

Lo que conduce a la siguiente tabla de resultados.

Tabla 2.11.3. Valores calculados de la constante cinética.

A	B	$-r_A$	$A^{1/2}$	$B^{2/3}$	k
M	M	M/min			
0,1	2	0,051	0,31623	1,5874	0,1016
0,2	2	0,072	0,44721	1,5874	0,10142
0,3	2	0,088	0,54772	1,5874	0,10121
2	0,1	0,0305	1,41421	0,21544	0,1001
2	0,2	0,0484	1,41421	0,342	0,10007
2	0,3	0,0634	1,41421	0,44814	0,10004

El valor promedio resultante es $k = 0,10074$. Para establecer las unidades de esta contante, tenemos que plantear la ecuación dimensional correspondiente:

$$-r_A = k\, A^{1/2}\, B^{2/3} \qquad \left[\frac{mol}{L\,min}\right] \equiv [k]\left[\frac{mol}{L}\right]^{1/2}\left[\frac{mol}{L}\right]^{2/3}$$

$$[k] \equiv \frac{\left[\dfrac{mol}{L\,min}\right]}{\left[\dfrac{mol}{L}\right]^{1/2}\left[\dfrac{mol}{L}\right]^{2/3}} \equiv \frac{mol^{\left(1-\frac{1}{2}-\frac{2}{3}\right)}}{L^{\left(1-\frac{1}{2}-\frac{2}{3}\right)}min} \equiv \frac{mol^{\left(-\frac{1}{6}\right)}}{L^{\left(-\frac{1}{6}\right)}min} \qquad [k] \equiv \frac{L^{1/6}}{mol^{1/6}\,min}$$

Por lo tanto, la constante vale finalmente:

$$k = 0,1\, \frac{L^{1/6}}{mol^{1/6}\,min}$$

PROBLEMA 2.12 Análisis cinético mediante el método de los tiempos fraccionales

Durante la reacción [A → R], en determinadas condiciones, son necesarios 7,5 minutos para que la concentración del reactivo caiga de 1,5 a 1 M. Después deben pasar 5,8 minutos para que baje de 0,9 a 0,6 M. Finalmente, transcurren 3,3 minutos entre las concentraciones de 0,3 y 0,2 M. Calcule la ecuación cinética de la reacción.

SOLUCIÓN

En este caso no se dispone de datos de tiempo y de concentración absolutos, sino del tiempo necesario para determinados cambios de concentración. Por lo tanto, parece recomendable el análisis del problema mediante el método de los tiempos fraccionales. Además, se comprueba que los cambios de concentración suministrados se refieren todos a la misma fracción: 2/3. En la Tabla 2.12.1 se muestran los cálculos correspondientes a cada dato suministrado.

Tabla 2.12.1. Cálculos realizados a partir de los datos del enunciado.

A_o	A	$x_A = (A_o - A)/A_o$	A/A_o	t
M	M	-	-	min
1,5	1	1/3	2/3	7,5
0,9	0,6	1/3	2/3	5,8
0,3	0,2	1/3	2/3	3,3

En definitiva, si decidimos aplicar el método de los tiempos fraccionales en este caso, estaríamos ante un valor de $1/f$ = 2/3. Como en casos anteriores, la aplicación del método exige que consideremos aquí mecanismo de acoplamiento rápido, cantidades de intermedios despreciables y balance de materia estequiométrico restringido a los reactivos y productos. Por lo tanto, según las ecuaciones correspondientes, tenemos que:

$$-r_A = -\frac{dA}{dt} = k\,A^n \qquad \ln(t_{1/f}) = \ln\left(\frac{f^{n-1}-1}{(n-1)\,k}\right) - (n-1)\,\ln(A_o)$$

$$\frac{A}{A_o} = \frac{1}{f} = \frac{2}{3} \qquad f = \frac{3}{2}$$

Como consecuencia, en este caso tenemos la siguiente linealización:

$$\ln(t_{2/3}) = \ln\left(\frac{\left(\frac{3}{2}\right)^{n-1}-1}{(n-1)\,k}\right) - (n-1)\,\ln(A_o) \qquad Y = a\,X + b$$

$$Y = \ln\left(t_{2/3}\right) \qquad X = \ln(A_o) \qquad a = -(n-1) \qquad b = \ln\left(\frac{\left(\frac{3}{2}\right)^{n-1} - 1}{(n-1)\,k}\right)$$

Los cálculos necesarios para realizar este ajuste lineal por el método de mínimos cuadrados se muestran en la Tabla 2.12.2.

Tabla 2.12.2. Cálculos necesarios para el ajuste lineal.

A_o	$t_{2/3}$	$\ln(A_o)$	$\ln(t_{2/3})$
M	min	X	Y
1,5	7,5	0,4055	2,0149
0,9	5,8	−0,1054	1,7579
0,3	3,3	−1,20397	1,1939

Los resultados de la regresión lineal son los siguientes:

$$a = 0{,}5106 \qquad b = 1{,}8094 \qquad r^2 = 0{,}99998$$

En la Figura 2.12.1 se puede apreciar la representación correspondiente a estos cálculos. El coeficiente de regresión obtenido es excelente. Esto quiere decir que los datos experimentales son compatibles con el modelo cinético aplicado y la pendiente de ajuste (a) nos puede conducir al valor de n buscado. Es decir:

$$a = -(n-1) = 0{,}5 \qquad n - 1 = -0{,}5 \qquad n = 1 - 0{,}5 = 0{,}5$$

Figura 2.12.1. Linealización correspondiente a la aplicación del método de los tiempos fraccionales.

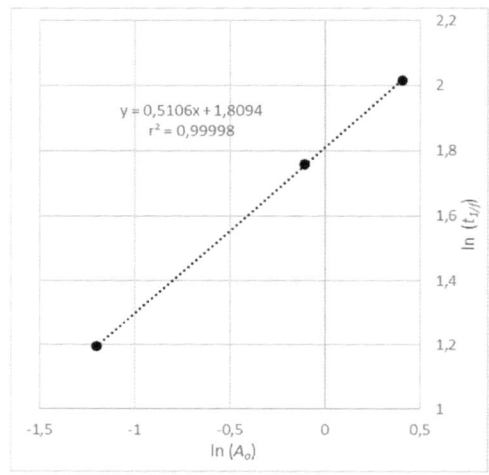

En definitiva, el orden de la reacción es $n = 1/2$. Igualmente, para el cálculo de la constante cinética (k), ahora tenemos que:

$$b = \ln\left(\frac{(1,5)^{n-1} - 1}{(n-1)\,k}\right) = \ln\left(\frac{(1,5)^{0,5-1} - 1}{(0,5 - 1)\,k}\right) = \ln\left(\frac{(1,5)^{-0,5} - 1}{(-0,5)\,k}\right) = 1,8094$$

$$\frac{(1,5)^{-0,5} - 1}{(-0,5)\,k} = e^{1,8094} \qquad k = \frac{(1,5)^{-0,5} - 1}{(-0,5)\,e^{1,8094}} = 0,06$$

Para establecer las unidades de esta contante, tenemos que plantear la ecuación dimensional correspondiente:

$$-r_A = k\,A^{0,5} = k\,\sqrt{A} \qquad [k] \equiv \frac{\left[\frac{mol}{L\,min}\right]}{\left[\frac{mol}{L}\right]^{1/2}} \equiv \frac{mol^{1/2}}{L^{1/2}\,min}$$

Por lo tanto, finalmente tenemos que la ecuación cinética de la reacción sería:

$$-r_A = k\,\sqrt{A} \qquad k = 0,06\,\frac{mol^{1/2}}{L^{1/2}\,min}$$

Segunda parte
Reactores ideales

MANUALES
INGENIERÍAS
Y ARQUITECTURA

CAPÍTULO 3

Tipos de reactores ideales

Reactor Discontinuo Ideal

En los sistemas de reacción a volumen constante, la ecuación de diseño para el Reactor Discontinuo Ideal (RDI) es la siguiente, expresada en función del reactivo limitante (A):

$$t = A_o \int_{x_{Ao}}^{x_A} \frac{dx_A}{-r_A} = \int_A^{A_o} \frac{dA}{-r_A}$$

En sistemas de reacción a volumen variable, dicha ecuación adopta la forma siguiente:

$$t = A_o \int_{x_{Ao}}^{x_A} \frac{dx_A}{-r_A \left(1 + \varepsilon_A x_A\right)}$$

En la Figura 3.1 se muestra un ejemplo de la representación esquemática que se suele usar para este tipo de reactores en los diagramas de flujo u otros diagramas.

Tiempo espacial y velocidad espacial

En los reactores de flujo continuo, el tiempo espacial (τ) es el tiempo que necesita un reactor para transformar un volumen de alimentación (medido en determinadas condiciones) igual al volumen del reactor. Se trata por tanto de una variable con dimensión de tiempo (t). En sistemas de reacción a volumen constante, se puede calcular del siguiente modo:

$$\tau = \frac{V}{Q_o} = \frac{V A_o}{Q_o A_o} = \frac{V A_o}{F_{Ao}}$$

Siendo V el volumen del reactor y Q_o el caudal volumétrico de alimentación. F_{Ao} es

el caudal molar de alimentación correspondiente al reactivo limitante del sistema de reacción (A). Por otra parte, la velocidad espacial (s) de un reactor es el número de volúmenes de alimentación (medidos en determinadas condiciones) iguales al volumen del reactor, que puede trasformar dicho reactor en la unidad de tiempo. Se trata por tanto de una variable con dimensión de frecuencia (t^{-1}). En sistemas de reacción a volumen constante, se puede calcular del siguiente modo:

$$s = \frac{1}{\tau}$$

Reactor de Flujo en Mezcla Completa

La ecuación general de diseño del Reactor de Flujo en Mezcla Completa (RFMC) es la siguiente, expresada en función del reactivo limitante (A):

$$\tau = A_o \, \frac{x_{Af} - x_{Ao}}{(-r_A)_f}$$

Donde el subíndice f indica que se trata de las condiciones a la salida del reactor y el subíndice o indica que se trata de las condiciones a la entrada. Si estamos ante un sistema de reacción a volumen constante, la ecuación anterior puede expresarse del siguiente modo:

$$\tau = \frac{A_f - A_o}{(-r_A)_f}$$

En la Figura 3.1 se muestra un ejemplo de la representación esquemática que se suele usar para este tipo de reactores en los diagramas de flujo u otros diagramas.

Reactor de Flujo en Pistón

La ecuación general de diseño del Reactor de Flujo en Pistón (RFP) es la siguiente, expresada en función del reactivo limitante (A):

$$\tau = A_o \int_{x_{Ao}}^{x_{Af}} \frac{dx_A}{-r_A}$$

Donde el subíndice f indica que se trata de las condiciones a la salida del reactor y el subíndice o indica que se trata de las condiciones a la entrada. Si estamos ante un sistema de reacción a volumen constante, la ecuación anterior puede expresarse del siguiente modo:

$$\tau = \int_{A_f}^{A_o} \frac{dA}{-r_A}$$

En la Figura 3.1 se muestra un ejemplo de la representación esquemática que se suele usar para este tipo de reactores en los diagramas de flujo u otros diagramas.

Reactor de Flujo en Pistón con Recirculación

Se define la razón de recirculación del reactor (R) como el cociente entre el caudal recirculado hacia la entrada del reactor y el caudal de salida del sistema. Lógicamente, por las leyes de conservación de la materia en estado estacionario, la suma de ambos caudales es lo que entra al reactor.

La ecuación general de diseño del Reactor de Flujo en Pistón con Recirculación (RFPR) es la siguiente, expresada en función del reactivo limitante (A):

$$\tau = A_o(R + 1) \int_{\frac{R}{R+1}x_{Af}}^{x_{Af}} \frac{dx_A}{-r_A}$$

En la Figura 3.1 se muestra un ejemplo de la representación esquemática que se suele usar para este tipo de reactores en los diagramas de flujo u otros diagramas.

Figura 3.1. Representaciones esquemáticas utilizadas típicamente para representar los reactores ideales.

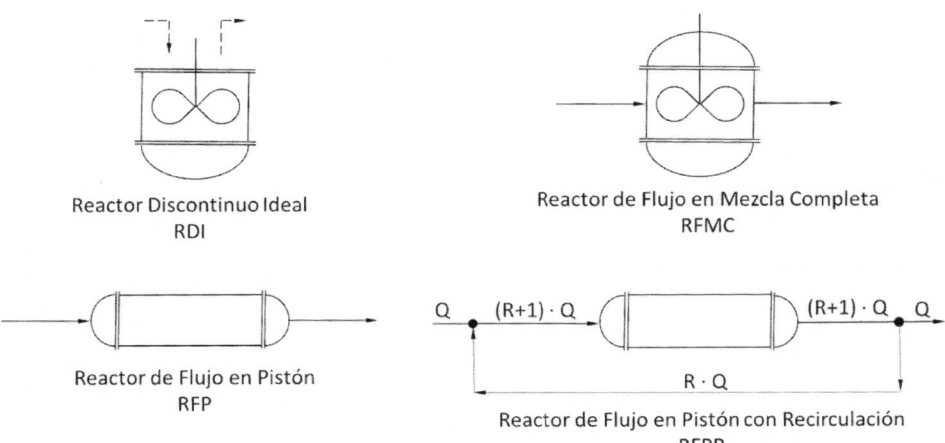

Reactor Discontinuo Ideal
RDI

Reactor de Flujo en Mezcla Completa
RFMC

Reactor de Flujo en Pistón
RFP

Reactor de Flujo en Pistón con Recirculación
RFPR

123

Número de Damköhler

Existen varias definiciones del número de Damköhler (Da) dependiendo del área de trabajo. Específicamente, en el campo del diseño de reactores, este módulo representa la tasa de reacción que se produce en determinado equipo. Como parámetro adimensional, no tiene unidades y refleja sólo una tasa o ratio de reacción. Además, su definición matemática depende del tipo de reacción de que se trate en cada caso. Así, para reacciones de orden uno, vale:

$$Da_I = k\,\tau \qquad [Da_I] \equiv [t^{-1}]\,[t] \equiv [-]$$

Para reacciones de orden dos:

$$Da_{II} = A_o k\,\tau \qquad [Da_{II}] \equiv \left[\frac{CM}{L^3}\right]\left[\frac{L^3}{CM\,t}\right][t] \equiv [-]$$

Para reacciones de orden tres:

$$Da_{III} = A_o{}^2 k\,\tau \qquad [Da_{III}] \equiv \left[\frac{CM}{L^3}\right]^2\left[\frac{L^6}{CM^2\,t}\right][t] \equiv [-]$$

Y así sucesivamente.

Conversión, concentración y productividad

Los parámetros que determinan de forma general la eficiencia de los sistemas de reacción química son los siguientes:

a) El grado de conversión que se puede alcanzar de los reactivos (x_A). Esta variable expresa la cantidad de reactivo consumido (o de producto producido) en relación con la cantidad de reactivo introducida en el sistema. Así pues, está relacionada con el grado de aprovechamiento que se obtiene de las materias primas y, de este modo, condiciona directamente el balance económico de los procesos.

b) La concentración de los productos obtenida (P_f). Esta otra variable indica directamente lo concentrado que se encuentra el producto buscado en la corriente de salida. Por lo tanto, tiene interés con independencia del valor que adquiera la anterior. Hay que tener en cuenta que el coste necesario de la separación y purificación de los productos está inversamente relacionado con su concentración en la corriente de salida del sistema de reacción. En definitiva, influye también de modo importante en el balance económico de los procesos.

c) La productividad de cada producto que se puede mantener (Π_P). Esta última variable se refiere a la cantidad neta de producto que produce el sistema en la unidad de tiempo (mol/s en el S.I.). Igual que las otras variables, alcanza su propio interés con independencia de las demás. Su influencia en el balance económico tiene que ver con los costes de operación necesarios para mantener funcionando el sistema un determinado tiempo y con la cantidad de producto que se puede obtener en ese periodo.

Así, de forma general, cualquier sistema de reacción será más o menos eficiente dependiendo del resultado de la combinación de estas tres variables. Por ejemplo, si un determinado sistema alcanza alta conversión (x_A) y alta concentración (P_f), pero presenta baja productividad (Π_P), entonces los costes de operación serán altos, aunque los de materias primas y los de separación del producto sean bajos. En definitiva, los ingenieros químicos deben optimizar simultáneamente las tres variables para ofrecer la mayor cantidad de producto en el menor tiempo posible y con el menor esfuerzo necesario. Para ello, el análisis económico debe estar vinculado cuantitativamente a la conversión, la concentración y la productividad, de modo que se pueda establecer claramente la importancia relativa de cada uno de los factores en los costes.

Productividad de reactores continuos y discontinuos

La conversión de reactivo (x_A) y la concentración de producto (P) que se puede alcanzar con cada tipo de reactor se han discutido más arriba. Por otra parte, la productividad del producto P (Π_P) en los reactores discontinuos se define como la cantidad de producto obtenida en cada carga (n_P), dividida por el tiempo total invertido en la misma (t_t). A su vez, dicha cantidad de producto (n_P) es el resultado de multiplicar la concentración de producto obtenida (P) por el volumen del sistema (V).

$$\Pi_P = \frac{n_P}{t_t} = \frac{P\,V}{t_t}$$

La duración total de un ciclo completo de reacción (t_t) incluye etapas productivas (etapa de reacción, t_r) y no productivas (etapa de carga, de descarga, de calentamiento, de

enfriamiento, de limpieza, de reparación, de mantenimiento, etc.). La duración de las etapas que se repiten invariablemente en cada ciclo, como la carga (t_c) y la descarga (t_d), se suman directamente en el tiempo total. Sin embargo, las que se repiten cada cierto número de ciclos deben prorratearse en forma de tiempos unitarios. Así, por ejemplo, el tiempo unitario de mantenimiento es el tiempo empleado en una operación de mantenimiento dividido por el número de ciclos entre dos operaciones. Dado que el tiempo de estas operaciones prorrateadas suele ser mucho menor que el de carga o descarga, aplicaremos en general la siguiente expresión:

$$t_{total} = t_{productivo} + t_{no\ prductivo}$$

$$t_{no\ productivo} = t_{carga} + t_{descarga} \qquad t_{productivo} = t_{reacción}$$

$$t_t = t_c + t_r + t_d \qquad \Pi_P = \frac{P\,V}{t_t} = \frac{P\,V}{t_c + t_r + t_d}$$

Finalmente, la productividad del producto P en los reactores continuos se calcula mediante la siguiente expresión:

$$\Pi_P = P\,Q$$

Donde Π_P es la cantidad del producto P obtenida en la unidad de tiempo, P es la concentración del producto en la corriente de salida, y Q es el caudal de dicha corriente.

Como se ha indicado, en los reactores discontinuos existen etapas no productivas, como la carga o la descarga, que se alternan de forma sucesiva con las etapas productivas, mientras que en los reactores continuos todas se producen simultáneamente, como consecuencia, estos últimos suelen presentar productividades muy superiores a aquéllos.

Bibliografía recomendada

- Levenspiel, O. "El Omnilibro de los Reactores Químicos". Ed. Reverté (1985).
- Levenspiel, O. "Ingeniería de las Reacciones Químicas", 3ª edición. Ed. Limusa (2012).

PROBLEMA 3.1. Comparación de sistemas en fase líquida con fase gaseosa

En un tanque se efectúa la siguiente reacción homogénea: [$A \rightarrow R + S$], mediante diferentes cargas que se mantienen en condiciones isotérmicas. La concentración inicial del reactivo es siempre de 1 mol/L. Los datos cinéticos indican que la reacción es de segundo orden con respecto al reactivo (A) y su constante de velocidad vale: $k = 0,5$ L/min·mol. Calcule el tiempo necesario que ha de mantenerse reaccionando cada carga para obtener una conversión de 80 %, en los siguientes casos:

a) La reacción se lleva a cabo en fase líquida con el tanque abierto.

b) La reacción se realiza en fase gaseosa, cerrando el tanque con un pistón deslizante.

SOLUCIÓN

a) En fase líquida

Si la reacción se lleva a cabo en fase líquida, se trata de un sistema a volumen constante. Por lo tanto, su ecuación cinética es la siguiente:

$$-r_A = -\frac{dA}{dt} = k\, A^2 = k\left(A_o(1 - x_A)\right)^2 = k\, A_o^{\,2}\,(1 - x_A)^2$$

Suponiendo que el tanque se comporta como un reactor discontinuo ideal, su ecuación nos permite calcular el tiempo de reacción necesario para alcanzar una conversión dada:

$$t = \frac{n_{Ao}}{V}\int_{x_{Ao}}^{x_A}\frac{dx_A}{-r_A} = A_o\int_0^{x_A}\frac{dx_A}{-r_A} = A_o\int_0^{x_A}\frac{dx_A}{k\, A_o^{\,2}\,(1 - x_A)^2} = \frac{1}{k\, A_o}\int_0^{x_A}\frac{dx_A}{(1 - x_A)^2}$$

Para resolver esta última integral, aplicamos el siguiente cambio de variable:

$$u = 1 - x_A \qquad\qquad du = -dx_A$$

$$\int\frac{dx_A}{(1 - x_A)^2} = \int -\frac{du}{u^2} = \int -u^{-2}\, du = u^{-1} = \frac{1}{u} = \frac{1}{1 - x_A}$$

$$t = \frac{1}{k\, A_o}\int_0^{x_A}\frac{dx_A}{(1 - x_A)^2} = \frac{1}{k\, A_o}\left[\frac{1}{1 - x_A}\right]_0^{x_A} = \frac{1}{k\, A_o}\left[\frac{1}{1 - x_A} - \frac{1}{1 - 0}\right] = \frac{1}{k\, A_o}\left[\frac{x_A}{1 - x_A}\right]$$

Luego, para el caso que nos ocupa:

$$t = \frac{1}{0,5\,\dfrac{L}{min\,mol}\cdot 1\,\dfrac{mol}{L}}\left[\frac{0,8}{1 - 0,8}\right] = 8\ min$$

b) En fase gaseosa

Si la reacción se lleva a cabo en fase gaseosa en un tanque cerrado con pistón deslizante, se trata de un sistema a volumen variable. Hay que tener en cuenta que el incremento estequiométrico de la reacción no es nulo ($\sigma = 1$). Por lo tanto, la ecuación cinética debe incluir el factor de expansión (ε_A), y resulta ahora la siguiente:

$$-r_A = \left(\frac{A_o}{1 + \varepsilon_A x_A}\right)\frac{dx_A}{dt} = k \left(\frac{A_o(1 - x_A)}{1 + \varepsilon_A x_A}\right)^2$$

Considerando nuevamente la ecuación de diseño del reactor discontinuo ideal, podemos calcular el tiempo de reacción necesario para alcanzar una conversión dada:

$$t = \frac{n_{Ao}}{V}\int_{x_{Ao}}^{x_A}\frac{dx_A}{-r_A} = \frac{n_{Ao}}{V_o(1 + \varepsilon_A x_A)}\int_o^{x_A}\frac{dx_A}{k\left(\frac{A_o(1 - x_A)}{1 + \varepsilon_A x_A}\right)^2} = \frac{A_o}{k\,A_o^2}\int_o^{x_A}\frac{dx_A}{\frac{(1 - x_A)^2}{1 + \varepsilon_A x_A}}$$

$$t = \frac{1}{k\,A_o}\int_o^{x_A}\frac{1 + \varepsilon_A x_A}{(1 - x_A)^2}dx_A = \frac{1}{k\,A_o}\left(\int_o^{x_A}\frac{dx_A}{(1 - x_A)^2} + \varepsilon_A\int_o^{x_A}\frac{x_A}{(1 - x_A)^2}dx_A\right)$$

La primera de las integrales de esta expresión es la misma que se ha resuelto antes. Por lo tanto, su solución es:

$$\int_o^{x_A}\frac{dx_A}{(1 - x_A)^2} = \frac{x_A}{1 - x_A}$$

La segunda de las integrales se resuelve aplicando el mismo cambio de variable. Por lo tanto:

$$u = 1 - x_A \qquad x_A = 1 - u \qquad du = -dx_A$$

$$\int\frac{x_A}{(1 - x_A)^2}dx_A = \int -\frac{1 - u}{u^2}du = \int -\frac{du}{u^2} + \int\frac{du}{u} = \frac{1}{u} + \ln u =$$

$$= \frac{1}{1 - x_A} + \ln(1 - x_A)$$

$$\int_o^{x_A}\frac{x_A}{(1 - x_A)^2}dx_A = \left[\frac{1}{1 - x_A} + \ln(1 - x_A)\right]_o^{x_A} = \left[\frac{1}{1 - x_A}\right]_o^{x_A} + [\ln(1 - x_A)]_o^{x_A}$$

$$= \left[\frac{1}{1 - x_A} - \frac{1}{1 - 0}\right] + [\ln(1 - x_A) - \ln(1 - 0)]$$

$$= \frac{1}{1 - x_A} - 1 + \ln(1 - x_A) - \ln(1) = \frac{x_A}{1 - x_A} + \ln(1 - x_A)$$

En resumen, tenemos que:

$$t = \frac{1}{k\,A_o}\left(\frac{x_A}{1-x_A} + \varepsilon_A\left[\frac{x_A}{1-x_A} + \ln(1-x_A)\right]\right)$$

$$= \frac{1}{k\,A_o}\left(\frac{x_A}{1-x_A}(1+\varepsilon_A) + \varepsilon_A\ln(1-x_A)\right)$$

Como se ha indicado, se hace necesario el cálculo del valor del factor de expansión (ε_A) para obtener el tiempo. Aunque se indica que la concentración inicial del reactivo es 1 M, no hay mezcla con otros compuestos. Como en casos anteriores, suponemos que la reacción es rápida y despreciamos las cantidades de posibles compuestos intermedios en los balances de materia estequiométricos. Por lo tanto, tomamos como base de cálculo 100 moles de A, tenemos que:

	A	$\rightarrow$	R	S		
t	n_A		n_R	n_S	n_T	V_T
$x_A = 0$	100		0	0	100	100
$x_A = 1$	0		100	100	200	200

$$\varepsilon_A = \frac{V_{fA} - V_o}{V_o} = \frac{200 - 100}{100} = 1$$

En definitiva, para el caso que nos ocupa tenemos que:

$$t = \frac{1}{0,5\,\dfrac{L}{min\,mol}\cdot 1\,\dfrac{mol}{L}}\left(\frac{0,8}{1-0,8}(1+1) + 1\cdot\ln(1-0,8)\right) = 12{,}78\,min$$

$$t = 12\,min + 0{,}78\,min\left(\frac{60\,s}{1\,min}\right) = 12\,min + 46{,}8\,s = 12\,min\,47\,s$$

NOTA

Como se puede observar, es necesario esperar más tiempo para obtener el mismo resultado en el segundo caso que en el primero. Como se ha expuesto en capítulos anteriores, la expansión del sistema provoca una progresiva dilución del reactivo y esto, a su vez, provoca una ralentización del avance de la reacción.

FIN DE LA NOTA

PROBLEMA 3.2. Análisis de reactor discontinuo con reacción de primer orden

En un tanque perfectamente agitado se carga una disolución 1 M del reactivo A, para llevar a cabo una reacción elemental irreversible de primer orden que lo transforma en una sola etapa en el único producto R. Las concentraciones medidas en diferentes instantes a lo largo de la reacción se reflejan en la siguiente tabla:

t (min)	5	17	40
A (M)	0,61	0,18	0,02

a) ¿Qué tiempo habría que esperar para obtener una concentración 0,2 M del producto R, si se carga ahora en el tanque una disolución 0,4 M de A?

b) ¿Qué tiempo habría que esperar para que la concentración de R superara a la de A?

c) ¿Sería éste último el mismo si se hubiera partido de una concentración diferente de A?

SOLUCIÓN

a) Tiempo para una producción concreta

Según la información del enunciado, la reacción efectuada es una reacción elemental del tipo siguiente: [A → R]. Si se lleva a cabo en fase líquida, entonces tenemos un sistema a volumen constante. Por lo tanto, la ecuación cinética es la siguiente:

$$-r_A = -\frac{dA}{dt} = k\,A \qquad A = A_o\,e^{-kt}$$

En consecuencia, podemos linealizar la expresión del siguiente modo:

$$\ln A = \ln A_o - kt \qquad Y = a\,X + b \qquad Y = \ln A \qquad X = t \qquad a = -k \qquad b = \ln A_o$$

Por lo tanto, mediante regresión lineal de ln$A$ versus t, podemos obtener el valor de la constante cinética (k). En la Tabla 3.2.1 se muestran los cálculos necesarios.

Tabla 3.2.1. Cálculos necesarios para el ajuste lineal por mínimos cuadrados.

t	A	ln$A$
min	M	
0	1	0
5	0,61	-0,4943
17	0,18	-1,7148
40	0,02	-3,912

Una vez calculada la regresión, los resultados obtenidos son los siguientes:

$$a = -0,0978 \qquad b = -0,014 \qquad r^2 = 0,9998$$

El coeficiente de regresión resulta muy bueno ($r^2 > 0,999$). En consecuencia, a partir del valor del coeficiente a, podemos obtener la constante cinética:

$$a = -k = -0,0978 \qquad k = 0,0978 \ min^{-1}$$

Igualmente, a partir del coeficiente b, se podría obtener también una estimación de la concentración inicial del reactivo. En este caso:

$$b = \ln A_o \qquad A_o = e^b = e^{-0,014} = 0,986 \ M$$

Como se puede observar, la estimación difiere menos de un 2 % del valor real suministrado (1 M).

En definitiva, la ecuación cinética completa es la siguiente:

$$A = A_o \ e^{-kt} \qquad x_A = 1 - e^{-kt} \qquad A_o = 1 \ M \qquad k = 0,0978 \ min^{-1}$$

Para obtener la concentración de producto que se indica ($R = 0,2$ M), es necesario alcanzar la siguiente conversión del reactivo, según el balance estequiométrico:

$$A_o - A = R - R_o \qquad A = A_o \ (1 - x_A) = A_o - A_o \ x_A \qquad A_o \ x_A = R - 0$$

$$x_A = \frac{R}{A_o} = \frac{0,2}{0,4} = 0,5$$

Aplicando ahora al tanque la ecuación de diseño del reactor discontinuo ideal, calculamos el tiempo de reacción necesario para alcanzar dicha conversión:

$$t = \frac{n_{Ao}}{V} \int_{x_{Ao}}^{x_A} \frac{dx_A}{-r_A} = A_o \int_o^{x_A} \frac{dx_A}{-r_A} = A_o \int_o^{x_A} \frac{dx_A}{k \ A} = A_o \int_o^{x_A} \frac{dx_A}{k \ A_o \ (1 - x_A)}$$

$$= \frac{1}{k} \int_o^{x_A} \frac{dx_A}{1 - x_A}$$

La integral que resulta se resuelve aplicando el siguiente cambio de variable:

$$u = 1 - x_A \qquad\qquad du = -dx_A$$

$$\int \frac{dx_A}{1 - x_A} = \int -\frac{du}{u} = -\ln u = -\ln(1 - x_A)$$

$$t = \frac{1}{k} \int_o^{x_A} \frac{dx_A}{1 - x_A} = \frac{1}{k} [-\ln(1 - x_A)]_o^{x_A} = \frac{1}{k} [-\ln(1 - x_A) + \ln(1 - 0)]$$

$$= \frac{1}{k} \ln \left(\frac{1}{1 - x_A} \right)$$

$$t = \frac{1}{k} \ln \left(\frac{1}{1 - x_A} \right) = \frac{1}{0,0978 \ min^{-1}} \ln \left(\frac{1}{1 - 0,5} \right) = 7,087 \ min$$

$$t = 7,087 \ min = 7 \ min + 0,087 \min \left(\frac{60 \ s}{1 \ miin} \right) = 7 \ min + 5,22 \ s$$

b) Tiempo para una producción condicionada

En este caso, la concentración de R debe superar a la de A. Esto ocurre justo a partir del instante siguiente en el que ambas son iguales. Según el balance estequiométrico, para cualquier concentración inicial de A, en el instante en el que $A = R$ tenemos que:

$$A_o - A = R - R_o \qquad R = A \qquad A_o - A = A - 0 \qquad A_o = 2A \qquad A = \frac{A_o}{2}$$

$$x_A = \frac{A_o - A}{A_o} = \frac{A_o - \dfrac{A_o}{2}}{A_o} = \frac{1 - \dfrac{1}{2}}{1} = 0,5$$

Luego la concentración de R supera a la de A a partir de una conversión del 50 %. Entonces, el tiempo que debemos esperar para que la concentración de R supere a la de A es:

$$t = \frac{1}{k} \ln \left(\frac{1}{1 - x_A} \right) = \frac{1}{0,0978 \ \mathrm{min}^{-1}} \ln \left(\frac{1}{1 - 0,5} \right) = 7,087 \ min = 7 \ min + 5,22 \ s$$

c) Ampliación a condición más general

Como se puede observar, en este caso la conversión necesaria para que la concentración de R supere a la de A no depende de A_o:

$$x_A = \frac{A_o - A}{A_o} = \frac{A_o - \dfrac{A_o}{2}}{A_o} = \frac{1 - \dfrac{1}{2}}{1} = 0,5$$

Por lo tanto, se deduce que el tiempo necesario para ello es siempre el mismo, sea cual sea la concentración de A de la que se parta. Esta es una característica fundamental de los procesos de primer orden a volumen constante. Todos ellos presentan este tipo de evolución. Es decir, se tarda siempre el mismo tiempo en alcanzar la mitad de la concentración en cualquier momento. Ese tiempo se denomina precisamente "tiempo de semi-rreacción" y se puede demostrar que vale siempre $\ln 2 / k$. De forma análoga, el tiempo que se tarda en alcanzar una fracción $1/e$ de la concentración en cualquier momento se denomina "tiempo de relajación". Se puede demostrar también que éste vale siempre $1/k$.

PROBLEMA 3.3. Comparación de productividades en reactores ideales

Se dispone de una bomba que impulsa un caudal fijo 20 L/min por el fondo de un tanque de reacción cilíndrico de 2 m de alto por 1 m de diámetro, en el que se introduce una potente hélice de agitación. Se desea realizar con este equipo la siguiente reacción elemental en fase líquida [A → P], partiendo de una disolución 1,7 M de A. La constante cinética en las condiciones de la reacción, vale 0,1 min^{-1}. Calcule la productividad de P en mol/h en los siguientes casos:

   a) Se trabaja llenando el tanque con cargas de 10 minutos de reacción.

   b) Se trabaja en continuo, dejando salir la corriente por un rebosadero superior.

   c) Se trabaja en continuo como antes, pero apagando la agitación.

   d) ¿Cuál sería la máxima productividad alcanzable trabajando por cargas?

SOLUCIÓN

a) Por cargas

Se supone que el medio de reacción se agita adecuadamente mientras se trabaja por cargas. Por lo tanto, asumimos que el sistema se comporta como un reactor discontinuo ideal (RDI) en cada una de las cargas. Como se ha indicado en la introducción teórica de este capítulo, la productividad del producto P (Π_P) se define como la cantidad de producto obtenida en cada carga (n_P), dividida por el tiempo total empleado en la misma (t_t).

$$\Pi_P = \frac{n_P}{t_t} = \frac{P\,V}{t_t}$$

En este caso, la duración total de un ciclo completo de reacción (t_t) incluye el llenado del tanque (tiempo de carga, t_c), el tiempo de reacción (t_r) y el vaciado del tanque (tiempo de descarga, t_d). Se supone que la carga y la descarga se realizan con la misma bomba, por lo tanto, implican la misma duración. Entonces:

$$t_t = t_c + t_r + t_d \qquad \Pi_P = \frac{P\,V}{t_t} = \frac{P\,V}{t_c + t_r + t_d} = \frac{P\,V}{2\,t_c + t_r}$$

En cada carga de un RDI, se supone que la concentración de P obtenida depende sólo del tiempo neto de reacción (t_r), sin que se produzca reacción durante la carga o la descarga del tanque. Así, puesto que se trata de una reacción elemental de primer orden, tenemos que:

$$-r_A = -\frac{dA}{dt} = k\,A \qquad A = A_o\,e^{-kt} \qquad A_o - A = P - P_o \qquad A_o - A = P - 0$$

$$P = A_o - A = A_o - A_o\,e^{-kt} = A_o(1 - e^{-kt})$$

Evidentemente, debemos aplicar aquí que t es el tiempo de reacción (t_r). Así, para una carga de 10 minutos de reacción, tenemos que:

$$P = A_o(1 - e^{-kt}) = 1{,}7\ M\left(1 - e^{-0{,}1\,min^{-1}\cdot\,10\,min}\right) = 1{,}075\ M$$

Por otra parte, el volumen del tanque es:

$$V = S \cdot H = \pi R^2 \cdot H = \pi\left(\frac{D}{2}\right)^2 H = \pi\left(\frac{1}{2}\right)^2 2 = 1{,}5708\ m^3$$

Además, el tiempo necesario para cargar o descargar el tanque empleando la bomba disponible, es el cociente entre el volumen del tanque y el caudal de la bomba:

$$t_c = t_d = \frac{V}{Q} = \frac{1{,}5708\ m^3\left(\dfrac{1000\ L}{1\ m^3}\right)}{20\ \dfrac{L}{min}} = 78{,}54\ min$$

En definitiva, la productividad alcanzada con el RDI sería:

$$\Pi_P = \frac{P\,V}{2\,t_c + t_r} = \frac{1{,}075\ \dfrac{mol}{L}\cdot 1{,}5708\ m^3\left(\dfrac{1000\ L}{1\ m^3}\right)}{2\cdot 78{,}54\ min + 10\ min} = 10{,}1\ \frac{mol}{min}$$

$$\Pi_P = 10{,}1\ \frac{mol}{min}\left(\frac{60\ min}{1\ h}\right) = 606{,}2\ \frac{mol}{h}$$

b) En continuo con agitación

Al trabajar en continuo con la agitación activada, suponemos que nuestro sistema se comporta como un reactor continuo de flujo en mezcla completa ideal (RFMC). Por lo tanto, aplicamos la ecuación de diseño correspondiente para calcular la conversión de salida (x_A).

$$\tau = \frac{V}{Q} = A_o\,\frac{x_A - x_{Ao}}{(-r_A)_f}$$

En el sistema que nos ocupa, el volumen es constante (V), la reacción es de primer orden y la conversión de entrada es nula ($x_{Ao} = 0$). Por lo tanto, se tiene que:

$$\frac{V}{Q} = A_o\,\frac{x_A - x_{Ao}}{(-r_A)_f} = A_o\,\frac{x_A - 0}{k\,A} = A_o\,\frac{x_A}{k\,A_o\,(1 - x_A)} = \frac{x_A}{k\,(1 - x_A)}$$

$$\frac{V\,k}{Q} = \frac{x_A}{1 - x_A} \qquad \left(\frac{V\,k}{Q}\right) - \left(\frac{V\,k}{Q}\right)x_A = x_A \qquad \left(\frac{V\,k}{Q}\right) = x_A + \left(\frac{V\,k}{Q}\right)x_A$$

$$\left(\frac{V\,k}{Q}\right) = x_A\left(1 + \frac{V\,k}{Q}\right)$$

$$x_A = \frac{\dfrac{V\,k}{Q}}{1 + \dfrac{V\,k}{Q}} = \frac{\dfrac{1{,}5708\ m^3\left(\dfrac{1000\ L}{1\ m^3}\right)\cdot 0{,}1\left(\dfrac{1}{min}\right)}{20\ \dfrac{L}{min}}}{1 + \dfrac{1{,}5708\ m^3\left(\dfrac{1000\ L}{1\ m^3}\right)\cdot 0{,}1\left(\dfrac{1}{min}\right)}{20\ \dfrac{L}{min}}} = 0{,}887$$

Ahora, a partir de la conversión podemos calcular la concentración de producto P a la salida.

$$A_o - A = P - P_o \qquad A_o - A = P - 0 \qquad A_o - A = P$$

$$A = A_o(1 - x_A) \qquad A_o - A = A_o\,x_A \qquad A_o\,x_A = P$$

$$P = 1{,}7\ \text{M}\cdot 0{,}887 = 1{,}508\ M$$

Finalmente, la productividad del producto P (Π_P) que se puede alcanzar con este sistema de reacción resulta de multiplicar la concentración por el caudal, ambos a la salida del tanque:

$$\Pi_P = P\,Q$$

$$\Pi_P = 1{,}508\ \frac{mol}{L}\cdot 20\ \frac{L}{min} = 30{,}16\ \frac{mol}{min}\left[\frac{60\ min}{1\ h}\right] = 1.809{,}6\ \frac{mol}{h}$$

c) En continuo sin agitación

En este otro caso trabajamos sin agitación, por lo que suponemos que nuestro tanque se comporta como un reactor continuo de flujo en pistón ideal (RFP). Entonces, aplicamos la ecuación de diseño correspondiente para calcular la conversión de salida.

$$\tau = \frac{V}{Q} = A_o\int_{x_{Ao}}^{x_A}\frac{dx_A}{(-r_A)}$$

En el sistema que nos ocupa, el volumen es constante (V), la reacción es de primer orden y la conversión de entrada es nula ($x_{Ao} = 0$). Por lo tanto, se tiene que:

$$\frac{V}{Q} = A_o\int_0^{x_A}\frac{dx_A}{(-r_A)} = A_o\int_0^{x_A}\frac{dx_A}{k\,A} = A_o\int_0^{x_A}\frac{dx_A}{k\,A_o\,(1-x_A)} = \frac{1}{k}\int_0^{x_A}\frac{dx_A}{1-x_A}$$

$$= \frac{1}{k}\left[-\ln(1-x_A)\right]_0^{x_A} = \frac{1}{k}\left[-\ln(1-x_A) + \ln(1-0)\right] = \frac{1}{k}\left[-\ln(1-x_A)\right]$$

$$= \frac{1}{k}\left(\ln\frac{1}{1-x_A}\right)$$

$$\frac{V\,k}{Q} = \ln\frac{1}{1 - x_A} \qquad exp\left(\frac{V\,k}{Q}\right) = \frac{1}{1 - x_A} \qquad exp\left(-\frac{V\,k}{Q}\right) = 1 - x_A$$

$$x_A = 1 - exp\left(-\frac{V\,k}{Q}\right) = 1 - exp\left(-\frac{1{,}5708\ m^3\left(\frac{1000\ L}{1\ m^3}\right)\cdot 0{,}1\left(\frac{1}{min}\right)}{20\ \frac{L}{min}}\right) = 0{,}9996$$

Como antes, a partir de la conversión podemos calcular la concentración de producto a la salida.

$$P = A_o\,x_A \qquad P = 1{,}7\ \text{M} \cdot 0{,}9996 = 1{,}699\ M$$

Finalmente, la productividad del producto P (Π_P) obtenida con este otro sistema de reacción sería la siguiente:

$$\Pi_P = P\,Q$$

$$\Pi_P = 1{,}699\ \frac{mol}{L} \cdot 20\ \frac{L}{min} = 33{,}99\ \frac{mol}{min}\left[\frac{60\ min}{1\ h}\right] = 2.039{,}2\ \frac{mol}{h}$$

d) Máxima productividad por cargas

Como se ha indicado en el primer apartado, la productividad del producto P se calcula en este caso como sigue:

$$\Pi_P = \frac{P\,V}{t_t} = \frac{P\,V}{2\,t_c + t_r}$$

Además, por el balance estequiométrico tenemos que:

$$P = A_o\,x_A$$

Por otra parte, puesto que se trata de una reacción de primer orden, tenemos que:

$$x_A = 1 - e^{-k\,t_r}$$

En consecuencia, la productividad del producto P es función del tiempo de reacción empleado en cada ciclo (t_r) del siguiente modo:

$$\Pi_P = \frac{P\,V}{2\,t_c + t_r} = \frac{(A_o\,x_A)\,V}{2\,t_c + t_r} = \frac{A_o(1 - e^{-k\,t_r})\,V}{2\,t_c + t_r}$$

Además, sabemos que el tiempo de carga o de descarga se calcula como:

$$t_c = t_d = \frac{V}{Q}$$

Luego, finalmente tenemos que:

$$\Pi_P = \frac{A_o(1 - e^{-k\,t_r})\,V}{2\,\dfrac{V}{Q} + t_r} = \frac{A_o(1 - e^{-k\,t_r})}{\dfrac{2}{Q} + \dfrac{t_r}{V}}$$

Como se puede observar, el numerador aumenta con el tiempo de reacción (t_r) y el denominador también, pero en distinta proporción. Esta circunstancia provoca la aparición aquí de un máximo. Es decir, debe existir un tiempo de reacción para el cual obtengamos la máxima productividad del producto P.

Dicho máximo se puede calcular matemáticamente derivando la ecuación con respecto a t_r e igualando a cero. Así:

$$\frac{d\Pi_P}{dt_r} = \frac{[A_o(1 - e^{-k\,t_r})]' \cdot \left[\dfrac{2}{Q} + \dfrac{t_r}{V}\right] - [A_o(1 - e^{-k\,t_r})] \cdot \left[\dfrac{2}{Q} + \dfrac{t_r}{V}\right]'}{\left[\dfrac{2}{Q} + \dfrac{t_r}{V}\right]^2} = 0$$

$$\frac{d\Pi_P}{dt_r} = \frac{\left[A_o\left(-e^{-k\,t_r} \cdot (-k)\right)\right] \cdot \left[\dfrac{2}{Q} + \dfrac{t_r}{V}\right] - [A_o\,(1 - e^{-k\,t_r})] \cdot \left[\dfrac{1}{V}\right]}{\left[\dfrac{2}{Q} + \dfrac{t_r}{V}\right]^2} = 0$$

$$\left[A_o\left(-e^{-k\,t_r} \cdot (-k)\right)\right] \cdot \left[\dfrac{2}{Q} + \dfrac{t_r}{V}\right] - [A_o\,(1 - e^{-k\,t_r})] \cdot \left[\dfrac{1}{V}\right] = 0$$

$$\left[A_o\left(-e^{-k\,t_r} \cdot (-k)\right)\right] \cdot \left[\dfrac{2}{Q} + \dfrac{t_r}{V}\right] = [A_o\,(1 - e^{-k\,t_r})] \cdot \left[\dfrac{1}{V}\right]$$

$$(k\,e^{-k\,t_r}) \cdot \left[2\,\dfrac{V}{Q} + t_r\right] = (1 - e^{-k\,t_r}) \qquad \left[2\,\dfrac{V}{Q} + t_r\right] k\,e^{-k\,t_r} + e^{-k\,t_r} = 1$$

$$\left[2\,\dfrac{V}{Q}\,k + t_r\,k + 1\right] e^{-k\,t_r} = 1 \qquad 2\,\dfrac{V}{Q}\,k + t_r\,k + 1 = e^{k\,t_r} \qquad k\,t_r$$

$$= \ln\left(2\,\dfrac{V}{Q}\,k + t_r\,k + 1\right)$$

$$t_r = \frac{\ln\left(2\,\dfrac{V\,k}{Q} + t_r\,k + 1\right)}{k}$$

Ecuación que, por su forma algebraica, debe resolverse de forma iterativa. En concreto, para los valores de las variables correspondientes a este problema, tenemos que:

$$t_r = \frac{\ln\left(2 \cdot \dfrac{1{,}5708\,m^3 \left(\dfrac{1000\,L}{1\,m^3}\right) \cdot 0{,}1 \left(\dfrac{1}{min}\right)}{20\,\dfrac{L}{min}} + t_r\,min \cdot 0{,}1\,\dfrac{1}{min} + 1\right)}{0{,}1\,\dfrac{1}{min}}$$

$$t_r = \frac{\ln(15{,}708 + 0{,}1\, t_r + 1)}{0{,}1}\; min$$

Para resolver la ecuación, primero se introduce un valor estimado de t_r en el miembro de la derecha (por ejemplo 10 min), y se calcula su valor en el miembro de la izquierda. El resultado obtenido se vuelve a introducir en el miembro de la derecha, y así sucesivamente hasta alcanzar una concordancia de los valores, dentro del rango de precisión deseado. Procediendo adecuadamente se obtiene:

$$t_r = 10{,}00 \Rightarrow 28{,}74 \Rightarrow 29{,}75 \Rightarrow 29{,}80 \; min$$

Por lo tanto, el valor del tiempo de reacción (t_r) necesario para alcanzar la productividad máxima es de 29,8 min. Como consecuencia, dicha productividad máxima sería:

$$\Pi_P = \frac{A_o(1 - e^{-k\, t_r})}{\frac{2}{Q} + \frac{t_r}{V}} = \frac{1{,}7\,\frac{mol}{L}\left(1 - e^{-0{,}1\frac{1}{min}\cdot 29{,}8\, min}\right)}{\dfrac{2}{20\,\frac{L}{min}} + \dfrac{29{,}8\, min}{1{,}5708\, m^3}\left(\dfrac{1\, m^3}{1000\, L}\right)} = 13{,}56\,\frac{mol}{min}$$

$$\Pi_P = 13{,}56\,\frac{mol}{min}\left(\frac{60\, min}{1\, h}\right) = 813{,}8\,\frac{mol}{h}$$

NOTA

Como se puede observar, la productividad que se puede obtener con cada uno de los tres tipos de reactores ideales crece en el sentido siguiente:

$$\left(\Pi_{RDI} = 813{,}8\,\frac{mol}{h}\right) < \left(\Pi_{RFMC} = 1.809{,}6\,\frac{mol}{h}\right) < \left(\Pi_{RFP} = 2.039{,}2\,\frac{mol}{h}\right)$$

Y las productividades relativas entre ellos serían las siguientes:

$$\frac{\Pi_{RDI}}{\Pi_{RFP}} = \frac{813{,}8}{2.039{,}2} = 39{,}9\,\% \qquad \frac{\Pi_{RFMC}}{\Pi_{RFP}} = \frac{1.809{,}6}{2.039{,}2} = 88{,}7\,\%$$

Así, en este ejemplo se puede apreciar claramente cómo, en las reacciones de orden positivo, resulta menos productivo el reactor discontinuo que cualquiera de los reactores continuos. Además, de entre éstos, el de mezcla completa es menos productivo. En definitiva, la forma más productiva de operar en tales casos sería generalmente en RFP.

No obstante, esta conclusión no conduce obligatoriamente a seleccionar siempre el uso del RFP frente a los otros, ya que en la selección se deben tener en cuenta otros factores además de la productividad. Por ejemplo, hay que considerar las repercusiones de los posibles intercambios de calor que serían necesarios en cada caso. En primer lugar, lógicamente, una mayor productividad implica también una mayor potencia de calentamiento (o enfriamiento) y en ocasiones puede resultar complicado alcanzar tales condiciones. De este modo, puede que la balanza se incline finalmente hacia el RFMC, si sus costes de producción son menores. En segundo lugar, en el RFMC el intercambio energético es uniforme, mientras que en el RFP se presenta un perfil de intercambio decreciente hacia el extremo final, de modo proporcional a la velocidad de reacción y a la concentración de los reactivos. Como consecuencia, los intercambios que son necesarios puntualmente en la cabeza de un RFP pueden resultar mucho más intensos que en cola y, por lo tanto, las condiciones exigidas en cabeza pueden terminar siendo muy complicadas, mientras que permanecen asequibles en el resto del reactor. Este simple detalle puede terminar invalidando el uso del RFP frente al RFMC. Finalmente, los reactores de flujo continuo exigen también el mantenimiento de una potencia de intercambio continua (y estable), frente a los discontinuos, que exigirían la aplicación de alta potencia de intercambio sólo al principio de las reacciones. Este aspecto también repercute en los costes de producción y puede terminar desaconsejando el trabajo en condiciones de mayor productividad.

FIN DE LA NOTA

PROBLEMA 3.4. Comparación de tamaño de RFMC con RFP

En un reactor de flujo mezcla completa de 100 L se alimenta una disolución del reactivo A, a razón de 10 L/min, para llevar a cabo la siguiente reacción [A → R]. Dependiendo de la concentración del reactivo (A_o) que se alimente, se obtienen en el estado estacionario del sistema las siguientes concentraciones de A a la salida.

A_o (mol/L)	0,5	0,7	1	1,3	1,7	2	2,5
A (mol/L)	0,31	0,39	0,5	0,59	0,71	0,78	0,89

Calcule:

a) El tamaño del reactor de flujo en mezcla completa que sería necesario para alcanzar una conversión del 95 %, con una alimentación de A igual a 3 M.

b) El tamaño del reactor de flujo en pistón que sería necesario para alcanzar una concentración de producto de 2,9 M, con esa misma alimentación.

SOLUCIÓN

a) Tamaño del RFMC

En primer lugar, puesto que no se indica nada sobre el mecanismo, se debe deducir de los datos suministrados el orden de la reacción. Además, se debe calcular el valor de la constante cinética (k). En cualquier caso, procediendo de la forma que se ha hecho generalmente, suponemos que el mecanismo es rápido y que el balance de materia estequiométrico se puede restringir a los compuestos indicados en la ecuación química. Por lo tanto, tenemos que:

$$-r_A = -\frac{dA}{dt} = k\,A^n \qquad A_o - A = R - R_o \qquad A_o x_A = R - 0$$

Para estimar aquí el orden de reacción se puede aplicar el método diferencial de análisis de datos cinéticos, que en este caso consistiría en realizar el siguiente ajuste de tipo lineal:

$$\ln(-r_A) = n \ln A + \ln k \qquad Y = a\,X + b \qquad Y = \ln(-r_A) \qquad X = \ln A$$

Necesitamos, por lo tanto, una relación de datos de velocidad de reacción $(-r_A)$ para diferentes concentraciones del reactivo (A). Una forma de evaluar dichas velocidades consiste en aplicar la ecuación de diseño del reactor de flujo en mezcla completa a los datos suministrados. Así, puesto que la reacción tiene lugar en disolución, trabajamos en un sistema de volumen constante, y la ecuación mencionada se puede transformar del siguiente modo:

$$\tau = \frac{V}{Q} = A_o \frac{x_A - x_{Ao}}{(-r_A)_f} = A_o \frac{x_A - 0}{(-r_A)_f} = \frac{A_o - A}{(-r_A)_f} \qquad (-r_A)_f = \frac{A_o - A}{\frac{V}{Q}}$$

Como se puede observar, es posible calcular la velocidad de reacción que se mantiene en el interior de un RFMC si se conocen las concentraciones de entrada y salida del mismo. En consecuencia, se pueden utilizar los datos de la tabla suministrada para obtenerla. Por ejemplo, para el primer par de datos se obtendría lo siguiente:

$$(-r_A)_f = \frac{0,5 \frac{mol}{L} - 0,31 \frac{mol}{L}}{\dfrac{100\,L}{10 \frac{L}{min}}} = 0,019 \frac{mol}{L\,min}$$

Para el resto de los datos se obtiene la relación que se muestra en la tercera columna de la Tabla 3.4.1. Después, en las columnas cuarta y quinta se muestran los datos de las variables X e Y del ajuste lineal antes mencionado.

Tabla 3.4.1. Cálculos necesarios para el ajuste lineal según el método diferencial.

A_o	A	$-r_A$	ln A	ln $(-r_A)$
M	M	M/min		
0,5	0,31	0,019	-1,1712	-3,9633
0,7	0,39	0,031	-0,9416	-3,4738
1	0,5	0,05	-0,6931	-2,9957
1,3	0,59	0,071	-0,5276	-2,6451
1,7	0,71	0,099	-0,3425	-2,3126
2	0,78	0,122	-0,2485	-2,1037
2,5	0,89	0,161	-0,1165	-1,8264

Una vez calculada la regresión correspondiente por el método de mínimos cuadrados, los resultados son los siguientes:

$$a = 2,0057 \qquad b = -1,6022 \qquad r^2 = 0,9996$$

El coeficiente de regresión obtenido resulta muy bueno ($r^2 > 0,999$). En consecuencia, se puede deducir el orden de la reacción a partir de la pendiente a. En este caso, puesto que $a = 2,0057$, asumimos $n = 2$. Por otra parte, a partir del valor del coeficiente b se obtiene el valor de la constante cinética:

$$b = \ln k \qquad k = e^b = e^{-1,6022} = 0,20145$$

141

Las unidades de la misma se pueden deducir directamente de la ecuación cinética que se ha calculado, aplicando el análisis dimensional correspondiente. Así, tenemos que:

$$-r_A = -\frac{dA}{dt} = k\,A^2 \qquad \left[\frac{M}{min}\right] \equiv [k]\,[M]^2 \qquad [k] \equiv \frac{\left[\frac{M}{min}\right]}{[M]^2} \equiv \left[\frac{1}{M\,min}\right]$$

$$k = 0,2\ M^{-1}\ min^{-1}$$

Ahora, se puede aplicar la ecuación de diseño del reactor de flujo en mezcla completa para obtener el tamaño buscado.

$$\tau = \frac{V}{Q} = A_o\,\frac{x_A - x_{Ao}}{(-r_A)_f} = A_o\,\frac{x_A - 0}{k\,A^2} = \frac{A_o x_A}{k\,[A_o(1 - x_A)]^2} \qquad V = \frac{Q\,x_A}{k\,A_o\,(1 - x_A)^2}$$

$$V = \frac{Q\,x_A}{k\,A_o\,(1 - x_A)^2} = \frac{10\,\frac{L}{min}\cdot 0,95}{0,2\,\frac{1}{M\,min}\cdot 3\,M\cdot(1 - 0,95)^2} = 6.333,33\ L$$

b) Tamaño del RFP

Para este caso, debemos usar la ecuación de diseño del reactor de flujo en pistón. De modo que:

$$\tau = \frac{V}{Q} = A_o\int_{x_{Ao}}^{x_A}\frac{dx_A}{(-r_A)} = A_o\int_0^{x_A}\frac{dx_A}{k\,[A_o(1 - x_A)]^2} = \frac{1}{k\,A_o}\int_0^{x_A}\frac{dx_A}{(1 - x_A)^2}$$

$$V = \frac{Q}{k\,A_o}\int_0^{x_A}\frac{dx_A}{(1 - x_A)^2}$$

Para resolver la integral, realizamos el siguiente cambio de variable:

$$u = 1 - x_A \qquad\qquad du = -dx_A$$

$$\int\frac{dx_A}{(1 - x_A)^2} = \int -\frac{du}{u^2} = \int -u^{-2}\,du = u^{-1} = \frac{1}{u} = \frac{1}{1 - x_A}$$

$$V = \frac{Q}{k\,A_o}\int_0^{x_A}\frac{dx_A}{(1 - x_A)^2} = \frac{Q}{k\,A_o}\left[\frac{1}{1 - x_A}\right]_0^{x_A} = \frac{Q}{k\,A_o}\left[\frac{1}{1 - x_A} - \frac{1}{1 - 0}\right] = \frac{Q}{k\,A_o}\left[\frac{x_A}{1 - x_A}\right]$$

Por lo tanto, debemos calcular primero la conversión correspondiente a la concentración deseada del producto. Según el balance estequiométrico, tenemos que:

$$A_o - A = R - R_o \qquad A_o x_A = R - 0 \qquad R = A_o x_A \qquad x_A = \frac{R}{A_o} = \frac{2,9\,M}{3\,M} = 0,967$$

En consecuencia, finalmente:

$$V = \frac{Q}{k\,A_o}\left[\frac{x_A}{1-x_A}\right] = \frac{10\,\dfrac{L}{min}}{0,2\,\dfrac{1}{M\,min}\cdot 3\,M}\left[\frac{0,967}{1-0,967}\right] = 488,38\,L$$

PROBLEMA 3.5. Comparación de RFMC con RFP para reacción de segundo orden

Un tanque perfectamente agitado se utiliza para efectuar en continuo la siguiente reacción en fase líquida: [A → R]. El estudio cinético indica que se trata de una reacción de orden 2. En determinadas condiciones, se obtiene una conversión del 50 %. Calcule:

a) La conversión que resultaría si el reactor se sustituyese por otro el triple de grande, sin modificar el resto de condiciones.

b) La conversión que se obtendría si se eliminara completamente la agitación del tanque inicial, sin modificar el resto de condiciones.

SOLUCIÓN

a) Conversión del RFMC más grande

En primer lugar, podemos suponer que el tanque se comporta como un reactor de flujo en mezcla completa, por lo que se debe aplicar la ecuación de diseño correspondiente. Puesto que se trata de una cinética de segundo orden y de un sistema a volumen constante, tenemos que:

$$-r_A = -\frac{dA}{dt} = k\,A^2 = k\,[A_o(1-x_A)]^2$$

$$\tau = \frac{V}{Q} = A_o\frac{x_A - x_{Ao}}{(-r_A)_f} = \frac{A_o x_A - 0}{k\,A^2} = \frac{A_o x_A}{k\,[A_o(1-x_A)]^2} \qquad \tau k A_o = Da_2 = \frac{x_A}{(1-x_A)^2}$$

Como se puede observar, el producto de las tres variables del miembro de la izquierda de la última expresión constituye un número adimensional. Concretamente, el denominado número de Damköhler. Específicamente en el caso de reacciones de orden 2, éste se denomina Damköhler de segundo orden (Da_2). Dicho factor incluye, por una parte, el tiempo espacial (τ) con dimensión de tiempo [t]. Por otra, la constante cinética (k) típica de segundo orden con dimensión de [1/(M·t)]. Y, finalmente, incluye la concentración inicial del reactivo (A_o) con dimensión de concentración molar [M]. En consecuencia, el producto de las tres variables no tiene dimensiones.

Según la expresión deducida, el valor del Da_2 determina el grado de conversión que se alcanza en el sistema, ya que éste engloba la influencia de todas las variables que la afectan. Podemos decir que el Damköhler expresa la cantidad de reacción que se puede producir en un determinado reactor en determinadas condiciones.

Así, aunque en este caso no es posible conocer el valor concreto de ninguna de las variables que afectan la conversión, es posible conocer su efecto conjunto determinando el número de Damköhler del sistema. En consecuencia:

$$\tau k A_o = Da_2 = \frac{x_A}{(1 - x_A)^2} = \frac{0,5}{(1 - 0,5)^2} = 2$$

Partimos entonces de que el valor del Damköhler del sistema inicial es igual a 2. Si ahora multiplicáramos por 3 el volumen del reactor inicial, también se multiplicaría por 3 el valor del Damköhler del sistema, puesto que:

$$Da_2 = \tau k A_o = \frac{V}{Q} k A_o \qquad Da'_2 = \tau' k A_o = \frac{V'}{Q} k A_o \qquad Da'_2 = \frac{3V}{Q} k A_o = 3 Da_2$$

En definitiva, al sustituir el reactor inicial por otro 3 veces mayor, tenemos que el Damköhler del sistema pasaría a valer: [$Da'_2 = 3 Da_2 = 3 \cdot 2 = 6$]. Entonces, podemos volver a utilizar la ecuación de diseño deducida antes para calcular la nueva conversión:

$$Da'_2 = \tau' k A_o = 6 = \frac{x'_A}{(1 - x'_A)^2}$$

$$12 = \frac{x'_A}{1 - 2 x'_A + (x'_A)^2} \qquad 6 - 12 x'_A + 6 (x'_A)^2 = x'_A$$

$$6 - 12 x'_A - x'_A + 6 (x'_A)^2 = 0 \qquad (x'_A)^2 - \frac{13}{6} x'_A + 1 = 0$$

$$x'_A = \frac{\frac{13}{6} \pm \sqrt{\left(-\frac{13}{6}\right)^2 - 4 \cdot 1 \cdot 1}}{2 \cdot 1} = \frac{\frac{13}{6} \pm \sqrt{\left(\frac{13}{6}\right)^2 - 4}}{2} = \left[\begin{array}{c} 1,50 \\ 0,6667 \end{array}\right]$$

La única solución con sentido físico es la segunda. Por lo tanto, la nueva conversión valdría: $x_A' = 0,6667$.

b) Conversión del RFP de igual tamaño

En este caso, al eliminar toda agitación posible podemos suponer que el tanque se comporta como un reactor de flujo en pistón. Así, teniendo en cuenta que se trata de una cinética de segundo orden y de un sistema de volumen constante, la ecuación de diseño a aplicar sería la siguiente:

$$-r_A = -\frac{dA}{dt} = k A^2 = k [A_o(1 - x_A)]^2$$

$$\tau = \frac{V}{Q} = A_o \int_{x_{Ao}}^{x_A} \frac{dx_A}{(-r_A)} = A_o \int_0^{x_A} \frac{dx_A}{k [A_o(1 - x_A)]^2} = \frac{1}{k A_o} \int_0^{x_A} \frac{dx_A}{(1 - x_A)^2}$$

$$\tau k A_o = Da_2 = \int_o^{x_A} \frac{dx_A}{(1 - x_A)^2}$$

Resolviendo la integral como en el ejercicio anterior, tenemos que:

$$u = 1 - x_A \qquad\qquad du = -dx_A$$

$$\int \frac{dx_A}{(1 - x_A)^2} = \int -\frac{du}{u^2} = \int -u^{-2}\, du = u^{-1} = \frac{1}{u} = \frac{1}{1 - x_A}$$

$$\int_o^{x_A} \frac{dx_A}{(1 - x_A)^2} = \left[\frac{1}{1 - x_A}\right]_o^{x_A} = \frac{x_A}{1 - x_A} \qquad\qquad \tau k A_o = Da_2 = \frac{x_A}{1 - x_A}$$

Nuevamente, en el miembro de la izquierda tenemos agrupadas las variables correspondientes al número de Damköhler de segundo orden (Da_2). Por lo tanto, con independencia del valor concreto que adopte cada una de ellas, conocemos su valor global del apartado anterior, puesto que se mantienen todas las condiciones en el sistema de reacción (incluido su volumen). El hecho de que se elimine la agitación en el tanque lo que modifica es su modelo de flujo (de mezcla completa a pistón) y cambia la forma matemática del miembro de la derecha de la expresión de diseño. En consecuencia, al sustituir el RFMC por un RFP del mismo tamaño, tenemos que:

$$Da_2 = \tau k A_o = \frac{V}{Q} k A_o = 2 \qquad Da'_2 = k A_o = \frac{V}{Q} k A_o = 2 \qquad Da'_2 = 2 = \frac{x'_A}{1 - x'_A}$$

$$2 - 2\, x'_A = x'_A \qquad 2 - 2\, x'_A - x'_A = 0 \qquad -3\, x'_A = -2 \qquad x'_A = \frac{2}{3} = 0{,}6667$$

En definitiva, la conversión que se obtendría al cambiar un modelo de flujo por otro, manteniendo el resto de condiciones, es $x_A' = 0{,}6667$.

NOTA

Se puede observar que, en este caso, el hecho de eliminar la agitación (es decir, pasar de un RFMC a un RFP) es equivalente a utilizar un reactor el triple de grande.

FIN DE LA NOTA

PROBLEMA 3.6. Comparación de RFMC con RFP para reacción expansiva

La reacción elemental en fase gaseosa [2 A → R + 2 S] tiene lugar cuantitativamente a 300 °C. Para llevar a cabo su estudio cinético, se carga el reactivo puro a presión atmosférica a esa temperatura en una cámara de reacción de 1 L y se cierra herméticamente. Durante la reacción, la presión se eleva un 40 % en 3 minutos. Calcule el caudal con el que habría que alimentar la cámara para trabajar en continuo (operando abierta a presión atmosférica), si se desea alcanzar la misma conversión que en la prueba, en los siguientes casos:

a) Dentro de la cámara, la corriente presenta flujo en pistón.

b) Dentro de la cámara, la corriente presenta flujo en mezcla completa.

SOLUCIÓN

a) Flujo en pistón

Puesto que se trata de una reacción en fase gaseosa en la que el incremento estequiométrico (σ) es positivo, debemos tener en cuenta que estamos ante una reacción de densidad variable.

$$\sigma = \sum_i \nu_i = 1 + 2 - 2 = 1$$

Si la cámara de reacción se cierra herméticamente, lo que tenemos entonces es una reacción a presión variable. En consecuencia, debemos utilizar la ecuación correspondiente a este tipo de casos para calcular las presiones parciales de los componentes a partir de la presión total del sistema:

$$\frac{p_i - p_{io}}{P_T - P_{To}} = \frac{\nu_i}{\sigma} \qquad p_A = p_{Ao} + \frac{\nu_A}{\sigma}(P_T - P_{To})$$

En el enunciado se indica que la presión de la cámara aumenta un 40 % en 3 minutos. Puesto que se parte de presión atmosférica cuando se cierra (1 atm), la presión pasa de 1 atm a 1,4 atm en ese tiempo. Además, puesto que se carga el reactivo puro en el instante inicial, su presión parcial y la presión total son las mismas. Por otra parte, la presión parcial del reactivo en el instante final es:

$$p_{Ao} = P_{To} = 1\ atm \qquad p_A = 1\ atm + \frac{-2}{1}(P_T - 1\ atm) = 1 - 2(P_T - 1)$$

$$p_A = 1 - 2(1,4 - 1) = 0,2 \; atm$$

Puesto que se trata de una reacción elemental, estamos ante un mecanismo de segundo orden a volumen constante. Así, la ecuación cinética del sistema es la siguiente:

$$-r_A = -\frac{dA}{dt} = kA^2$$

$$-\frac{dA}{dt} = kA^2 \qquad \int_{A_o}^{A} -\frac{dA}{A^2} = \int_{o}^{t} kdt \qquad \left[\frac{1}{A}\right]_{A_o}^{A} = kt - 0 \qquad \left[\frac{1}{A} - \frac{1}{A_o}\right] = kt$$

$$\frac{1}{A} = \frac{1}{A_o} + kt \qquad A = \frac{1}{\frac{1}{A_o} + kt} \qquad A = \frac{A_o}{1 + A_o kt} \qquad k = \frac{\frac{1}{A} - \frac{1}{A_o}}{t}$$

Sin embargo, único dato cinético de que disponemos consiste en una variación de presión. Por lo tanto, debemos sustituir las concentraciones molares en función de aquellas. Entonces, suponiendo gases ideales:

$$PV = nRT \qquad p_A V = n_A RT \qquad p_A = \frac{n_A}{V} RT = ART \qquad A = \frac{p_A}{RT}$$

$$k = \frac{\frac{1}{A} - \frac{1}{A_o}}{t} = \frac{\frac{RT}{p_A} - \frac{RT}{p_{Ao}}}{t} = \frac{RT}{t} \left(\frac{1}{p_A} - \frac{1}{p_{Ao}}\right)$$

$$k = \frac{0,082 \; \frac{atm \, L}{K \, mol} \cdot (300 + 273,15) \, K}{3 \; min} \left(\frac{1}{0,2 \; atm} - \frac{1}{1 \; atm}\right) = 62,58 \; \frac{L}{mol \cdot min}$$

Igualmente, la variación de la presión parcial de A nos permite calcular la conversión alcanzada en ese instante:

$$x_A = \frac{A_o - A}{A_o} = \frac{\frac{p_{Ao}}{RT} - \frac{p_A}{RT}}{\frac{p_{Ao}}{RT}} = \frac{p_{Ao} - p_A}{p_{Ao}} = \frac{1 - 0,2}{1} = 0,8$$

Ahora debemos considerar que, si la cámara funciona en continuo con flujo en pistón, tenemos que aplicar la ecuación de diseño apropiada para ese tipo de reactores. Así, para obtener el caudal solicitado partimos de la siguiente expresión:

$$\tau = \frac{V}{Q_o} = A_o \int_{x_{Ao}}^{x_A} \frac{dx_A}{(-r_A)}$$

Por otra parte, ahora la cámara debe operar abierta a la presión atmosférica. Entonces, puesto que trata de una reacción de densidad variable, tenemos una corriente que evoluciona a volumen variable. En definitiva, debemos tener en cuenta el factor de expansión (ε_A) para realizar los cálculos implicados. El cálculo de dicho parámetro se puede realizar fácilmente como en capítulos anteriores. Así, tomando como base de cálculo 2 moles de A, por ejemplo, tenemos que:

	2 A	→	R	2 S		
t	n_A		n_R	n_S	n_T	V_T
$x_A = 0$	2		0	0	2	2
$x_A = 1$	0		1	2	3	3

$$\varepsilon_A = \frac{V_{fA} - V_o}{V_o} = \frac{3-2}{2} = 0,5$$

En definitiva, la ecuación cinética se convierte ahora en la siguiente expresión:

$$-r_A = k\,A^2 = k\left(\frac{A_o(1-x_A)}{1+\varepsilon_A\,x_A}\right)^2$$

Y la ecuación de diseño concreta en tales condiciones sería la siguiente:

$$\frac{V}{Q_o} = A_o \int_{x_{Ao}}^{x_A} \frac{dx_A}{k\left(\frac{A_o(1-x_A)}{1+\varepsilon_A\,x_A}\right)^2} = \frac{1}{kA_o}\int_o^{x_A}\frac{dx_A}{\left(\frac{1-x_A}{1+\varepsilon_A\,x_A}\right)^2} = \frac{1}{kA_o}\int_o^{x_A}\frac{(1+\varepsilon_A\,x_A)^2}{(1-x_A)^2}dx_A$$

$$\frac{V}{Q_o} = \frac{1}{kA_o}\left[\int_o^{x_A}\frac{1}{(1-x_A)^2}dx_A + \int_o^{x_A}\frac{2\,\varepsilon_A\,x_A}{(1-x_A)^2}dx_A + \int_o^{x_A}\frac{(\varepsilon_A\,x_A)^2}{(1-x_A)^2}dx_A\right]$$

La primera integral ya se ha resuelto en anteriores ocasiones (pág. 127), aplicando el siguiente cambio de variable:

$$u = 1 - x_A \qquad du = -dx_A \qquad\qquad \int_o^{x_A}\frac{dx_A}{(1-x_A)^2} = \frac{x_A}{1-x_A}$$

La segunda de las integrales también se ha resuelto anteriormente (pág. 128), aplicando el mismo cambio de variable:

$$u = 1 - x_A \qquad du = -dx_A \qquad \int_o^{x_A}\frac{2\,\varepsilon_A\,x_A}{(1-x_A)^2}dx_A = 2\,\varepsilon_A\left[\frac{x_A}{1-x_A} + \ln(1-x_A)\right]$$

En la tercera integral podemos aplicar nuevamente el mismo cambio de variable, y resulta lo siguiente:

$$u = 1 - x_A \qquad x_A = 1 - u \qquad du = -dx_A$$

$$\int\frac{(\varepsilon_A\,x_A)^2}{(1-x_A)^2}dx_A = \varepsilon_A^2\int\frac{x_A^2}{(1-x_A)^2}dx_A = \varepsilon_A^2\int -\frac{(1-u)^2}{u^2}du$$

$$= \varepsilon_A^2\int -\frac{1-2\,u+u^2}{u^2}du = \varepsilon_A^2\left[\int -\frac{1}{u^2}du + \int\frac{2}{u}du + \int -du\right]$$

$$= \varepsilon_A^2\left[\frac{1}{u} + 2\ln u - u\right] = \varepsilon_A^2\left[\frac{1}{1-x_A} + 2\ln(1-x_A) - (1-x_A)\right]$$

$$\int_{o}^{x_A} \frac{(\varepsilon_A \, x_A)^2}{(1 - x_A)^2} dx_A = \varepsilon_A{}^2 \left[\frac{1}{1 - x_A} + 2\ln(1 - x_A) - (1 - x_A) \right]_{o}^{x_A}$$

$$= \varepsilon_A{}^2 \left[\frac{1}{1 - x_A} - 1 + 2\ln(1 - x_A) - 2\ln(1) - (1 - x_A) + 1 \right]$$

$$= \varepsilon_A{}^2 \left[\frac{x_A}{1 - x_A} + 2\ln(1 - x_A) + x_A \right]$$

En resumen, tenemos que la ecuación de diseño queda como sigue:

$$\frac{V}{Q_o} = \frac{1}{kA_o} \left(\frac{x_A}{1 - x_A} + 2\,\varepsilon_A \left[\frac{x_A}{1 - x_A} + \ln(1 - x_A) \right] + \varepsilon_A{}^2 \left[\frac{x_A}{1 - x_A} + 2\ln(1 - x_A) + x_A \right] \right)$$

$$= \frac{1}{kA_o} \left(\frac{x_A}{1 - x_A} (1 + 2\,\varepsilon_A + \varepsilon_A{}^2) + (2\,\varepsilon_A + 2\,\varepsilon_A{}^2)\ln(1 - x_A) + \varepsilon_A{}^2 \, x_A \right)$$

$$= \frac{1}{kA_o} \left(\frac{x_A}{1 - x_A} (1 + \varepsilon_A)^2 + 2\,\varepsilon_A (1 + \varepsilon_A)\ln(1 - x_A) + \varepsilon_A{}^2 \, x_A \right)$$

Por lo tanto, aplicando la conversión que queremos obtener (0,5), tenemos que:

$$\frac{V}{Q_o} kA_o = \frac{x_A}{1 - x_A} (1 + \varepsilon_A)^2 + 2\,\varepsilon_A (1 + \varepsilon_A)\ln(1 - x_A) + \varepsilon_A{}^2 \, x_A$$

$$= \frac{0,8}{1 - 0,8} (1 + 0,5)^2 + 2 \cdot 0,5 \cdot (1 + 0,5) \cdot \ln(1 - 0,8) - 0,5^2 \cdot (0,8)$$

$$= 9 - 2,4142 - 0,2 = 6,3858$$

$$\frac{V}{Q_o} kA_o = Da_2 = 6,3858$$

Puesto que lo que queremos calcular es el caudal de alimentación (Q_o), tenemos que:

$$Da_2 = kA_o = \frac{V}{Q_o} k \frac{p_{Ao}}{RT} \qquad Q_o = \frac{V \, k \, p_{Ao}}{Da_2 \, RT}$$

$$Q_o = \frac{1\,L \cdot 62,58 \, \frac{L}{mol \cdot min} \cdot 1\,atm}{6,3858 \cdot 0,082 \, \frac{atm \, L}{K \, mol} \cdot (300 + 273,15)\,K} = 0,2085 \, \frac{L}{min}$$

$$Q_o = 0,2085 \, \frac{L}{min} \left(\frac{1.000 \, mL}{1\,L} \right) = 208,5 \, \frac{mL}{min}$$

Sin embargo, debe tenerse en cuenta que el caudal de salida del sistema será mayor que este, al tratarse de una reacción expansiva:

$$Q = Q_o(1 + \varepsilon_A \, x_A) = 208,5 \, (1 + 0,5 \cdot 0,8) = 208,5 \, (1,4) = 291,9 \, \frac{mL}{min}$$

b) Flujo en mezcla completa

En este otro caso, el modelo de flujo en el interior de la cámara es en mezcla completa, por lo que debemos utilizar la ecuación de diseño correspondiente al RFMC para los cálculos:

$$\tau = \frac{V}{Q_o} = A_o \frac{x_A - x_{Ao}}{(-r_A)_f}$$

Además, si la cámara opera abierta a presión atmosférica, estamos nuevamente ante un sistema de volumen variable y debemos tener en cuenta el factor de expansión (ε_A). Por lo tanto, la ecuación de diseño se transforma del siguiente modo:

$$-r_A = k\, A^2 = k\left(\frac{A_o(1 - x_A)}{1 + \varepsilon_A\, x_A}\right)^2$$

$$\frac{V}{Q_o} = A_o \frac{x_A - x_{Ao}}{(-r_A)_f} = \frac{A_o x_A - 0}{k\, A^2} = \frac{A_o x_A}{k\left(\frac{A_o(1 - x_A)}{1 + \varepsilon_A\, x_A}\right)^2} = \frac{x_A}{k\, A_o\left(\frac{1 - x_A}{1 + \varepsilon_A\, x_A}\right)^2}$$

$$\frac{V}{Q_o} k\, A_o = Da_2 = \frac{x_A\,(1 + \varepsilon_A\, x_A)^2}{(1 - x_A)^2}$$

Y, aplicando los valores indicados antes, tenemos que:

$$Da_2 = \frac{V}{Q_o} k\, A_o = \frac{x_A\,(1 + \varepsilon_A\, x_A)^2}{(1 - x_A)^2} = \frac{0,8\,(1 + 0,5 \cdot 0,8)^2}{(1 - 0,8)^2} = 39,2$$

Puesto que lo que queremos calcular es el caudal de entrada (Q_o), tenemos que:

$$Q_o = \frac{V\, k\, p_{Ao}}{Da_2\, RT} = \frac{1\,L \cdot 62,58\,\frac{L}{mol \cdot min} \cdot 1\,atm}{39,2 \cdot 0,082\,\frac{atm\,L}{K\,mol} \cdot (300 + 273,15)\,K} = 0,03397\,\frac{L}{min}$$

$$Q_o = 0,03397\,\frac{L}{min}\left(\frac{1000\,mL}{1\,L}\right) = 33,97\,\frac{mL}{min}$$

Y el caudal de salida será también mayor que este:

$$Q = Q_o(1 + \varepsilon_A\, x_A) = 33,97\,(1 + 0,5 \cdot 0,8) = 33,97\,(1,4) = 47,558\,\frac{mL}{min}$$

Como se puede observar, se necesita imponer un caudal de alimentación (Q_o) menor en el RFMC que en el RFP. Esto es debido a que en general el primero es menos productivo que el segundo. Por lo tanto, si queremos obtener la misma conversión, debemos disminuir el ritmo de paso en aquel para aumentar su tiempo de residencia.

PROBLEMA 3.7. Análisis cinético a partir de datos de un RFMC

En un pequeño reactor experimental de 100 mL, con flujo en mezcla completa, se inyecta una corriente gaseosa de reactivo puro para estudiar la reacción: [A → 5 R]. La salida se mantiene abierta a la atmósfera y en tales condiciones la concentración de entrada es de 100 mM. Según el caudal de alimentación aplicado (Q_o), en estado estacionario se detectan las siguientes concentraciones de reactivo a la salida (A):

Q_o (L/h)	3	10	30	50
A (mM)	16	30	50	60

Deduzca la ecuación cinética que representa la reacción, incluyendo los valores de los parámetros cinéticos con sus correspondientes unidades.

SOLUCIÓN

En primer lugar, se trata de una reacción en fase gaseosa en la que el incremento estequiométrico (σ) es positivo. Por lo tanto, con independencia del mecanismo, si ésta es lo suficientemente rápida, tenemos una reacción expansiva.

$$\sigma = \sum_i \nu_i = 5 - 1 = 4$$

Puesto que no se indica nada sobre dicho mecanismo, ni sobre el orden cinético, se supone un orden general (n). Por lo tanto, aplicando el método diferencial de análisis de datos cinéticos, tenemos que:

$$-r_A = -\frac{1}{V}\frac{dn_A}{dt} = k\, A^n \qquad \ln(-r_A) = \ln k + n \ln A \qquad Y = a\, X + b$$

Así, con objeto de poder realizar el ajuste lineal indicado, necesitamos valores de la velocidad de reacción ($-r_A$) para distintos valores de la concentración del reactivo (A). Por otra parte, si el sistema funciona con flujo en mezcla completa, debemos aplicar la ecuación de diseño correspondiente:

$$\tau = \frac{V_r}{Q_o} = A_o\frac{x_A - x_{Ao}}{(-r_A)_f} = A_o\frac{x_A - 0}{(-r_A)_f}$$

Además, puesto que estamos ante un sistema expansivo, debemos tener en cuenta en los cálculos el factor de expansión (ε_A). En definitiva, tenemos que:

$$A = \frac{A_o(1 - x_A)}{1 + \varepsilon_A\, x_A} \qquad A\,(1 + \varepsilon_A\, x_A) = A_o\,(1 - x_A) \qquad A + A\,\varepsilon_A\, x_A = A_o - A_o\, x_A$$

$$A \, \varepsilon_A \, x_A + A_o \, x_A = A_o - A \qquad x_A \, (A \, \varepsilon_A + A_o) = A_o - A \qquad x_A = \frac{A_o - A}{A \, \varepsilon_A + A_o}$$

En definitiva, los valores de velocidad de reacción que necesitamos para cada concentración de salida se pueden calcular a partir de la ecuación de diseño, del siguiente modo:

$$\frac{V_r}{Q_o} = A_o \, \frac{x_A}{(-r_A)_f} \qquad (-r_A)_f = \frac{A_o \, Q_o}{V_r} x_A = \frac{A_o \, Q_o}{V_r} \, \frac{A_o - A}{A \, \varepsilon_A + A_o}$$

Obviamente, se debe disponer del valor del factor de expansión (ε_A) para obtener la velocidad de reacción. En este sentido, suponiendo reacción rápida, despreciamos las cantidades de hipotéticos compuestos intermedios implicados en los balances de materia estequiométricos. Así, tomando como base de cálculo 1 mol de A, resulta:

	A	$\rightarrow$	5 R		
t	n_A		n_S	n_T	V_T
$x_A = 0$	1		0	1	1
$x_A = 1$	0		5	5	5

$$\varepsilon_A = \frac{V_{fA} - V_o}{V_o} = \frac{5 - 1}{1} = 4$$

Así, para el primer par de datos de la tabla que se suministra en el enunciado tenemos que ($Q_o = 3$ L/h; $A = 16$ mM):

$$(-r_A)_f = \frac{A_o \, Q_o}{V_r} \, \frac{A_o - A}{A \, \varepsilon_A + A_o} = \frac{100 \, mM \cdot 3 \, \frac{L}{h}}{0,1 \, L} \cdot \frac{100 \, mM - 16 \, mM}{16 \, mM \cdot 4 + 100 \, mM} = 1.536,59 \, \frac{mM}{h}$$

Operando análogamente con el resto de los datos, se obtienen los valores de velocidad de reacción en el interior del reactor que se muestran en la tercera columna de la Tabla 3.7.1. Asimismo, en las columnas cuarta y quinta se muestran las variables necesarias para el ajuste lineal correspondiente (X e Y respectivamente), indicado arriba.

Tabla 3.7.1. Cálculos necesarios para el ajuste lineal según el método diferencial.

Q_o	A	$-r_A$	ln A	ln $(-r_A)$
L/h	mM	mM/h		
3	16	1536,59	2,77259	7,33732
10	30	3181,82	3,4012	8,06521
30	50	5000	3,91202	8,51719
50	60	5882,35	4,09434	8,67971

Una vez realizada la regresión indicada por el método de mínimos cuadrados, los resultados obtenidos son los siguientes:

$$a = 1{,}0113 \qquad b = 4{,}5648 \qquad r^2 = 0{,}9951$$

El coeficiente de regresión obtenido es bueno ($r^2 > 0{,}99$). En consecuencia, se puede deducir el orden de reacción directamente a partir de la pendiente a. En este caso, el orden más probable sería: $a = 1{,}0113$, $n = 1$. Por otra parte, a partir del coeficiente b se puede obtener el valor para la constante cinética. De este modo:

$$b = \ln k \qquad k = e^b = e^{4{,}5648} = 96{,}04$$

Finalmente, las unidades de dicha constante se pueden deducir directamente de la ecuación cinética que se ha calculado:

$$-r_A = k\,A \qquad \left[\frac{mM}{h}\right] \equiv [k]\,[mM] \qquad [k] \equiv \frac{\left[\frac{mM}{h}\right]}{[mM]} \equiv \left[\frac{1}{h}\right]$$

$$k = 96{,}04\,\frac{1}{h}\left(\frac{1\,h}{60\,min}\right) = 1{,}6\,min^{-1}$$

En definitiva, la ecuación buscada es:

$$-r_A = k\,A \qquad k = 1{,}6\,min^{-1}$$

PROBLEMA 3.8. Determinación de la temperatura óptima en un RFP

Se desea llevar a cabo la reacción elemental homogénea [A → R + S], introduciendo una disolución 0,5 M de A por un tubo fino de 2 cm de diámetro y 10 m de largo, a razón de 1 L/min. El sistema se supone isotermo a 700 ºC. La energía de activación de la reacción (E_a) es de 100 kcal/mol y la conversión obtenida en tales condiciones es del 90 %. Calcule la mínima temperatura del sistema que permite mantener la productividad de R por encima de 20 mol/h.

SOLUCIÓN

En primer lugar, se trata de una reacción elemental en fase líquida, por lo que tenemos un sistema de primer orden a volumen constante.

$$-r_A = -\frac{dA}{dt} = k\,A = k\,A_o(1 - x_A)$$

El volumen del reactor es:

$$V = S\,H = \pi\,r^2 H = \pi\left(\frac{d}{2}\right)^2 H = \pi\left(\frac{2\,cm}{2}\right)^2 1.000\,cm = 3.141,6\,cm^3 = 3,1416\,L$$

Puesto que el reactor es un cilindro largo y estrecho, podemos suponer que el modelo de flujo en su interior es en pistón. Así, aplicando la ecuación de diseño correspondiente al RFP, tenemos que:

$$\tau = \frac{V}{Q} = A_o \int_{x_{Ao}}^{x_A} \frac{dx_A}{(-r_A)}$$

Por lo que, en este caso:

$$\frac{V}{Q} = A_o \int_{x_{Ao}}^{x_A} \frac{dx_A}{(-r_A)} = A_o \int_0^{x_A} \frac{dx_A}{k\,A_o(1-x_A)} = \frac{1}{k}\int_0^{x_A} \frac{dx_A}{1-x_A} = \frac{1}{k}\int_0^{x_A} \frac{dx_A}{1-x_A}$$

La integral se resuelve realizando el mismo cambio de variable que en ocasiones anteriores:

$$u = 1 - x_A \qquad du = -dx_A \qquad \int \frac{dx_A}{1-x_A} = \int -\frac{du}{u} = -\ln u = -\ln(1-x_A)$$

$$\frac{V}{Q} = \frac{1}{k}\int_0^{x_A} \frac{dx_A}{1-x_A} = \frac{1}{k}[-\ln(1-x_A)]_0^{x_A} = \frac{1}{k}[-\ln(1-x_A) + \ln(1-0)]$$

$$= \frac{1}{k}[\ln(1) - \ln(1-x_A)] = \frac{1}{k}\ln\left(\frac{1}{1-x_A}\right)$$

En consecuencia:

$$\frac{V}{Q}k = Da = \ln\left(\frac{1}{1-x_A}\right)$$

En este caso, aparece una nueva una agrupación de variables que determina la conversión del sistema. Puesto que estamos ante una reacción de orden 1, el conjunto adimensional que aparece se denomina número de Damköhler de primer orden (Da). Por lo tanto, podemos calcular el valor de la constante cinética a 700 °C (k_{700}), dado que conocemos que la conversión vale en ese caso 0,9:

$$\frac{V}{Q}k_{700} = \ln\left(\frac{1}{1-x_A}\right) \qquad k_{700} = \frac{Q}{V}\ln\left(\frac{1}{1-x_A}\right)$$

$$k_{700} = \frac{1\,\frac{L}{min}}{3{,}1416\,L}\ln\left(\frac{1}{1-0{,}9}\right) = 0{,}733\,min^{-1}$$

Por otra parte, la productividad buscada está relacionada con un valor de conversión dado, mediante el balance estequiométrico. Así:

$$A_o - A = R - R_o \qquad A_o\,x_A = R$$

La productividad de R (Π_R) se define como:

$$\Pi_R = R\,Q = A_o\,x_A\,Q$$

En consecuencia, la conversión mínima que se exige para la productividad deseada sería la siguiente:

$$x_A = \frac{\Pi_R}{A_o\,Q} = \frac{20\,\frac{mol}{h}}{0{,}5\,\frac{mol}{L}\cdot 1\,\frac{L}{min}\left(\frac{60\,min}{1\,h}\right)} = 0{,}6667$$

Nuevamente podemos calcular el valor correspondiente de la constante cinética (k), dado que conocemos la conversión y el tiempo espacial (V/Q) implicados:

$$\frac{V}{Q}k = \ln\left(\frac{1}{1-x_A}\right) \qquad k = \frac{Q}{V}\ln\left(\frac{1}{1-x_A}\right)$$

$$k = \frac{1\,\frac{L}{min}}{3{,}1416\,L}\ln\left(\frac{1}{1-0{,}6667}\right) = 0{,}3497\,min^{-1}$$

En este caso, su valor corresponde a una temperatura desconocida, por el momento. Pero podemos analizar la dependencia de la constante cinética con la temperatura. Así, dado que conocemos la energía de activación (E_a), la dependencia de la constante cinética con la temperatura se puede expresar del siguiente modo:

$$k = k^*\,exp\left(-\frac{E_a}{RT}\right) \qquad k_o = k^*\,exp\left(-\frac{E_a}{RT_o}\right) \qquad k^* = \frac{k_o}{exp\left(-\frac{E_a}{RT_o}\right)} = k_o\,exp\left(\frac{E_a}{RT_o}\right)$$

$$k = k_o \ exp\left(\frac{E_a}{RT_o}\right) exp\left(-\frac{E_a}{RT}\right) = k_o \ exp\left(\frac{E_a}{RT_o} - \frac{E_a}{RT}\right) = k_o \ exp\left(-\frac{E_a}{R}\left[\frac{1}{T} - \frac{1}{T_o}\right]\right)$$

En definitiva, conocidos los valores de la constante cinética k_{700} (a 700 °C) y k (a otra temperatura desconocida), podemos calcular el valor de dicha temperatura:

$$k = k_{700} \ exp\left(-\frac{E_a}{R}\left[\frac{1}{T} - \frac{1}{T_{700}}\right]\right) \qquad \ln\left(\frac{k}{k_{700}}\right) = -\frac{E_a}{R}\left[\frac{1}{T} - \frac{1}{T_{700}}\right]$$

$$\frac{R}{E_a}\ln\left(\frac{k}{k_{700}}\right) = \frac{1}{T_{700}} - \frac{1}{T} \qquad \frac{1}{T} = \frac{1}{T_{700}} - \frac{R}{E_a}\ln\left(\frac{k}{k_{700}}\right) \qquad T = \frac{1}{\frac{1}{T_{700}} - \frac{R}{E_a}\ln\left(\frac{k}{k_{700}}\right)}$$

$$T = \frac{1}{\frac{1}{(273,15 + 700)} - \frac{1,987 \ \frac{cal}{mol \ K}}{100.000 \ \frac{cal}{mol}}\ln\left(\frac{0,3497}{0,733}\right)} = 959,42 \ K$$

$$T = [959,42 \ K - 273,15 \ K]\left(\frac{1°C}{1 \ K}\right) = 686,27 \ °C$$

PROBLEMA 3.9. Análisis de un RFPR mediante el número de Damköhler

En un reactor de flujo en pistón con recirculación, se lleva a cabo la siguiente reacción elemental en fase líquida [2 A → 2 R], obteniéndose una conversión igual a 2/3 cuando la razón de recirculación vale $R = 1$. Calcule la conversión que se obtendría en los siguientes casos:

    a) Se duplica la recirculación.

    b) Se elimina la recirculación.

SOLUCIÓN

a) Recirculación duplicada

Puesto que se trata de una reacción elemental en fase líquida, tenemos la siguiente ecuación cinética:

$$-r_A = -\frac{dA}{dt} = k\,A^2 = k\left(A_o(1-x_A)\right)^2$$

La ecuación de diseño de este tipo de reactor ideal (RFPR) es la siguiente:

$$\tau = \frac{V}{Q} = A_o(R+1)\int_{\left(\frac{R}{R+1}\right)x_A}^{x_A}\frac{dx_A}{(-r_A)}$$

Por lo tanto, para esta cinética, tenemos que:

$$\frac{V}{Q} = A_o(R+1)\int_{\left(\frac{R}{R+1}\right)x_A}^{x_A}\frac{dx_A}{k\left(A_o(1-x_A)\right)^2} = \frac{(R+1)}{k\,A_o}\int_{\left(\frac{R}{R+1}\right)x_A}^{x_A}\frac{dx_A}{(1-x_A)^2}$$

La integral que se resuelve como en casos anteriores realizando el cambio de variable siguiente:

$$u = 1-x_A \qquad du = -dx_A$$

$$\int\frac{dx_A}{(1-x_A)^2} = \int -\frac{du}{u^2} = \int -u^{-2}\,du = u^{-1} = \frac{1}{u} = \frac{1}{1-x_A}$$

$$\frac{V}{Q} = \frac{(R+1)}{k\,A_o}\int_{\left(\frac{R}{R+1}\right)x_A}^{x_A}\frac{dx_A}{(1-x_A)^2} = \frac{(R+1)}{k\,A_o}\left[\frac{1}{1-x_A}\right]_{\left(\frac{R}{R+1}\right)x_A}^{x_A} =$$

$$= \frac{(R+1)}{k\,A_o}\left[\frac{1}{1-x_A} - \frac{1}{1-\left(\frac{R}{R+1}\right)x_A}\right] = \frac{(R+1)}{k\,A_o}\left[\frac{1-\left(\frac{R}{R+1}\right)x_A - 1 + x_A}{(1-x_A)\left(1-\left(\frac{R}{R+1}\right)x_A\right)}\right] =$$

$$= \frac{(R+1)}{k\,A_o}\left[\frac{\left(1-\frac{R}{R+1}\right)x_A}{(1-x_A)\left(1-\left(\frac{R}{R+1}\right)x_A\right)}\right] = \frac{1}{k\,A_o}\left[\frac{(R+1-R)x_A}{(1-x_A)\left(1-\left(\frac{R}{R+1}\right)x_A\right)}\right] =$$

$$= \frac{1}{k\,A_o}\left[\frac{x_A}{(1-x_A)\left(1-\left(\frac{R}{R+1}\right)x_A\right)}\right] = \frac{x_A}{k\,A_o\,(1-x_A)\left(1-\left(\frac{R}{R+1}\right)x_A\right)}$$

$$\frac{V}{Q} = \frac{x_A}{k\,A_o\,(1-x_A)\left(1-\left(\frac{R}{R+1}\right)x_A\right)}$$

Así, con los datos suministrados, se puede calcular el valor del número de Damköhler de segundo orden (Da_2) para este sistema. De modo que:

$$\tau k A_o = \frac{V}{Q}kA_o = Da_2 = \frac{x_A}{(1-x_A)\left(1-\left(\frac{R}{R+1}\right)x_A\right)} = \frac{\frac{2}{3}}{\left(1-\frac{2}{3}\right)\left(1-\left(\frac{1}{1+1}\right)\frac{2}{3}\right)}$$

$$= \frac{\frac{2}{3}}{\left(1-\frac{2}{3}\right)\left(1-\left(\frac{1}{2}\right)\frac{2}{3}\right)} = \frac{\frac{2}{3}}{\left(1-\frac{2}{3}\right)\left(1-\frac{2}{6}\right)} = \frac{\frac{2}{3}}{\left(\frac{1}{3}\right)\left(\frac{4}{6}\right)} = \frac{1}{\left(\frac{1}{3}\right)} = 3$$

Cuando duplicamos la recirculación ($R = 2 \cdot 1 = 2$), puesto que mantenemos el resto de las condiciones del sistema, tenemos que usar la misma ecuación de diseño y el mismo valor del módulo de Damköhler (Da_2). Por lo tanto:

$$Da_2 = 3 = \frac{x_A}{(1-x_A)\left(1-\left(\frac{R}{R+1}\right)x_A\right)} = \frac{x_A}{(1-x_A)\left(1-\left(\frac{2}{2+1}\right)x_A\right)}$$

$$= \frac{x_A}{(1-x_A)\left(1-\left(\frac{2}{3}\right)x_A\right)} = \frac{x_A}{1-\frac{2}{3}x_A - x_A + \frac{2}{3}x_A^2} = \frac{x_A}{1-\frac{5}{3}x_A + \frac{2}{3}x_A^2}$$

$$3\left(1-\frac{5}{3}x_A + \frac{2}{3}x_A^2\right) = x_A \qquad 3 - \frac{15}{3}x_A + \frac{6}{3}x_A^2 = x_A \qquad 3 - 5\,x_A + 2\,x_A^2 = x_A$$

$$2\,x_A^2 - 6\,x_A + 3 = 0 \qquad\qquad x_A = \frac{-b \pm \sqrt{b^2 - 4ac}}{2a}$$

$$x_A = \frac{6 \pm \sqrt{(-6)^2 - 4\cdot 2 \cdot 3}}{2\cdot 2} = \frac{6 \pm \sqrt{36-24}}{4} = \frac{6 \pm \sqrt{12}}{4} = \frac{6 \pm 2\sqrt{3}}{4} = \begin{bmatrix} 2,366 \\ 0,634 \end{bmatrix}$$

La única solución con sentido físico es la segunda. Por lo tanto, $x_A = 0,634$.

b) Sin recirculación

Si ahora se elimina la recirculación ($R = 0$), puesto que seguimos manteniendo el resto de las condiciones del sistema, tenemos que usar la misma ecuación de diseño y el mismo valor del número Da_2. Por lo tanto:

$$Da_2 = 3 = \frac{x_A}{(1 - x_A)\left(1 - \left(\frac{0}{0+1}\right)x_A\right)} = \frac{x_A}{(1 - x_A)(1)} = \frac{x_A}{1 - x_A}$$

$$Da_2 = 3 = \frac{x_A}{1 - x_A} \qquad 3 - 3x_A = x_A \qquad 3 = 4\,x_A \qquad x_A = \frac{3}{4} = 0{,}75$$

NOTA

Alternativamente, para este segundo caso podríamos haber usado directamente la ecuación de diseño del reactor de flujo en pistón ideal, puesto que un RFPR con $R = 0$ es un RFP. Por lo tanto:

$$\tau = \frac{V}{Q} = A_o \int_o^{x_A} \frac{dx_A}{(-r_A)} \qquad \frac{V}{Q} = A_o \int_o^{x_A} \frac{dx_A}{k\left(A_o(1 - x_A)\right)^2} = \frac{1}{k\,A_o} \int_o^{x_A} \frac{dx_A}{(1 - x_A)^2}$$

$$\frac{V}{Q} k\,A_o = Da_2 = \int_o^{x_A} \frac{dx_A}{(1 - x_A)^2} = \left[\frac{1}{1 - x_A}\right]_o^{x_A} = \frac{x_A}{1 - x_A}$$

$$Da_2 = 3 = \frac{x_A}{1 - x_A} \qquad 3 - 3x_A = x_A \qquad 3 = 4\,x_A \qquad x_A = \frac{3}{4} = 0{,}75$$

Obteniéndose el mismo resultado.

FIN DE LA NOTA

PROBLEMA 3.10. Análisis de un RFPR para distinta temperatura y recirculación

La siguiente reacción elemental en fase líquida [A → P], tiene lugar en un RFPR de 1,5 m^3, que se alimenta a razón de 100 L/h. Cuando se realizan una serie de experimentos a distintas temperaturas (T) y a distintas recirculaciones (R), se obtienen los siguientes resultados de conversión a la salida del sistema (x_A):

T (°C)	430	590	300	430	620	4.000	65
R	25	10	10	5	1	3	200
x_A	0,7	0,8	0,6	0,7	0,9	0,99	0,2

Calcule la conversión que alcanzaría dicho reactor si se le alimentara a 250 L/h, trabajara a 1.000 °C y se le aplicara una relación de recirculación de $R = 2$.

SOLUCIÓN

En primer lugar, tenemos una reacción de primer orden en fase líquida (volumen constante), por lo tanto, su ecuación cinética es la siguiente:

$$-r_A = -\frac{dA}{dt} = k\,A = k\,A_o(1 - x_A) \qquad x_A = 1 - e^{-kt}$$

Por otra parte, puesto que trabajamos en un reactor de flujo en pistón con recirculación (RFPR), la ecuación de diseño que debemos aplicar es la siguiente:

$$\tau = \frac{V}{Q} = A_o(R + 1) \int_{\left(\frac{R}{R+1}\right)x_A}^{x_A} \frac{dx_A}{(-r_A)}$$

Así, para la cinética indicada antes, tenemos que:

$$\frac{V}{Q} = A_o(R + 1) \int_{\left(\frac{R}{R+1}\right)x_A}^{x_A} \frac{dx_A}{k\,A_o(1 - x_A)} = \frac{(R + 1)}{k} \int_{\left(\frac{R}{R+1}\right)x_A}^{x_A} \frac{dx_A}{1 - x_A}$$

$$\frac{Vk}{Q} = Da = (R + 1) \int_{\left(\frac{R}{R+1}\right)x_A}^{x_A} \frac{dx_A}{1 - x_A}$$

La integral se resuelve realizando el cambio de variable ya conocido de casos anteriores:

$$u = 1 - x_A \qquad du = -dx_A \qquad \int \frac{dx_A}{1 - x_A} = \int -\frac{du}{u} = -\ln u = -\ln(1 - x_A)$$

$$Da = \frac{V\,k}{Q} = \tau k = (R + 1) \int_{\left(\frac{R}{R+1}\right)x_A}^{x_A} \frac{dx_A}{1 - x_A} = (R + 1)[-\ln(1 - x_A)]_{\left(\frac{R}{R+1}\right)x_A}^{x_A} =$$

161

$$= (R + 1) \left[-\ln(1 - x_A) + \ln \left(1 - \left(\frac{R}{R+1} \right) x_A \right) \right] = (R + 1) \ln \left(\frac{1 - \left(\frac{R}{R+1} \right) x_A}{1 - x_A} \right)$$

Como se puede observar, para cada valor de conversión (x_A) y de recirculación (R), obtenemos un valor diferente del número de Damköhler de primer orden (Da). Además, puesto que el volumen del reactor y el caudal de alimentación son conocidos, obtenemos también un valor diferente de la constante cinética (k).

$$k = \frac{Q}{V} (R + 1) \ln \left(\frac{1 - \left(\frac{R}{R+1} \right) x_A}{1 - x_A} \right)$$

En concreto, para el primer trío de datos del enunciado (primera columna), tendríamos lo siguiente:

$$k = \frac{100 \frac{L}{h}}{1,5 \, m^3 \left(\frac{1.000 \, L}{1 \, m^3} \right)} (25 + 1) \ln \left(\frac{1 - \left(\frac{25}{25+1} \right) 0,7}{1 - 0,7} \right) = 0,149 \, h^{-1}$$

El mismo tipo de cálculo se puede aplicar al resto de datos suministrados. En la cuarta columna de la Tabla 3.10.1 se incluyen los resultados de k obtenidos para cada caso (uno en cada fila).

Tabla 3.10.1. Conjunto de resultados obtenidos a partir de los datos suministrados.

T	R	x_A	k	$\ln k$	T	$1/T$
°C	-	-	1/h	-	K	1/K
430	25	0,7	0,14897	-1,904	703,15	0,00142
590	10	0,8	0,22745	-1,4808	863,15	0,00116
300	10	0,6	0,09374	-2,3672	573,15	0,00174
430	5	0,7	0,1314	-2,0295	703,15	0,00142
620	1	0,9	0,2273	-1,4815	893,15	0,00112
4000	3	0,99	0,86625	-0,1436	4273,15	0,00023
65	200	0,2	0,01666	-4,095	338,15	0,00296

Así pues, disponemos de un valor diferente de la constante cinética para cada valor de temperatura. En consecuencia, podemos aplicar la ecuación de Arrhenius para establecer la influencia de T en la conversión:

$$k = k_o \, e^{\frac{-E_a}{RT}} \qquad \ln k = \ln k_o - \frac{E_a}{R} \frac{1}{T} \qquad Y = a \, X + b \qquad Y = \ln k \qquad X = \frac{1}{T}$$

En las columnas quinta (Y), sexta y séptima (X) de la Tabla 3.10.1 se indican los cálculos necesarios para realizar este ajuste lineal correspondiente. Una vez aplicado el procedimiento de ajuste por mínimos cuadrados, se obtiene lo siguiente:

$$a = -1.448,8 \qquad b = 0,153 \qquad r^2 = 0,9976$$

El coeficiente de regresión obtenido es bueno ($r^2 > 0,99$) y los parámetros buscados son:

$$b = \ln k_o = 0,153 \qquad a = -\frac{E_a}{R} = -1.448,8 \; K \qquad k_o = e^{0,153} = 1,1653 \; h^{-1}$$

$$E_a = (1.448,8 \; K) \cdot R = 1.448,8 \; K \cdot 1,987 \; \frac{cal}{mol \; K} = 2.878,77 \; \frac{cal}{mol} = 2,88 \; \frac{kcal}{mol}$$

Por lo tanto, finalmente, estamos en disposición de calcular la conversión que se esperaría al aplicar nuevas condiciones ($T = 1.000 \; °C$, $Q = 250 \; L/h$ y $R = 2$). Así, tenemos que:

$$k = k_o \; e^{\frac{-E_a}{RT}} = 1,1653 \; h^{-1} \cdot exp \left(\frac{-2,88 \; \frac{kcal}{mol} \left(\frac{1.000 \; cal}{1 \; kcal} \right)}{1,987 \; \frac{cal}{mol \; K} \cdot (1.000 + 273,25) \; K} \right)$$

$$k = 0,37326 \; h^{-1}$$

Por otra parte:

$$\frac{V \, k}{Q \, (R+1)} = \ln \left(\frac{1 - \left(\frac{R}{R+1} \right) x_A}{1 - x_A} \right) \qquad exp \left(\frac{V \, k}{Q \, (R+1)} \right) = \frac{1 - \left(\frac{R}{R+1} \right) x_A}{1 - x_A}$$

$$(1 - x_A) \, exp \left(\frac{V \, k}{Q \, (R+1)} \right) = 1 - \left(\frac{R}{R+1} \right) x_A$$

$$exp \left(\frac{V \, k}{Q \, (R+1)} \right) - x_A \, exp \left(\frac{V \, k}{Q \, (R+1)} \right) = 1 - \left(\frac{R}{R+1} \right) x_A$$

$$\left(\frac{R}{R+1} \right) x_A - x_A \, exp \left(\frac{V \, k}{Q \, (R+1)} \right) = 1 - exp \left(\frac{V \, k}{Q \, (R+1)} \right)$$

$$x_A \left(\frac{R}{R+1} - exp \left(\frac{V \, k}{Q \, (R+1)} \right) \right) = 1 - exp \left(\frac{V \, k}{Q \, (R+1)} \right)$$

$$x_A = \frac{1 - exp \left(\frac{V \, k}{Q \, (R+1)} \right)}{\frac{R}{R+1} - exp \left(\frac{V \, k}{Q \, (R+1)} \right)}$$

$$x_A = \frac{1 - exp\left(\dfrac{1{,}5\ m^3\ \left(\dfrac{1.000\ L}{1\ m^3}\right) \cdot 0{,}37326\ h^{-1}}{100\ \dfrac{L}{h}\ (2+1)}\right)}{\dfrac{2}{2+1} - exp\left(\dfrac{1{,}5\ m^3\ \left(\dfrac{1.000\ L}{1\ m^3}\right) \cdot 0{,}37326\ h^{-1}}{100\ \dfrac{L}{h}\ (2+1)}\right)} = 0{,}94251$$

En definitiva, se obtendría una conversión de:

$$x_A = 0{,}94$$

CAPÍTULO 4
Combinaciones de reactores ideales

Combinación de reactores de flujo en serie

Al conectar en serie un conjunto de reactores de flujo, el caudal que atraviesa cada elemento es el mismo que el que entra en el sistema (reacciones de volumen constante). Por lo tanto, en lo relativo a la cantidad de reacción que se produce en cada caso, podemos establecer las siguientes consideraciones:

a) Un conjunto infinito de reactores de flujo en mezcla completa (RFMC) cada uno de volumen infinitésimo, conectados en serie con un volumen total V, se comporta como un solo reactor de flujo en pistón (RFP) de volumen V. Cualquier otra cantidad de estos reactores iguales conectados en serie, se irá pareciendo menos al RFP cuanto menor sea su número. Obviamente, cuando ese número sea uno, el reactor se convierte en un RFMC de volumen V.

b) Un conjunto cualquiera de RFP conectados en serie, se comporta como un solo RFP de volumen igual a la suma de volúmenes.

c) Cuando se conecta en serie un RFMC con un RFP, la conversión alcanzada por el sistema depende del orden de colocación de los reactores y del orden de la reacción. Por ejemplo, para reacciones de orden positivo (que suele ser lo más frecuente), el orden de colocación que presenta mayor conversión es RFP – RFMC. Para reacciones de orden negativo, el orden de colocación más favorable es el inverso. Para reacciones de orden cero el orden de colocación es indiferente.

En la Figura 4.1 se muestran algunas de las combinaciones en serie típicas que se suelen aplicar a los reactores ideales de flujo.

Figura 4.1. Combinaciones en serie típicas.

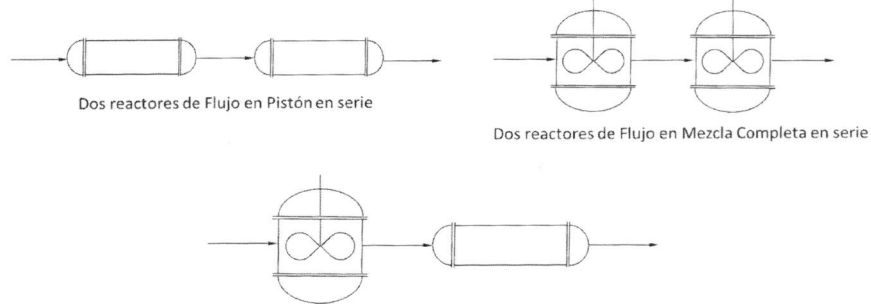

Dos reactores de Flujo en Pistón en serie

Dos reactores de Flujo en Mezcla Completa en serie

Combinación de un reactor de Flujo en Mezcla Completa y un reactor de Flujo en Pistón en serie

Combinación de reactores de flujo en paralelo

Al conectar en paralelo un conjunto de reactores, el caudal que derivemos por cada rama resulta determinante de la eficiencia global del sistema. Igualmente, el tamaño del reactor que se ubique en cada rama determina el resultado obtenido. Por lo tanto, en lo relativo a la cantidad de reacción que se produce en cada caso, podemos establecer las siguientes consideraciones:

a) Un número cualquiera de RFMC de igual volumen conectados en paralelo, y con igual caudal en cada rama, se comporta como un solo RFMC de volumen total y caudal total. Por lo tanto, a efectos de cantidad de reacción, resulta completamente indiferente dividir o no un RFMC en elementos paralelos menores. Sin embargo, este detalle sí puede tener relevancia a efectos de intercambios energéticos o costes de inmovilizado.

b) Un número cualquiera de RFP de igual volumen conectados en paralelo, y con igual caudal en cada rama, se comporta como un solo RFP de volumen total y caudal total. Por lo tanto, a efectos de cantidad de reacción, resulta igualmente indiferente dividir o no un RFP en elementos paralelos menores. Como antes, la segregación adquiere importancia a otros niveles.

En la Figura 4.2 se muestran algunas de las combinaciones en paralelo típicas que se suelen aplicar a los reactores ideales de flujo.

Figura 4.2. Combinaciones en paralelo típicas.

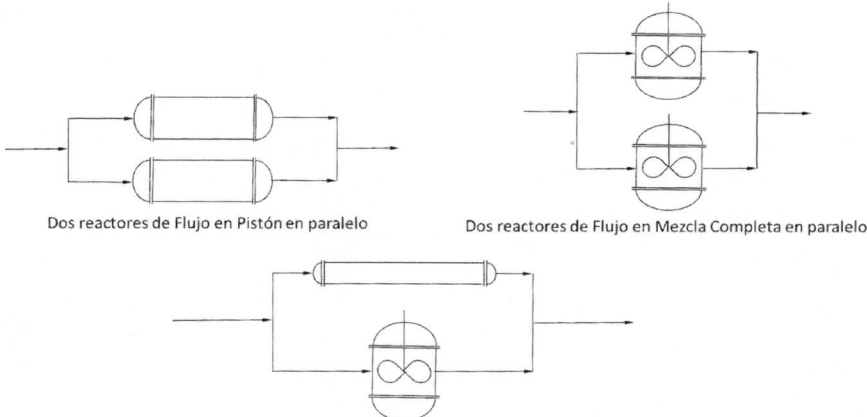

Dos reactores de Flujo en Pistón en paralelo

Dos reactores de Flujo en Mezcla Completa en paralelo

Combinación de un reactor de Flujo en Mezcla Completa y un reactor de Flujo en Pistón en paralelo

Bibliografía recomendada

- Levenspiel, O. "El Omnilibro de los Reactores Químicos". Ed. Reverté (1985).
- Levenspiel, O. "Ingeniería de las Reacciones Químicas", 3ª edición. Ed. Limusa (2012).

PROBLEMA 4.1. Combinación de RFMCs de igual volumen en serie y en paralelo

Se dispone de un conjunto de tanques perfectamente agitados de 100 L y de una bomba que alimenta el sistema a razón de 100 L/min, con lo que se pretende llevar a cabo la reacción elemental en fase líquida [A → R + S]. En las condiciones de la reacción, la constante de velocidad vale 2 min⁻¹. ¿Cuál es el mínimo número de tanques que habría que conectar en serie para alcanzar una conversión del 95 %? ¿Qué conversión se alcanzaría si se conectara ese mismo número de tanques en paralelo?

SOLUCIÓN

a) En serie

Puesto que se trata de una reacción elemental de primer orden en fase líquida, la ecuación cinética es la siguiente:

$$-r_A = -\frac{dA}{dt} = k\,A = k\,A_o(1 - x_A)$$

En estas circunstancias suponemos un comportamiento ideal de los reactores (RFMC) y, entonces, la ecuación de diseño que debemos aplicar es la siguiente:

$$\frac{V}{Q} = A_o \frac{x_{A1} - x_{Ao}}{(-r_A)_1} = A_o \frac{x_{A1} - x_{Ao}}{k\,A_o\,(1 - x_{A1})} = \frac{x_{A1} - x_{Ao}}{k\,(1 - x_{A1})} \qquad \frac{V}{Q}k = Da = \frac{x_{A1} - x_{Ao}}{1 - x_{A1}}$$

Y la conversión de salida del primer RFMC sería:

$$Da(1 - x_{A1}) = x_{A1} - x_{Ao} \qquad Da - Da\,x_{A1} = x_{A1} - x_{Ao}$$

$$Da + x_{Ao} = x_{A1} + Da\,x_{A1} = x_{A1}(1 + Da)$$

$$x_{A1} = \frac{Da + x_{Ao}}{Da + 1} \qquad x_{Ao} = 0 \qquad x_{A1} = \frac{Da}{Da + 1}$$

Puesto que el volumen de cada unidad es de 100 L y el caudal que alimenta el sistema (y cada unidad) es de 100 L/min, el número de Damköhler (*Da*) que representa la cantidad de reacción que se produce en cada reactor vale:

$$Da = \frac{V}{Q}k = \frac{100\,L}{100\,\dfrac{L}{min}}\,2\,\frac{1}{min} = 2$$

Si colocamos un segundo RFMC en serie con el primero, debemos aplicar la misma ecuación de diseño que antes. Además, la constante cinética, el tamaño del reactor y el caudal son también los mimos, por lo que el Da del segundo reactor es también el mismo ($Da = 2$). Así, tendríamos la siguiente conversión de salida del segundo elemento:

$$\frac{V}{Q}k = Da = \frac{x_{A2} - x_{A1}}{1 - x_{A2}}$$

$$x_{A2} = \frac{Da + x_{A1}}{Da + 1} = \frac{Da + \dfrac{Da + x_{Ao}}{Da + 1}}{Da + 1} = \frac{Da}{(Da + 1)} + \frac{Da}{(Da + 1)^2} + \frac{x_{Ao}}{(Da + 1)^2}$$

$$x_{A2} = Da\left(\frac{1}{(Da + 1)} + \frac{1}{(Da + 1)^2}\right) + \frac{x_{Ao}}{(Da + 1)^2}$$

$$x_{Ao} = 0 \qquad x_{A2} = Da\left(\frac{1}{(Da + 1)} + \frac{1}{(Da + 1)^2}\right)$$

Para 3 reactores en serie, tenemos que la conversión de salida sería:

$$\frac{V}{Q}k = Da = \frac{x_{A3} - x_{A2}}{1 - x_{A3}}$$

$$x_{A3} = \frac{Da + x_{A2}}{Da + 1} = \frac{Da + \dfrac{Da + x_{A1}}{Da + 1}}{Da + 1} = \frac{Da + \dfrac{Da + \dfrac{Da + x_{Ao}}{Da + 1}}{Da + 1}}{Da + 1}$$

$$x_{A3} = Da\left(\frac{1}{(Da + 1)} + \frac{1}{(Da + 1)^2} + \frac{1}{(Da + 1)^3}\right) + \frac{x_{Ao}}{(Da + 1)^3}$$

$$x_{Ao} = 0 \qquad x_{A3} = Da\left(\frac{1}{(Da + 1)} + \frac{1}{(Da + 1)^2} + \frac{1}{(Da + 1)^3}\right)$$

Finalmente, para n reactores en serie, la conversión de salida sería:

$$\frac{V}{Q}k = Da = \frac{x_{An} - x_{An-1}}{1 - x_{An}}$$

$$x_{An} = \frac{Da + x_{An-1}}{Da + 1} = \frac{Da + \dfrac{Da + x_{An-2}}{Da + 1}}{Da + 1} = \frac{Da + \dfrac{Da + \dfrac{Da + x_{An-3}}{Da + 1}}{Da + 1}}{Da + 1} = \cdots$$

$$x_{An} = Da\left(\frac{1}{(Da + 1)} + \frac{1}{(Da + 1)^2} + \frac{1}{(Da + 1)^3} + \cdots + \frac{1}{(Da + 1)^n}\right) + \frac{x_{Ao}}{(Da + 1)^n}$$

$$x_{Ao} = 0 \qquad x_{An} = Da\left(\frac{1}{(Da + 1)} + \frac{1}{(Da + 1)^2} + \frac{1}{(Da + 1)^3} + \cdots + \frac{1}{(Da + 1)^n}\right)$$

$$x_{An} = \sum_{i=1}^{n} \frac{Da}{(Da + 1)^i}$$

La suma S de una serie geométrica de k términos n_i vale:

$$S = n_1 + n_2 + n_3 + \cdots + n_k \qquad\qquad n_{i+1} = r \cdot n_i$$

$$S = n_1 + n_1\, r + n_1\, r^2 + \cdots + n_1\, r^{k-1} = \sum_{i=0}^{k-1} n_1\, r^i$$

$$S = n_1 \sum_{i=0}^{k-1} r^i = n_1 \sum_{i=0}^{k-1} r^i \left(\frac{1-r}{1-r}\right) = \frac{n_1}{1-r} \sum_{i=0}^{k-1} r^i\,(1-r) = \frac{n_1}{1-r} \sum_{i=0}^{k-1} \left(r^i - r^{i+1}\right)$$

$$S = \frac{n_1}{1-r}\,(1-r^k) = n_1\,\frac{1-r^k}{1-r}$$

Luego, en nuestro caso, la conversión de salida de la serie es:

$$\sum_{i=1}^{n} \frac{Da}{(Da+1)^i} = \sum_{i=0}^{n-1} \frac{Da}{Da+1}\cdot\left(\frac{1}{Da+1}\right)^i \qquad n_1 = \frac{Da}{Da+1} \qquad r = \frac{1}{Da+1}$$

$$x_{An} = \sum_{i=1}^{n} \frac{Da}{(Da+1)^i} = \sum_{i=0}^{n-1} \frac{Da}{Da+1}\cdot\left(\frac{1}{Da+1}\right)^i = \frac{Da}{Da+1}\left(\frac{1-\dfrac{1}{(Da+1)^n}}{1-\dfrac{1}{Da+1}}\right)$$

$$x_{An} = \frac{\dfrac{Da}{Da+1}}{1-\dfrac{1}{Da+1}}\left(1-\frac{1}{(Da+1)^n}\right) = \frac{1}{\dfrac{Da+1}{Da}-\dfrac{1}{Da}}\left(1-\frac{1}{(Da+1)^n}\right)$$

$$= \left(\frac{1}{1+\dfrac{1}{Da}-\dfrac{1}{Da}}\right)\left(1-\frac{1}{(Da+1)^n}\right)$$

$$x_{An} = 1 - \frac{1}{(Da+1)^n}$$

Así pues, para un sistema de n RFMC en serie, con Damköhler unitario igual a 2 y cuya conversión de salida es 0,95, tenemos que el número de reactores n debe ser:

$$x_{An} = 1 - \frac{1}{(Da+1)^n} \qquad \frac{1}{(Da+1)^n} = 1 - x_{An} \qquad (Da+1)^n = \frac{1}{1-x_{An}}$$

$$n\,\ln(Da+1) = \ln\left(\frac{1}{1-x_{An}}\right) \qquad n = \frac{\ln\left(\dfrac{1}{1-x_{An}}\right)}{\ln(Da+1)}$$

$$n = \frac{\ln\left(\dfrac{1}{1-x_{An}}\right)}{\ln(Da+1)} = \frac{\ln\left(\dfrac{1}{1-0{,}95}\right)}{\ln(2+1)} = 2{,}73$$

Por lo tanto, habría que conectar en serie como mínimo 3 tanques del tipo indicado para alcanzar una conversión igual o superior al 95 %. Hay que tener en cuenta que 2 reactores aún no producirían esa conversión y 2,73 reactores no es un número natural. Si se desea conocer la conversión que se obtendría en realidad a la salida del tercer tanque, tenemos que:

$$x_{A3} = \sum_{i=1}^{3} \frac{Da}{(Da+1)^i} = \frac{Da}{Da+1} \left(\frac{1 - \frac{1}{(Da+1)^3}}{1 - \frac{1}{Da+1}} \right) = \frac{2}{2+1} \left(\frac{1 - \frac{1}{(2+1)^3}}{1 - \frac{1}{2+1}} \right)$$

$$x_{A3} = \frac{2}{3} \left(\frac{\frac{26}{27}}{\frac{2}{3}} \right) = \frac{26}{27} = 0{,}963$$

b) En paralelo

Se pide ahora la conversión que se obtendría si se conectara ese mismo número de tanques en paralelo ($n = 3$). En este caso, aunque podemos seguir considerando que cada unidad se comporta como un RFMC, el caudal que atraviesa cada una de ellas debe ser $1/n$ del caudal que alimenta el sistema, puesto que la conexión en paralelo exige la segregación de la corriente principal en n ramas iguales. Por lo tanto, ahora el caudal de cada unidad sería $Q = 100/3 = 33{,}333$ L/min. En definitiva, la conversión alcanzada por cada uno de los tres tanques conectados en paralelo sería la siguiente:

$$x_{A1} = \frac{Da + x_{Ao}}{Da+1} = \frac{Da + 0}{Da+1} \qquad x_{A1} = \frac{Da}{Da+1}$$

$$Da = \frac{V}{Q} k = \frac{100\,L}{\frac{100}{3}\,\frac{L}{min}} 2\,\frac{1}{min} = 6 \qquad x_{A1} = \frac{Da}{Da+1} = \frac{6}{6+1} = \frac{6}{7}$$

Es decir, la conversión de salida de cada taque sería:

$$x_A = 0{,}857$$

Puesto que las tres corrientes de salida iguales se mezclan en una combinación en paralelo, la salida final del sistema tendría esa misma conversión. Además, se puede comprobar, como se ha indicado en la introducción teórica, que el conjunto de varios RFMC en paralelo se comporta como un solo RFMC de volumen y caudal iguales a la suma total del sistema ($x_A = 0{,}857$). Por otra parte, el conjunto de los mismos RFMC en serie presenta mayor conversión ($x_A = 0{,}963$), puesto que esta configuración tiende a parecerse más a un solo RFP cuyo volumen sea el total del sistema y su caudal sea el total del sistema.

PROBLEMA 4.2. Combinación de RFPs de igual volumen (serie, paralelo y mixto)

Se dispone de 4 tubos de 1 m de largo y 5 cm de diámetro cada uno. El conjunto se conecta en serie, de modo que una bomba de 60 L/min lo alimenta con una disolución acuosa 1 M del reactivo. En el equipo se lleva a cabo la siguiente reacción elemental [2 A → P], obteniéndose a la salida una concentración de P igual a 0,47 M. Calcule la concentración de producto que se obtendría en los siguientes casos:

  c) Los 4 reactores se conectan en paralelo, de modo que la corriente de alimentación se bifurca en cuatro ramas iguales.

  d) Los 4 reactores se conectan en un sistema mixto (serie-paralelo). En este caso, las unidades siguen conectadas en serie, pero la corriente de alimentación del sistema se bifurca también en cuatro ramas iguales. La primera de ellas alimenta al primer reactor y cada una de las otras se mezcla sucesivamente con la salida de cada uno de los reactores. Por lo tanto. la corriente que entra al último reactor y que sale del sistema presenta el mismo caudal que la que alimenta el conjunto.

SOLUCIÓN

a) En paralelo

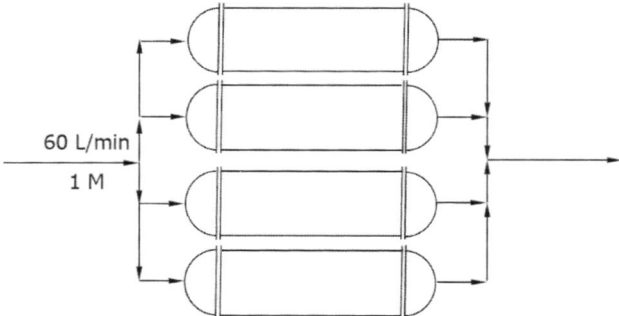

Se trata de una reacción de orden 2 en disolución, con estequiometría 2:1. Por lo tanto, la ecuación cinética que representa el sistema es la siguiente:

$$-r_A = -\frac{dA}{dt} = k_A\, A^2 = k_A\left(A_o(1-x_A)\right)^2 = k_A\, A_o{}^2\,(1-x_A)^2 \qquad r_P = \frac{dP}{dt} = k_P\, A^2$$

$$\frac{-r_A}{2} = \frac{r_P}{1} \qquad \frac{k_A}{2} = \frac{k_P}{1} = k \qquad k_A = 2\,k \qquad -r_A = 2\,k\,A_o{}^2\,(1-x_A)^2$$

$$\frac{A_o - A}{2} = \frac{P - P_o}{1} \qquad \frac{A_o - A}{2} = P - 0 = P \qquad P = \frac{A_o x_A}{2}$$

El volumen de cada uno de los reactores es el siguiente:

$$V = S \cdot H = \pi R^2 \cdot H = \pi \left(\frac{D}{2}\right)^2 H = \pi \left(\frac{5 \; cm}{2}\right)^2 1 \; m \left(\frac{100 \; cm}{1 \; m}\right) = 1.963,5 \; cm^3$$

Puesto que se trata de tubos largos y estrechos, podemos suponer que se comportan como reactores de flujo en pistón. Por lo tanto, la ecuación de diseño a aplicar en este caso sería la siguiente:

$$\tau = \frac{V}{Q} = A_o \int_{x_{Ao}}^{x_A} \frac{dx_A}{(-r_A)} = A_o \int_{x_{Ao}}^{x_A} \frac{dx_A}{2 \; k \; [A_o(1 - x_A)]^2} = \frac{1}{2 \; k \; A_o} \int_{x_{Ao}}^{x_A} \frac{dx_A}{(1 - x_A)^2}$$

$$\frac{V}{Q} 2 \; k \; A_o = \frac{V}{Q} k_A \; A_o = Da_{II} = \int_{x_{Ao}}^{x_A} \frac{dx_A}{(1 - x_A)^2}$$

Aquí, el número de Damköhler se refiere a una reacción de segundo orden (Da_{II}) y, por ello, incluye también a la concentración inicial del reactivo (A_o) entre las variables agrupadas. Para resolver la integral, realizamos el cambio de variable conocido:

$$u = 1 - x_A \qquad\qquad du = -dx_A$$

$$\int \frac{dx_A}{(1 - x_A)^2} = \int -\frac{du}{u^2} = \int -u^{-2} \; du = u^{-1} = \frac{1}{u} = \frac{1}{1 - x_A}$$

$$\frac{V}{Q} 2 \; k \; A_o = Da_{II} = \int_{x_{Ao}}^{x_A} \frac{dx_A}{(1 - x_A)^2} = \left[\frac{1}{1 - x_A}\right]_{x_{Ao}}^{x_A} = \left[\frac{1}{1 - x_A} - \frac{1}{1 - x_{Ao}}\right]$$

Si $x_{Ao} = 0$, entonces:

$$Da_{II} = \frac{1}{1 - x_A} - \frac{1}{1 - 0} = \frac{x_A}{1 - x_A}$$

Puesto que el sistema se trata de un conjunto de RFP en serie, sabemos que se comporta como un solo RFP, cuyo volumen es la suma de volúmenes. Así, el volumen total (V_T) y el número de Damköhler de segundo orden (Da_{II}) del sistema son los siguientes:

$$V_T = \sum_{i=1}^{n} V_i = V_1 + V_2 + V_3 + V_4 = 4 \; V_1 = 4 \cdot 1.963,5 \; cm^3 = 7.854 \; cm^3$$

$$\frac{V_T}{Q} 2 \; k \; A_o = \tau_T \; k_A \; A_o = Da_{II}$$

Por lo tanto, a partir de los datos proporcionados en el enunciado, se puede calcular el valor de la constante cinética general (k).

$$P = \frac{A_o x_A}{2} \qquad\qquad x_A = \frac{2 \; P}{A_o} = \frac{2 \cdot 0,47 \; M}{1 \; M} = 0,94$$

$$Da_{II} = \frac{x_A}{1 - x_A} = \frac{0,94}{1 - 0,94} = 15,667 \qquad Da_{II} = \frac{V_T}{Q} 2 \, k \, A_o$$

$$k = Da_{II} \frac{Q}{2 \, V_T \, A_o} = 15,667 \ \frac{60 \ \dfrac{L}{min}}{2 \cdot 7.854 \ cm^3 \left(\dfrac{1 \, L}{1.000 \ cm^3}\right) \cdot 1 \ \dfrac{mol}{L}} = 59,84 \ \frac{L}{mol \ min}$$

Si ahora cambiamos la configuración del sistema de serie a paralelo, cada reactor se alimentará con un caudal Q' que será un cuarto del anterior (Q). Además, el volumen de cada sección (V') será también de un cuarto del total (V_T). Por otra parte, tanto la concentración de entrada del reactivo (A_o) como la constante cinética general de la reacción (k) seguirán siendo las mismas. Así, el valor del Damköhler en cada rama (Da_{II}') será ahora el siguiente.

$$Q' = \frac{Q}{4} \qquad V' = \frac{V_T}{4} \qquad Da_{II}' = \frac{V'}{Q'} 2 \, k \, A_o = \frac{\dfrac{V_T}{4}}{\dfrac{Q}{4}} 2 \, k \, A_o = \frac{V_T}{Q} 2 \, k \, A_o = Da_{II}$$

En definitiva, dado que tanto el volumen implicado en cada rama como su caudal corresponden a la misma fracción del total, el tiempo de residencia en cada una de ellas y su Damköhler (Da_{II}') es el mismo para todas y también para el sistema completo (Da_{II}). Esto resulta incluso independiente de que combinemos las unidades en serie o en paralelo. Es decir, en un sistema de RFP en paralelo, la conversión obtenida a la salida de cada rama debe ser la misma que la obtenida por el sistema completo:

$$Da_{II}' = Da_{II} = \frac{x_A}{1 - x_A} = \frac{0,94}{1 - 0,94} = 15,667 \qquad Da_{II}' = \frac{x_A'}{1 - x'_A}$$

$$Da_{II}'\left(1 - x'_A{}_A\right) = x_A' \qquad Da_{II}' - Da_{II}' \, x_A' = x_A'$$

$$Da_{II}' = x_A' + Da_{II}' \, x_A' = x_A'(1 + Da_{II}') \qquad x_A' = \frac{Da_{II}'}{1 + Da_{II}'} = \frac{15,667}{1 + 15,667} = 0,94$$

Igualmente, la concentración de producto P obtenida a la salida de cada rama también sería la misma que la del sistema completo:

$$P = \frac{A_o x_A}{2} = \frac{1 \, M \cdot 0,94}{2} = 0,47 \, M$$

Finalmente, puesto que todas las ramas del sistema en paralelo tienen la misma concentración de producto, la mezcla de todas ellas también tendría la misma. En definitiva, a la salida del sistema RFP en paralelo se obtendría la misma concentración y caudal que a la salida del sistema RFP en serie.

b) Mixto (serie-paralelo)

En este caso se sustituye el sistema inicial por otro mixto (serie-paralelo), en el que los caudales de entrada a cada reactor son diferentes. Así, en el primer reactor tenemos un caudal igual a la cuarta parte del total, pero también tenemos que su volumen es un cuarto del volumen total del sistema.

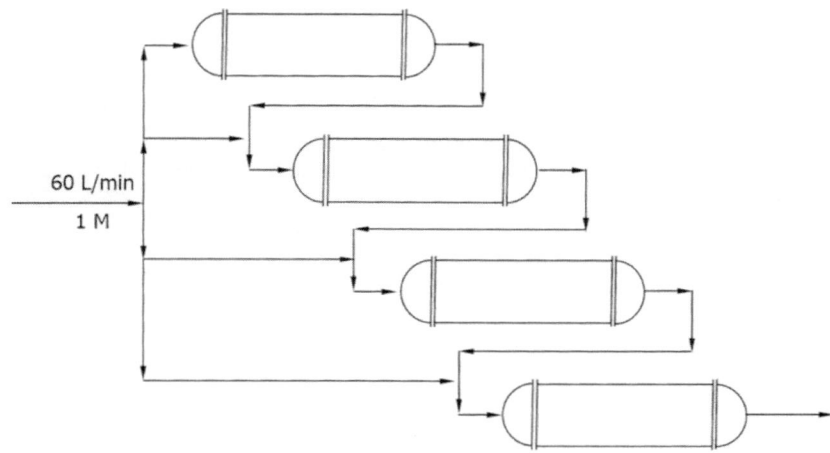

Por lo tanto, su Damköhler (Da_{II1}), es el mismo que el del sistema anterior (Da_{II}). Así:

$$Q_1 = \frac{Q}{4} \qquad V_1 = \frac{V_T}{4}$$

$$Da_{II1} = \frac{V_1}{Q_1} 2\,k\,A_o = \frac{\frac{V_T}{4}}{\frac{Q}{4}} k_A\,A_o = \frac{V_T}{Q} 2\,k\,A_o = Da_{II} = 15,667$$

Como consecuencia, aplicando la ecuación de diseño del RFP para esta unidad tenemos que:

$$Da_{II1} = \left[\frac{1}{1-x_{A1}}\right]_{x_{Ao}}^{x_{Af}} = \frac{1}{1-x_{Af1}} - \frac{1}{1-x_{Ao1}} = \frac{1}{1-x_{Af1}} - \frac{1}{1-0} = \frac{x_{Af1}}{1-x_{Af1}}$$

$$Da_{II1} = \frac{x_{Af1}}{1-x_{Af1}} \qquad Da_{II1}(1-x_{Af1}) = x_{Af1} \qquad Da_{II1} - Da_{II1}\,x_{Af1} = x_{Af1}$$

$$Da_{II1} = x_{Af1} + Da_{II1}\,x_{Af1} \qquad Da_{II1} = x_{Af1}[1 + Da_{II1}]$$

$$x_{Af1} = \frac{Da_{II1}}{1 + Da_{II1}} = \frac{15,667}{1 + 15,667} = 0,94$$

Es decir, las concentraciones de A y de P a la salida del primer reactor (A_{f1} y P_{f1}) serían las siguientes:

$$A_{f1} = A_o \left(1 - x_{Af1}\right) = 1 \left(1 - 0{,}94\right) = 0{,}06 \; M$$

$$\frac{A_{o1} - A_{f1}}{2} = \frac{P_{f1} - P_{o1}}{1} = \frac{P_{f1} - 0}{1} = P_{f1} \qquad P_{f1} = \frac{A_{o1} - A_{f1}}{2} = \frac{1 - 0{,}06}{2} = 0{,}47 \; M$$

Ahora, la corriente de salida del primer reactor se mezcla con una nueva rama de alimentación antes de entrar al segundo reactor. Por lo tanto, tenemos los siguientes valores en la corriente de entrada al segundo reactor:

$$Q_2 = Q_1 + Q_o = \frac{Q}{4} + \frac{Q}{4} = \frac{Q}{2} \qquad V_2 = \frac{V_T}{4}$$

Por otra parte, en el punto de mezcla de estas dos corrientes podemos aplicar un balance de materia al reactivo A y al producto P, para establecer los nuevos valores de concentración que entran al segundo reactor (A_{o2} y P_{o2}):

$$M_{A2} = M_{Ao} + M_{A1} \qquad M_{P2} = M_{Po} + M_{P1}$$

$$A_{o2} \, Q_2 = A_o \, Q_o + A_{f1} \, Q_1 \qquad A_{o2} \, \frac{Q}{2} = A_o \, \frac{Q}{4} + A_o \left(1 - x_{Af1}\right) \frac{Q}{4}$$

$$A_{o2} = \frac{A_o \, \frac{Q}{4} \left(1 + 1 - x_{Af1}\right)}{\frac{Q}{2}} = \frac{A_o \left(2 - x_{Af1}\right)}{2} = \frac{1 \left(2 - 0{,}94\right)}{2} = 0{,}53 \; M$$

$$x_{Ao2} = \frac{A_o - A_{o2}}{A_o} = \frac{1 \, M - 0{,}53 \, M}{1 \, M} = 0{,}47$$

$$P_{o2} \, Q_2 = P_o \, Q_o + P_{f1} \, Q_1 \qquad P_{o2} \, \frac{Q}{2} = 0 \cdot \frac{Q}{4} + P_{f1} \frac{Q}{4} \qquad P_{o2} = \frac{P_{f1} \frac{Q}{4}}{\frac{Q}{2}} = \frac{P_{f1}}{2}$$

$$P_{o2} = \frac{P_{f1}}{2} = \frac{0{,}47 \, M}{2} = 0{,}235 \; M$$

Finalmente, el Damköhler del segundo reactor (Da_{II2}) sería el siguiente:

$$(Da_2)_2 = \frac{V_2}{Q_2} k_A A_o = \frac{\frac{V_T}{4}}{\frac{Q}{2}} k_A A_o = \frac{V_T}{2 \, Q} k_A A_o = \frac{\left(\frac{V_T}{Q} k_A A_o\right)}{2} = \frac{Da_2}{2} = \frac{15{,}67}{2} = 7{,}835$$

En consecuencia, aplicando nuevamente la ecuación de diseño del RFP para la segunda unidad, podemos calcular su conversión de salida (x_{Af2}), y sus concentraciones de salida (A_{f2} y P_{f2}).

$$Da_{II2} = \left[\frac{1}{1 - x_{A2}}\right]_{x_{Ao}}^{x_{Af}} = \frac{1}{1 - x_{Af2}} - \frac{1}{1 - x_{Ao2}}$$

$$Da_{II2} + \frac{1}{1 - x_{Ao2}} = \frac{1}{1 - x_{Af2}} \qquad \frac{1}{Da_{II2} + \frac{1}{1 - x_{Ao2}}} = 1 - x_{Af2}$$

$$x_{Af2} = 1 - \frac{1}{Da_{II2} + \frac{1}{1 - x_{Ao2}}} = 1 - \frac{1}{7,835 + \frac{1}{1 - 0,47}} = 0,897$$

$$A_{f2} = A_o \left(1 - x_{Af2}\right) = 1\, M(1 - 0,897) = 0,1029\, M \qquad \frac{A_{o2} - A_{f2}}{2} = \frac{P_{f2} - P_{o2}}{1}$$

$$P_{f2} = P_{o2} + \frac{A_{o2} - A_{f2}}{2} = 0,235\, M + \frac{0,53\, M - 0,1029\, M}{2} = 0,4486\, M$$

Una vez determinadas dichas variables, pasamos a analizar el tercer elemento del sistema. Nuevamente, la corriente de salida del segundo se mezcla con otra rama de alimentación antes de entrar al tercero. Por lo que volvemos a tener que:

$$Q_3 = Q_2 + Q_o = \frac{Q}{2} + \frac{Q}{4} = \frac{3\,Q}{4} \qquad V_3 = \frac{V_T}{4}$$

$$A_{o3}\, Q_3 = A_o\, Q_o + A_{f2}\, Q_2 \qquad A_{o3} \frac{3\,Q}{4} = A_o \frac{Q}{4} + A_o \left(1 - x_{Af2}\right)\frac{Q}{2}$$

$$A_{o3} = \frac{A_o Q \left(\frac{1}{4} + \frac{1 - x_{Af2}}{2}\right)}{\frac{3\,Q}{4}} = A_o \left(\frac{1}{3} + \frac{2 - 2\,x_{Af2}}{3}\right) = A_o \left(\frac{1}{3} + \frac{2}{3} - \frac{2\,x_{Af2}}{3}\right)$$

$$A_{o3} = A_o \left(1 - \frac{2\,x_{Af2}}{3}\right) = 1\, M \left(1 - \frac{2 \cdot 0,897}{3}\right) = 0,4019\, M$$

$$x_{Ao3} = \frac{A_o - A_{o3}}{A_o} = \frac{1\, M - 0,4019\, M}{1\, M} = 0,5981$$

$$P_{o3}\, Q_3 = P_o\, Q_o + P_{f2}\, Q_2 \qquad P_{o3} \frac{3\,Q}{4} = 0 \cdot \frac{Q}{4} + P_{f2} \frac{Q}{2}$$

$$P_{o3} = \frac{P_{f2} \frac{Q}{2}}{\frac{3\,Q}{4}} = \frac{P_{f2}\, 4}{6} = \frac{0,4486\, M \cdot 2}{3} = 0,2991\, M$$

Y el Damköhler del tercer reactor (Da_{II3}) sería el siguiente:

$$(Da_2)_3 = \frac{V_3}{Q_3} k_A A_o = \frac{\frac{V_T}{4}}{\frac{3\,Q}{4}} k_A A_o = \frac{\left(\frac{V_T}{Q} k_A A_o\right)}{3} = \frac{Da_2}{3} = \frac{15,67}{3} = 5,2233$$

Por lo tanto, las concentraciones de salida son:

$$Da_{II3} = \left[\frac{1}{1 - x_{A3}}\right]_{x_{Ao}}^{x_{Af}} = \frac{1}{1 - x_{Af3}} - \frac{1}{1 - x_{Ao3}}$$

$$Da_{II3} + \frac{1}{1 - x_{Ao3}} = \frac{1}{1 - x_{Af3}} \qquad \frac{1}{Da_{II3} + \frac{1}{1 - x_{Ao3}}} = 1 - x_{Af3}$$

$$x_{Af3} = 1 - \frac{1}{Da_{II3} + \frac{1}{1 - x_{Ao3}}} = 1 - \frac{1}{5,2233 + \frac{1}{1 - 0,5981}} = 0,8703$$

$$A_{f3} = A_o \left(1 - x_{Af3}\right) = 1\,M\,(1 - 0,8703) = 0,1297\,M$$

$$\frac{A_{o3} - A_{f3}}{2} = \frac{P_{f3} - P_{o3}}{1}$$

$$P_{f3} = P_{o3} + \frac{A_{o3} - A_{f3}}{2} = 0,2991\,M + \frac{0,4019\,M - 0,1297\,M}{2} = 0,4352\,M$$

Finalmente, la corriente que sale del tercer reactor se mezcla con la última rama de alimentación antes de entrar al cuarto. Así que aquí tenemos:

$$Q_4 = Q_3 + Q_o = \frac{3\,Q}{4} + \frac{Q}{4} = Q \qquad V_4 = \frac{V_T}{4}$$

$$A_{o4}\,Q_4 = A_o\,Q_o + A_{f3}\,Q_3 \qquad A_{o4}\,Q = A_o\,\frac{Q}{4} + A_o\left(1 - x_{Af3}\right)\frac{3\,Q}{4}$$

$$A_{o4} = \frac{A_o Q \left(\frac{1}{4} + \frac{3}{4}(1 - x_{Af3})\right)}{Q} = A_o \left(\frac{1}{4} + \frac{3}{4}(1 - x_{Af3})\right) = A_o \left(\frac{1}{4} + \frac{3}{4} - \frac{3\,x_{Af3}}{4}\right)$$

$$A_{o4} = A_o \left(1 - \frac{3\,x_{Af3}}{4}\right) = 1\,M \left(1 - \frac{3 \cdot 0,8703}{4}\right) = 0,3473\,M$$

$$x_{Ao4} = \frac{A_o - A_{o4}}{A_o} = \frac{1\,M - 0,3473\,M}{1\,M} = 0,6527$$

$$P_{o4}\,Q_4 = P_o\,Q_o + P_{f3}\,Q_3 \qquad P_{o4}\,Q = 0 \cdot \frac{Q}{4} + P_{f3}\frac{3\,Q}{4}$$

$$P_{o4} = \frac{P_{f3}\frac{3\,Q}{4}}{Q} = \frac{P_{f3}\,3}{4} = \frac{0,4352\,M \cdot 3}{4} = 0,3264\,M$$

Ahora, el Damköhler del cuarto reactor (Da_{II4}) sería:

$$(Da_2)_4 = \frac{V_4}{Q_4}k_A\,A_o = \frac{\frac{V_T}{4}}{Q}k_A\,A_o = \frac{\left(\frac{V_T}{Q}k_A\,A_o\right)}{4} = \frac{Da_2}{4} = \frac{15,67}{4} = 3,9175$$

Y las concentraciones de salida:

$$Da_{II4} = \left[\frac{1}{1 - x_{A4}}\right]_{x_{Ao}}^{x_{Af}} = \frac{1}{1 - x_{Af4}} - \frac{1}{1 - x_{Ao4}}$$

$$Da_{II4} + \frac{1}{1 - x_{Ao4}} = \frac{1}{1 - x_{Af4}} \qquad \frac{1}{Da_{II4} + \dfrac{1}{1 - x_{Ao4}}} = 1 - x_{Af4}$$

$$x_{Af4} = 1 - \frac{1}{Da_{II4} + \dfrac{1}{1 - x_{Ao4}}} = 1 - \frac{1}{3,9175 + \dfrac{1}{1 - 0,6527}} = 0,8529$$

$$A_{f4} = A_o \left(1 - x_{Af4}\right) = 1\,M(1 - 0,8529) = 0,1471\,M \qquad \frac{A_{o4} - A_{f4}}{2} = \frac{P_{f4} - P_{o4}}{1}$$

$$P_{f4} = P_{o4} + \frac{A_{o4} - A_{f4}}{2} = 0,3264\,M + \frac{0,3473\,M - 0,1471\,M}{2} = 0,4264\,M$$

Esta es, por lo tanto, la concentración de salida del cuarto reactor, que corresponde a la salida del sistema mixto.

NOTA

Como se puede observar, si distribuimos la corriente alimentación a lo largo de la serie de unidades en lugar de inyectarla toda en cabeza, se reduce la eficacia del sistema. En este caso, por ejemplo, en el sistema mixto se pierde aproximadamente el 10 % de la productividad que se obtiene en el sistema paralelo o serie (0,4264 M con respecto a 0,47 M, respectivamente).

No obstante, hay que tener en cuenta que la distribución de la alimentación a lo largo de la serie también redistribuirá la aplicación o eliminación del calor necesario (y del consumo de energía correspondiente). Por lo tanto, esta estrategia puede tener cierto interés, aunque se pierda eficacia. Al dispersar los intercambios de calor se pueden evitar zonas demasiado calientes (o demasiado frías) y reducir los costes de inmovilizado o de operación. En definitiva, como ocurre con otros aspectos del diseño de reactores, la combinación óptima de las unidades dependerá del balance entre la eficacia alcanzada y el esfuerzo (económico) requerido en cada caso.

FIN DE LA NOTA

PROBLEMA 4.3. Combinación de RFPs de diferentes volúmenes en paralelo

Un par de reactores cilíndricos se disponen en paralelo para llevar a cabo la siguiente reacción elemental en estado gaseoso [A → 2 P]. El primero mide 2 m de largo y 2 cm de diámetro, mientras que el segundo mide 50 cm de largo y 10 cm de diámetro. La constante cinética respecto a A vale 0,1 s^{-1}. Todo el sistema funciona abierto a presión atmosférica (1 atm) y 200 °C. La corriente de alimentación consiste en una mezcla al 50 % en volumen del reactivo A y de un inerte I, a razón de 0,5 L/s (medidos en las condiciones de reacción). Calcule la concentración de P a la salida del sistema en el caso de que se bifurque al primero de los reactores la siguiente fracción del caudal total: a) 75 %; b) 50 %; y c) 25 %.

SOLUCIÓN

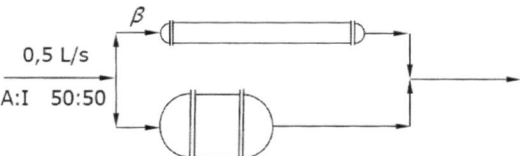

Tenemos una reacción de primer orden en estado gaseoso que presenta un incremento estequiométrico no nulo ($\sigma = 1$, expansiva). Por lo tanto, debemos tener en cuenta el coeficiente de expansión (ε_A). Así, la ecuación cinética resulta:

$$-r_A = -\frac{1}{V}\frac{dn_A}{dt} = k_A\, A \qquad r_P = \frac{1}{V}\frac{dn_P}{dt} = k_P\, A \qquad \frac{-r_A}{1} = \frac{r_P}{2} \qquad \frac{k_A}{1} = \frac{k_P}{2} = k$$

$$-r_A = -\frac{1}{V}\frac{dn_A}{dt} = k\, A = k\,\frac{n_A}{V} = k\,\frac{n_{Ao}(1-x_A)}{V_o(1+\varepsilon_A\, x_A)} = k\, A_o\,\frac{1-x_A}{1+\varepsilon_A\, x_A}$$

Y el balance estequiométrico nos conduce a:

$$\frac{n_{Ao}-n_A}{1} = \frac{n_P - n_{Po}}{2} \qquad 2\,(n_{Ao}-n_A) = n_P - 0 = n_P$$

$$2\left(\frac{n_{Ao}-n_A}{V}\right) = \frac{n_P}{V} \qquad 2\left(\frac{n_{Ao}-n_{Ao}(1-x_A)}{V_o(1+\varepsilon_A\, x_A)}\right) = \frac{n_P}{V} \qquad 2\, A_o\left(\frac{1-1+x_A}{1+\varepsilon_A\, x_A}\right) = P$$

$$P = 2\, A_o\left(\frac{x_A}{1+\varepsilon_A\, x_A}\right)$$

Puesto que tenemos una mezcla gaseosa del reactivo A y del inerte I expresada en forma de porcentaje volumétrico (y molar), resulta cómodo tomar 100 moles de la alimentación como base de cálculo para obtener el valor del factor de expansión (ε_A). Así, suponiendo gases ideales, podemos establecer la siguiente tabla de progreso de reacción en la que se parte de 50 moles de A y 50 de I:

	A $\xrightarrow{I}$ 2 P				
t	n_A	n_I	n_P	n_T	V_T
$x_A = 0$	50	50	0	100	100
$x_A = 1$	0	50	100	150	150

En consecuencia:

$$\varepsilon_A = \frac{V_{fA} - V_o}{V_o} = \frac{150 - 100}{100} = 0,5$$

Asimismo, la concentración inicial del reactivo A se puede calcular considerando gases ideales y teniendo en cuenta que se trata de una mezcla equimolar ($A_o = I_o$).

$$P_T V_o = n_{To} RT \qquad \frac{P_T}{RT} = \frac{n_{To}}{V_o} = N_o \qquad N_o = A_o + I_o = 2\,A_o \qquad A_o = \frac{P_T}{2\,RT}$$

$$A_o = \frac{1\ atm}{2 \cdot 0,082\ \frac{atm\ L}{K\ mol} \cdot (200 + 273,15)\ K} = 0,0129\ \frac{mol}{L} = 12,9\ mM$$

Por otra parte, el volumen de cada uno de los reactores es el siguiente:

$$V_1 = S_1 \cdot H_1 = \pi R_1{}^2 \cdot H_1 = \pi \left(\frac{D_1}{2}\right)^2 H_1 = \pi \left(\frac{2\ cm}{2}\right)^2 2\ m \left(\frac{100\ cm}{1\ m}\right) = 628,3\ cm^3$$

$$V_2 = S_2 \cdot H_2 = \pi R_2{}^2 \cdot H_2 = \pi \left(\frac{D_2}{2}\right)^2 H_2 = \pi \left(\frac{10\ cm}{2}\right)^2 50\ cm = 3.927\ cm^3$$

Ahora, para la resolución de las distintas condiciones solicitadas, definimos la variable β como la fracción de la corriente de entrada que se bifurca hacia el primero de los reactores.

$$Q_1 = \beta\,Q = \beta \cdot 0,5\ \frac{L}{s} \qquad Q_2 = (1 - \beta)Q = (1 - \beta) \cdot 0,5\ \frac{L}{s}$$

Entonces tenemos que el número de Damköhler de primer orden para cada reactor del sistema (Da_1 y Da_2) sería el siguiente:

$$Da_1 = \tau_1\,k = \frac{V_1}{Q_1}k = \frac{628,3\ cm^3 \left(\frac{1\ L}{1.000\ cm^3}\right)}{\beta \cdot 0,5\ \frac{L}{s}} 0,1\ \frac{1}{s} = \frac{0,1257}{\beta}$$

$$Da_2 = \tau_2 \, k = \frac{V_2}{Q_2} k = \frac{3.927 \, cm^3 \left(\frac{1 \, L}{1.000 \, cm^3}\right)}{(1 - \beta) \cdot 0.5 \, \frac{L}{s}} \, 0.1 \, \frac{1}{s} = \frac{0.7854}{1 - \beta}$$

$$Da_1 = \frac{0.1257}{\beta} \qquad Da_2 = \frac{0.7854}{1 - \beta}$$

Puesto que los reactores tienen geometría de cilindro alargado, podemos considerar que se comportan como reactores de flujo en pistón. Además, puesto que efectuamos una reacción de primer orden en estado gaseoso, la ecuación de diseño a aplicar en este caso sería la siguiente:

$$\tau = \frac{V}{Q} = A_o \int_{x_{Ao}}^{x_A} \frac{dx_A}{(-r_A)} = A_o \int_o^{x_A} \frac{dx_A}{k \, A_o \frac{1 - x_A}{1 + \varepsilon_A \, x_A}} = \frac{1}{k} \int_o^{x_A} \frac{1 + \varepsilon_A \, x_A}{1 - x_A} dx_A$$

$$Da = \tau k = \frac{V}{Q} \, k = \int_o^{x_A} \frac{1}{1 - x_A} dx_A + \varepsilon_A \int_o^{x_A} \frac{x_A}{1 - x_A} dx_A$$

Ambas integrales se resuelven de forma conocida de ejercicios anteriores, realizando los cambios de variable que se indican:

$$u = 1 - x_A \qquad\qquad du = -dx_A$$

$$\int \frac{dx_A}{1 - x_A} = \int -\frac{du}{u} = -\ln u = \ln\left(\frac{1}{u}\right) = \ln\left(\frac{1}{1 - x_A}\right)$$

$$u = 1 - x_A \qquad x_A = 1 - u \qquad du = -dx_A$$

$$\int \frac{x_A}{1 - x_A} dx_A = \int -\frac{1 - u}{u} du = \int -\frac{du}{u} + \int du = -\ln u + u = \ln\left(\frac{1}{u}\right) + u$$

$$= \ln\left(\frac{1}{1 - x_A}\right) + (1 - x_A)$$

Por lo tanto, el número Da resulta:

$$Da = \left[\ln\left(\frac{1}{1 - x_A}\right)\right]_o^{x_A} + \varepsilon_A \left[\ln\left(\frac{1}{1 - x_A}\right) + (1 - x_A)\right]_o^{x_A}$$

$$= \left[\ln\left(\frac{1}{1 - x_A}\right) - \ln\left(\frac{1}{1 - 0}\right)\right]$$

$$+ \varepsilon_A \left[\ln\left(\frac{1}{1 - x_A}\right) - \ln\left(\frac{1}{1 - 0}\right) + (1 - x_A) - (1 - 0)\right]$$

$$= \left[\ln\left(\frac{1}{1 - x_A}\right)\right] \varepsilon_A \left[\ln\left(\frac{1}{1 - x_A}\right) - x_A\right] = (1 + \varepsilon_A) \ln\left(\frac{1}{1 - x_A}\right) - \varepsilon_A \, x_A$$

$$Da = (1 + \varepsilon_A) \ln\left(\frac{1}{1 - x_A}\right) - \varepsilon_A \, x_A$$

En definitiva, las conversiones de salida de cada reactor deben cumplir las ecuaciones siguientes:

$$Da_1 = \frac{0,1257}{\beta} \qquad Da_1 = (1 + \varepsilon_A) \ln\left(\frac{1}{1 - x_1}\right) - \varepsilon_A x_1$$

$$\frac{0,1257}{\beta} = (1 + 0,5) \ln\left(\frac{1}{1 - x_1}\right) - 0,5 x_1$$

$$Da_2 = \frac{0,7854}{1 - \beta} \qquad Da_2 = (1 + \varepsilon_A) \ln\left(\frac{1}{1 - x_2}\right) - \varepsilon_A x_2$$

$$\frac{0,7854}{1 - \beta} = (1 + 0,5) \ln\left(\frac{1}{1 - x_2}\right) - 0,5 x_2$$

Ahora ya estamos en disposición de aplicar las condiciones de bifurcación solicitadas en el enunciado.

a) 75 %

Si bifurcamos el 75 % de la corriente de alimentación al primer reactor, el 25 % pasará por el segundo, y tenemos que $\beta = 0,75$. Entonces, la conversión de salida de cada reactor sería la siguiente:

$$Da_1 = \frac{0,1257}{\beta} = \frac{0,1257}{0,75} = 0,16755 \qquad 0,16755 = 1,5 \ln\left(\frac{1}{1 - x_1}\right) - 0,5 x_1$$

$$Da_2 = \frac{0,7854}{1 - \beta} = \frac{0,7854}{1 - ,75} = \frac{0,7854}{0,25} = 3,1416 \qquad 3,1416 = 1,5 \ln\left(\frac{1}{1 - x_2}\right) - 0,5 x_2$$

$$x_1 = 1 - exp\left(-\frac{0,16755 + 0,5 x_1}{1,5}\right) \qquad x_2 = 1 - exp\left(-\frac{3,1416 + 0,5 x_1}{1,5}\right)$$

Ambas ecuaciones deben resolverse de forma iterativa. De este modo, en la primera ecuación, comenzamos suponiendo un valor para x_1 en el miembro de la derecha (por ejemplo 0,5) y luego calculamos el valor que adquiere dicha variable en el miembro de la izquierda. Después, se vuelve a suponer en el miembro derecho el valor obtenido en el miembro izquierdo, y se prosigue así sucesivamente hasta que el valor supuesto coincide con el calculado, con la precisión deseada. En este caso, la sucesión de resultados es la siguiente

$$x_1 = 0,5 \to 0,243 \to 0,175 \to 0,156 \to 0,151 \to 0,1496 \to 0,1492 \to$$
$$\to 0,1491 \to 0,1490 \to 0,1490 \qquad\qquad x_1 = 0,1490$$

Igualmente, para la segunda ecuación tenemos la siguiente secuencia:

$$x_2 = 0,5 \rightarrow 0,8958 \rightarrow 0,9086 \rightarrow 0,9090 \rightarrow 0,9090 \qquad x_2 = 0,9090$$

En definitiva, la concentración de P a la salida de cada reactor es:

$$P_1 = 2\,A_o \left(\frac{x_1}{1 + \varepsilon_A\, x_1} \right) = 2 \cdot 12,9\ mM \left(\frac{0,149}{1 + 0,5 \cdot 0,149} \right) = 3,58\ mM$$

$$P_2 = 2\,A_o \left(\frac{x_2}{1 + \varepsilon_A\, x_2} \right) = 2 \cdot 12,9\ mM \left(\frac{0,909}{1 + 0,5 \cdot 0,909} \right) = 16,12\ mM$$

Finalmente, como corresponde a toda combinación en paralelo, ambas corrientes se mezclan en un punto antes de la salida del sistema. Téngase en cuenta que las corrientes que se mezclan son las de salida de los reactores. Por lo tanto, los caudales a considerar deben ser los de salida de los mismos (Q_{1f}, Q_{2f} y Q_f). Así, conforme al balance de P aplicado en dicho punto de mezcla, se tiene lo siguiente:

$$P_1\,Q_{1f} + P_2\,Q_{2f} = P\,Q_f \qquad\qquad P_1\,Q_{1f} + P_2\,Q_{2f} = P\,(Q_{1f} + Q_{2f})$$

$$P_1\,Q_1(1 + \varepsilon_A\, x_1) + P_2\,Q_2(1 + \varepsilon_A\, x_2) = P\,[Q_1(1 + \varepsilon_A\, x_1) + Q_2(1 + \varepsilon_A\, x_2)]$$

$$P_1\,\beta Q_o(1 + \varepsilon_A\, x_1) + P_2\,(1 - \beta)Q_o(1 + \varepsilon_A\, x_2)$$
$$= P\,[\beta Q_o(1 + \varepsilon_A\, x_1) + (1 - \beta)Q_o(1 + \varepsilon_A\, x_2)]$$

$$P_1 = 2\,A_o \left(\frac{x_1}{1 + \varepsilon_A\, x_1} \right) \qquad\qquad P_1\,(1 + \varepsilon_A\, x_1) = 2\,A_o x_1$$

$$P_2 = 2\,A_o \left(\frac{x_2}{1 + \varepsilon_A\, x_2} \right) \qquad\qquad P_2\,(1 + \varepsilon_A\, x_2) = 2\,A_o x_2$$

$$\beta\,2\,A_o x_1 + (1 - \beta)\,2\,A_o x_2 = P\left[\beta\,\frac{2\,A_o x_1}{P_1} + (1 - \beta)\,\frac{2\,A_o x_2}{P_2}\right]$$

$$\beta\, x_1 + (1 - \beta)\, x_2 = P\left[\frac{\beta\, x_1}{P_1} + \frac{(1 - \beta)\, x_2}{P_2}\right] \qquad P = \frac{\beta\, x_1 + (1 - \beta)\, x_2}{\dfrac{\beta\, x_1}{P_1} + \dfrac{(1 - \beta)\, x_2}{P_2}}$$

$$P = \frac{\beta\, x_1 + (1 - \beta)\, x_2}{\dfrac{\beta\, x_1}{P_1} + \dfrac{(1 - \beta)\, x_2}{P_2}} = \frac{0,75 \cdot 0,149 + (1 - 0,75) \cdot 0,909}{\dfrac{0,75 \cdot 0,149}{3,58} + \dfrac{(1 - 0,75) \cdot 0,909}{16,12}} = 7,479\ mM$$

b) 50 %

Si ahora bifurcamos el 50 % de la alimentación a cada reactor, tenemos que la fracción de bifurcación $\beta = 0,50$. Entonces, la conversión de salida de cada reactor sería:

$$Da_1 = \frac{0,1257}{\beta} = \frac{0,1257}{0,5} = 0,2513 \qquad\qquad 0,2513 = 1,5\,\ln\left(\frac{1}{1 - x_1}\right) - 0,5\,x_1$$

$$Da_2 = \frac{0,7854}{1-\beta} = \frac{0,7854}{1-0,5} = \frac{0,7854}{0,5} = 1,5708 \qquad 1,5708 = 1,5 \ln\left(\frac{1}{1-x_2}\right) - 0,5\, x_2$$

$$x_1 = 1 - exp\left(-\frac{0,2513 + 0,5\, x_1}{1,5}\right) \qquad x_2 = 1 - exp\left(-\frac{1,5708 + 0,5\, x_2}{1,5}\right)$$

Nuevamente, ecuaciones de resolución iterativa. Tomando el mismo valor de partida que antes, la sucesión de resultados es la siguiente:

$$x_1 = 0,5 \rightarrow 0,2841 \rightarrow 0,2307 \rightarrow 0,2169 \rightarrow 0,2132 \rightarrow 0,2123 \rightarrow 0,2196 \rightarrow 0,2196$$

$$x_2 = 0,5 \rightarrow 0,730 \rightarrow 0,7224 \rightarrow 0,7242 \rightarrow 0,7243 \rightarrow 0,7244 \rightarrow 0,7244$$

En consecuencia, la concentración de P a la salida de cada reactor es:

$$P_1 = 2\, A_o \left(\frac{x_1}{1 + \varepsilon_A\, x_1}\right) = 2 \cdot 12,9\; mM \left(\frac{0,212}{1 + 0,5 \cdot 0,212}\right) = 4,95\; mM$$

$$P_2 = 2\, A_o \left(\frac{x_2}{1 + \varepsilon_A\, x_2}\right) = 2 \cdot 12,9\; mM \left(\frac{0,7244}{1 + 0,5 \cdot 0,7244}\right) = 13,72\; mM$$

Por último, una vez que se mezclan estas dos corrientes antes de la salida del sistema, conforme al balance de P en el punto de mezcla se tiene lo siguiente:

$$P = \frac{\beta\, x_1 + (1-\beta)\, x_2}{\dfrac{\beta\, x_1}{P_1} + \dfrac{(1-\beta)\, x_2}{P_2}} = \frac{0,5 \cdot 0,212 + (1-0,5) \cdot 0,724}{\dfrac{0,5 \cdot 0,212}{4,95} + \dfrac{(1-0,5) \cdot 0,724}{13,72}} = 9,787\; mM$$

c) 25 %

Finalmente, si bifurcamos el 25 % de la alimentación al primer reactor. Entonces el coeficiente de bifurcación resulta $\beta = 0,25$. La conversión de salida de cada reactor es la siguiente:

$$Da_1 = \frac{0,1257}{\beta} = \frac{0,1257}{0,25} = 0,5027 \qquad 0,5027 = 1,5 \ln\left(\frac{1}{1-x_1}\right) - 0,5\, x_1$$

$$Da_2 = \frac{0,7854}{1-\beta} = \frac{0,7854}{1-0,25} = \frac{0,7854}{0,75} = 1,0472 \qquad 1,0472 = 1,5 \ln\left(\frac{1}{1-x_2}\right) - 0,5\, x_2$$

$$x_1 = 1 - exp\left(-\frac{0,5027 + 0,5\, x_1}{1,5}\right) \qquad x_2 = 1 - exp\left(-\frac{1,0472 + 0,5\, x_2}{1,5}\right)$$

Ecuaciones de resolución iterativa, que presentan la siguiente sucesión de resultados:

$$x_1 = 0,5 \rightarrow 0,3945 \rightarrow 0,3729 \rightarrow 0,3683 \rightarrow 0,3674 \rightarrow 0,3672 \rightarrow 0,3671 \rightarrow 0,3671$$

$$x_2 = 0,5 \rightarrow 0,5789 \rightarrow 0,5899 \rightarrow 0,5913 \rightarrow 0,5915 \rightarrow 0,5915$$

Por lo tanto, la concentración de P a la salida de cada reactor es:

$$P_1 = 2 A_o \left(\frac{x_{A1}}{1 + \varepsilon_A x_1}\right) = 2 \cdot 12,9 \; mM \left(\frac{0,3671}{1 + 0,5 \cdot 0,3671}\right) = 8,00 \; mM$$

$$P_2 = 2 A_o \left(\frac{x_{A2}}{1 + \varepsilon_A x_2}\right) = 2 \cdot 12,9 \; mM \left(\frac{0,5915}{1 + 0,5 \cdot 0,5915}\right) = 11,778 \; mM$$

Tras la mezcla de las corrientes, conforme al balance de P en el punto de mezcla, se tiene lo siguiente:

$$P = \frac{\beta \, x_1 + (1 - \beta) \, x_2}{\dfrac{\beta \, x_1}{P_1} + \dfrac{(1 - \beta) \, x_2}{P_2}} = \frac{0,25 \cdot 0,3671 + (1 - 0,25) \cdot 0,5915}{\dfrac{0,25 \cdot 0,3671}{8,00} + \dfrac{(1 - 0,25) \cdot 0,5915}{11,778}} = 10,897 \; mM$$

NOTA

Con idea de apreciar con más detalle la influencia del grado de bifurcación de la alimentación en el rendimiento del sistema, se pueden ampliar los cálculos realizados anteriormente, incluyendo más valores del coeficiente β. Los resultados se muestran en la Tabla 4.3.1 y en la Figura 4.3.1.

Tabla 4.3.1. Resultados ampliados del ejercicio.

β	-	1	0,9	0,8	0,75	0,6	0,5	0,4	0,3	0,25	0,2
P_1	mM	2,80402	3,06969	3,39102	3,57834	4,28931	4,94452	5,83641	7,12157	8,00275	9,68
P_2	mM		17,1562	16,5789	16,1245	14,6455	13,7195	12,8797	12,1253	11,7778	11,32
P	mM	2,80402	4,97645	6,76753	7,47923	9,0581	9,78744	10,3396	10,7465	10,8966	11,0056
β	-	0,18	0,16	0,14	0,13793	0,13	0,12	0,1	0,05	0,01	0
P_1	mM	10,29	10,2914	10,9863	11,0634	11,3689	11,7778	12,6833	15,5088	17,1981	
P_2	mM	11,2	11,1975	11,0758	11,0634	11,016	10,9568	10,8401	10,5588	10,3438	10,2914
P	mM	11,0353	11,0552	11,0633	11,0634	11,0622	11,0571	11,0323	10,8383	10,4258	10,2914

Figura 4.3.1. Representación de los resultados ampliados.

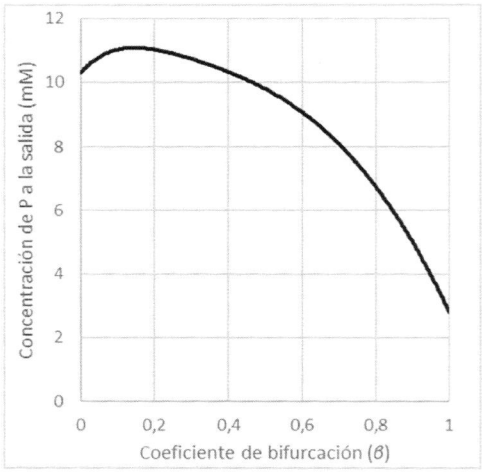

Como se puede observar, en este caso aparece un máximo de concentración de P para un determinado valor de bifurcación β. Concretamente, para el valor $\beta = 0,13793$. Este punto de bifurcación corresponde obviamente al máximo rendimiento del sistema. Además, se comprueba que dicho máximo se obtiene justo en el punto de cruce de las concentraciones P_1 y P_2. Por lo que se cumple que $P = P_1 = P_2$. Obsérvese que la concentración a la salida de uno de los reactores desciende mientras que la otra aumenta a medida que cambia β.

Por otra parte, en este caso también se puede analizar la influencia del grado de bifurcación en el rendimeinto aplicando simplemente el análisis matemático. Puesto que este sistema presenta volumen variable, se ha deducido anteriormente que:

$$-r_A = k\, A_o \frac{1 - x_A}{1 + \varepsilon_A\, x_A} \qquad P_1 = 2\, A_o \left(\frac{x_1}{1 + \varepsilon_A\, x_1}\right) \qquad P_2 = 2\, A_o \left(\frac{x_2}{1 + \varepsilon_A\, x_2}\right)$$

$$P = \frac{\beta\, x_1 + (1 - \beta)\, x_2}{\dfrac{\beta\, x_1}{P_1} + \dfrac{(1 - \beta)\, x_2}{P_2}} = \frac{\beta\, x_1 + (1 - \beta)\, x_2}{\dfrac{\beta\, x_1}{2\, A_o \left(\dfrac{x_1}{1 + \varepsilon_A\, x_1}\right)} + \dfrac{(1 - \beta)\, x_2}{2\, A_o \left(\dfrac{x_2}{1 + \varepsilon_A\, x_2}\right)}}$$

Donde las conversiones x_1 y x_2 son a su vez funciones dependientes de β. Además, puesto que el punto máximo debe cumplir la condición matemática de máximo, tenemos que:

$$\frac{dP}{d\beta} = 0 \qquad \frac{d}{d\beta}\left[\frac{\beta\, x_1 + (1 - \beta)\, x_2}{\dfrac{\beta\, x_1}{2\, A_o \left(\dfrac{x_1}{1 + \varepsilon_A\, x_1}\right)} + \dfrac{(1 - \beta)\, x_2}{2\, A_o \left(\dfrac{x_2}{1 + \varepsilon_A\, x_2}\right)}}\right] = 0$$

$$\frac{d}{d\beta}\left[\frac{\beta\, x_1 + (1 - \beta)\, x_2}{\beta\, (1 + \varepsilon_A\, x_1) + (1 - \beta)(1 + \varepsilon_A\, x_2)}\right] = 0$$

$$\frac{d}{d\beta}\left[\frac{\beta\, x_1}{\beta(1 + \varepsilon_A\, x_1) + (1 - \beta)(1 + \varepsilon_A\, x_2)}\right] = -\frac{d}{d\beta}\left[\frac{(1 - \beta)\, x_2}{\beta(1 + \varepsilon_A\, x_1) + (1 - \beta)(1 + \varepsilon_A\, x_2)}\right]$$

$$\beta + (1 - \beta) = 1 \qquad d\beta + d(1 - \beta) = 0 \qquad -d\beta = d(1 - \beta)$$

$$\frac{d}{d\beta}\left[\frac{\beta\, x_1}{\beta(1 + \varepsilon_A\, x_1) + (1 - \beta)(1 + \varepsilon_A\, x_2)}\right]$$

$$= \frac{d}{d(1 - \beta)}\left[\frac{(1 - \beta)\, x_2}{\beta(1 + \varepsilon_A\, x_1) + (1 - \beta)(1 + \varepsilon_A\, x_2)}\right]$$

Donde las conversiones corresponden a funciones matemáticas completamente análogas:

$$x_1 = 1 - exp\left(-\frac{Da_1 + \varepsilon_A\, x_1}{1 + \varepsilon_A}\right) \qquad Da_1 = \frac{V_1}{\beta Q} k$$

$$x_2 = 1 - exp\left(-\frac{Da_2 + \varepsilon_A\, x_2}{1 + \varepsilon_A}\right) \qquad Da_2 = \frac{V_2}{(1 - \beta)Q} k$$

A pesar de que estas funciones de conversión no se pueden resolver de forma algebraica,

los dos miembros de la ecuación diferencial anterior deben terminar siendo también matemáticamente análogos, puesto que ambas funciones de conversión lo son. Así, quedaría:

$$\frac{d}{d\beta} f\{\beta\} = \frac{d}{d(1-\beta)} f\{1-\beta\}$$

En definitiva, tenemos dos funciones continuas en un intervalo cerrado que son matemáticamente análogas y cuyas derivadas deben ser iguales en su punto de máximo. Entonces, la solución trivial implica que ambas funciones deben ser iguales en ese punto:

$$f\{\beta\} = f\{1-\beta\}$$

Por lo tanto, dado que cada función depende de su número de Damköhler correspondiente, esa solución conduce a que Da_1 debe ser igual a Da_2 en el punto máximo y, por tanto:

$$Da_1 = Da_2 \qquad \frac{V_1}{\beta Q} k = \frac{V_2}{(1-\beta)Q} k \qquad \frac{V_1}{V_2} = \frac{\beta}{1-\beta}$$

$$\frac{V_1}{V_2} = \frac{628,3 \; cm^3}{3.927 \; cm^3} = 0,16$$

$$\frac{\beta}{1-\beta} = 0,16 \qquad \beta = 0,16 - 0,16\,\beta \qquad (1+0,16)\,\beta = 0,16$$

$$\beta = \frac{0,16}{1,16} = 0,13793$$

Valor que coincide con el máximo de la tabla anterior. En conclusión, en el punto de rendimiento máximo se debe cumplir que la relación entre los volúmenes de los reactores (V_1/V_2) debe ser la misma que la relación entre sus caudales ($\beta/(1-\beta)$). Como consecuencia, la conversión máxima obtenida a la salida del sistema debe ser $x_A = x_1 = x_2$ y la concentración de producto $P = P_1 = P_2$. Además, la solución es completamente independiente del valor del coeficiente de expansión (ε_A), por lo que es válida tanto para reacciones de densidad constante como de densidad variable.

La condición de máximo rendimiento obtenida nos permite determinar tanto la bifurcación óptima para determinados volúmenes como la relación de volúmenes óptima para determinada bifurcación:

$$\frac{V_1}{V_2} = \frac{\beta}{1-\beta}$$

FIN DE LA NOTA

PROBLEMA 4.4. Combinación de RFMC con RFP de distinto volumen en paralelo

Repita el estudio del problema anterior, pero ahora suponiendo que el segundo de los reactores tiene la forma y la agitación adecuadas para comportarse como un reactor de flujo en mezcla completa.

SOLUCIÓN

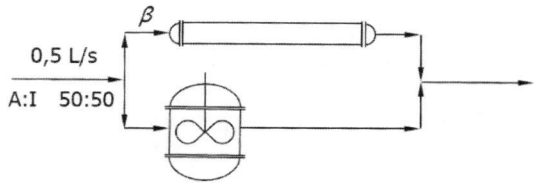

Como en el ejercicio anterior, tenemos una reacción de primer orden en estado gaseoso, con incremento estequiométrico no nulo. Por lo tanto, la ecuación cinética resulta:

$$-r_A = k\, A_o \frac{1 - x_A}{1 + \varepsilon_A\, x_A} \qquad P = 2\, A_o \left(\frac{x_A}{1 + \varepsilon_A\, x_A} \right)$$

Igualmente, el valor del coeficiente de expansión (ε_A) es, como antes:

$$\varepsilon_A = \frac{V_{fA} - V_o}{V_o} = \frac{150 - 100}{100} = 0,5$$

La concentración inicial del reactivo y el volumen de los reactores son también los mismos:

$$A_o = \frac{P_T}{2\,RT} = \frac{1\ atm}{2 \cdot 0,082\ \dfrac{atm\,L}{K\,mol} \cdot (200 + 273,15)\ K} = 0,0129\ \frac{mol}{L} = 12,9\ mM$$

$$V_1 = \pi \left(\frac{D_1}{2} \right)^2 H_1 = \pi \left(\frac{2\ cm}{2} \right)^2 2\ m \left(\frac{100\ cm}{1\ m} \right) = 628,3\ cm^3$$

$$V_2 = \pi \left(\frac{D_2}{2} \right)^2 H_2 = \pi \left(\frac{10\ cm}{2} \right)^2 50\ cm = 3.927\ cm^3$$

También como antes, la variable β indica la fracción de bifurcación de la corriente de entrada que se deriva hacia el primero de los reactores. Tenemos igualmente los mismos regímenes de reacción para cada reactor (números de Damköhler Da_1 y Da_2):

$$Da_1 = \tau_1\, k = \frac{V_1}{Q_1}\, k = \frac{V_1}{\beta\, Q}\, k = \frac{628,3\ cm^3 \left(\dfrac{1\ L}{1.000\ cm^3} \right)}{\beta \cdot 0,5\ \dfrac{L}{s}}\, 0,1\ \frac{1}{s} = \frac{0,1257}{\beta}$$

$$Da_2 = \tau_2\, k = \frac{V_2}{Q_2}\, k = \frac{V_2}{(1-\beta)\, Q}\, k = \frac{3.927\ cm^3\left(\dfrac{1\,L}{1.000\ cm^3}\right)}{(1-\beta)\cdot 0.5\,\dfrac{L}{s}}\, 0.1\,\frac{1}{s} = \frac{0.7854}{1-\beta}$$

Sin embargo, ahora, para el segundo de los reactores debemos usar la ecuación de diseño correspondiente al RFMC mientras mantenemos para el primero la correspondiente al RFP, puesto que el segundo reactor ha cambiado pero el primero no. Por lo tanto, para el RFP tenemos como antes:

$$Da_1 = \tau_1\, k = \frac{0.1257}{\beta} \qquad\qquad Da_1 = (1+\varepsilon_A)\ln\left(\frac{1}{1-x_1}\right) - \varepsilon_A\, x_1$$

$$x_1 = 1 - exp\left(-\frac{\dfrac{0.1257}{\beta} + 0.5\, x_1}{1.5}\right)$$

Sin embargo, para el RFMC tenemos que:

$$\tau_2 = \frac{V_2}{Q_2} = A_o\frac{x_{Af} - x_{Ao}}{(-r_A)_f} = A_o\frac{x_{Af} - x_{Ao}}{k\, A_o\dfrac{1-x_{Af}}{1+\varepsilon_A\, x_{Af}}} = \frac{1}{k}\frac{x_{Af} - 0}{\dfrac{1-x_{Af}}{1+\varepsilon_A\, x_{Af}}} = \frac{1}{k}\frac{\left(1+\varepsilon_A\, x_{Af}\right)x_{Af}}{1-x_{Af}}$$

$$Da_2 = \tau_2 k = \frac{\left(1+\varepsilon_A\, x_{Af}\right)x_{Af}}{1-x_{Af}}$$

$$Da_2 = \frac{0.7854}{1-\beta} = \frac{(1+\varepsilon_A\, x_2)x_2}{1-x_2} \qquad\qquad \left(\frac{0.7854}{1-\beta}\right)(1-x_2) = x_2 + \varepsilon_A\, x_2{}^2$$

$$\left(\frac{0.7854}{1-\beta}\right) - \left(\frac{0.7854}{1-\beta}\right)x_{A2} = x_2 + \varepsilon_A\, x_2{}^2$$

$$\varepsilon_A\, x_2{}^2 + \left(1+\frac{0.7854}{1-\beta}\right)x_2 - \left(\frac{0.7854}{1-\beta}\right) = 0$$

$$x_2 = \frac{-\left(1+\dfrac{0.7854}{1-\beta}\right) + \sqrt{\left(1+\dfrac{0.7854}{1-\beta}\right)^2 + 4\,\varepsilon_A\left(\dfrac{0.7854}{1-\beta}\right)}}{2\,\varepsilon_A}$$

Se toma la solución positiva que es la única que tiene sentido físico. Y ahora ya estamos en disposición de aplicar las condiciones de bifurcación solicitadas en el enunciado.

a) 75 %

Cuando bifurcamos el 75 % de la corriente de entrada al primer reactor ($\beta = 0,75$), su conversión de salida será la misma que en el problema anterior (primer caso), puesto que se trata de un reactor del mismo tipo, tiene el mismo volumen y trabaja en las mismas condiciones. Es decir, podemos reproducir aquí el mismo cálculo, que resulta $x_1 = 0,149$ y $P_1 = 3,58$ mM.

Sin embargo, para el segundo reactor (RFMC) tenemos que:

$$Da_2 = \frac{0,7854}{1 - \beta} = \frac{0,7854}{1 - 0,75} = \frac{0,7854}{0,25} = 3,1416$$

$$x_2 = \frac{-(1 + 3,1416) + \sqrt{(1 + 3,1416)^2 + 4 \cdot 0,5 \cdot (3,1416)}}{2 \cdot 0,5} = 0,6995$$

Y la concentración de P a la salida de este reactor sería:

$$P_2 = 2\, A_o \left(\frac{x_2}{1 + \varepsilon_A\, x_2} \right) = 2 \cdot 12,9\ mM \left(\frac{0,6995}{1 + 0,5 \cdot 0,6995} \right) = 13,37\ mM$$

Después, se mezclan las corrientes de salida de los dos reactores como en el ejercicio anterior. Aplicando el balance de P en el punto de mezcla se tiene lo siguiente:

$$P = \frac{\beta\, x_1 + (1 - \beta)\, x_2}{\dfrac{\beta\, x_1}{P_1} + \dfrac{(1 - \beta)\, x_2}{P_2}} = \frac{0,75 \cdot 0,149 + (1 - 0,75) \cdot 0,6995}{\dfrac{0,75 \cdot 0,149}{3,58} + \dfrac{(1 - 0,75) \cdot 0,6995}{13,37}} = 6,468\ mM$$

b) 50 %

Si bifurcamos el 50 % ($\beta = 0,5$) a cada rama, el primero de los reactores sigue siendo el mismo que en el ejercicio anterior (segundo caso). Por lo tanto, el resultado será también el mismo: $x_1 = 0,212$ y $P_1 = 4,95$ mM. Pero, para el segundo de los reactores tenemos:

$$Da_2 = \frac{0,7854}{1 - \beta} = \frac{0,7854}{1 - 0,5} = \frac{0,7854}{0,5} = 1,5708$$

$$x_2 = \frac{-(1 + 1,5708) + \sqrt{(1 + 1,5708)^2 + 4 \cdot 0,5 \cdot (1,5708)}}{2 \cdot 0,5} = 0,5518$$

$$P_2 = 2\, A_o \left(\frac{x_2}{1 + \varepsilon_A\, x_2} \right) = 2 \cdot 12,9\ mM \left(\frac{0,5518}{1 + 0,5 \cdot 0,5518} \right) = 11,16\ mM$$

Una vez que se mezclan las dos corrientes de salida de los reactores, conforme al balance de P en el punto de mezcla, se tiene lo siguiente:

$$P = \frac{\beta\, x_1 + (1 - \beta)\, x_2}{\dfrac{\beta\, x_1}{P_1} + \dfrac{(1 - \beta)\, x_2}{P_2}} = \frac{0,5 \cdot 0,212 + (1 - 0,5) \cdot 0,5518}{\dfrac{0,5 \cdot 0,212}{4,85} + \dfrac{(1 - 0,5) \cdot 0,5518}{11,16}} = 8,273\ mM$$

c) 25 %

Finalmente, si bifurcamos el 25 % ($\beta = 0,25$) al primer reactor, seguimos teniendo la misma unidad de reacción que en el ejercicio anterior (tercer caso). Así, el resultado será: $x_1 = 0,367$ y $P_1 = 8,00$ mM. No obstante, para el segundo reactor tenemos:

$$Da_2 = \frac{0,7854}{1 - \beta} = \frac{0,7854}{1 - 0,25} = \frac{0,7854}{0,75} = 1,0472$$

$$x_2 = \frac{-(1 + 1,0472) + \sqrt{(1 + 1,0472)^2 + 4 \cdot 0,5 \cdot (1,0472)}}{2 \cdot 0,5} = 0,4599$$

$$P_2 = 2 A_o \left(\frac{x_2}{1 + \varepsilon_A x_2} \right) = 2 \cdot 12,9 \, mM \left(\frac{0,4599}{1 + 0,5 \cdot 0,4599} \right) = 9,65 \, mM$$

Una vez que se mezclan las dos corrientes de salida, conforme al balance de P en el punto de mezcla, se tiene lo siguiente:

$$P = \frac{\beta x_1 + (1 - \beta) x_2}{\dfrac{\beta x_1}{P_1} + \dfrac{(1 - \beta) x_2}{P_2}} = \frac{0,25 \cdot 0,367 + (1 - 0,25) \cdot 0,4599}{\dfrac{0,25 \cdot 0,367}{8,00} + \dfrac{(1 - 0,25) \cdot 0,4599}{9,65}} = 9,247 \, mM$$

NOTA

Si ampliamos los cálculos para más valores de β, como se hizo en el ejercicio anterior, se puede observar que aquí también aparece un máximo. La determinación analítica de éste máximo resulta más compleja que antes, debido a que las funciones que aparecen en esta ecuación diferencial no son matemáticamente análogas como las anteriores. Además, la conversión del primero de los reactores sigue sin ser resoluble algebraicamente, puesto que se trata de la misma unidad. No obstante, se puede obtener la solución aproximada numéricamente y el resultado es una curva similar a la anterior.

FIN DE LA NOTA

PROBLEMA 4.5. Combinación en serie de un RFP con un RFMC en distinto orden

Se dispone de un reactor de flujo en mezcla completa, seguido de un reactor de flujo en pistón, para llevar a cabo la reacción en fase líquida siguiente [A → 3 P], que sigue un mecanismo de segundo orden. Ambos reactores tienen 100 L de capacidad y el sistema recibe como alimentación una disolución 0,5 M del reactivo. Cuando se inyecta en el sistema un caudal de 25 L/min, la concentración de P obtenida a la salida es 1,2 M. Calcule la concentración de P que se obtendría si se cambiara el orden de los reactores en la serie.

SOLUCIÓN

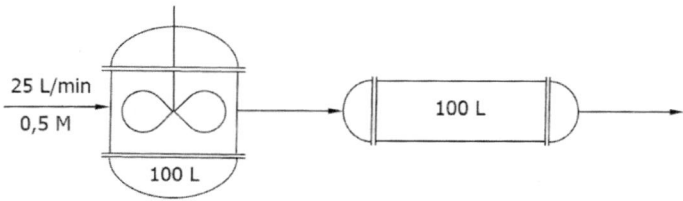

En este caso tenemos una reacción en fase líquida (volumen constante), con un solo reactivo, que sigue un mecanismo de orden 2. Desconocido el mecanismo, suponemos acoplamiento rápido, cantidades de intermedios despreciables y balance de materia estequiométrico restringido a los reactivos y productos. Por lo tanto, la ecuación cinética a aplicar debe ser la siguiente:

$$-r_A = -\frac{dA}{dt} = k\,A^2 \qquad \frac{A_o - A}{1} = \frac{P - P_o}{3} \qquad A_o - A = \frac{P - 0}{3}$$

$$P = 3(A_o - A) \qquad\qquad A = A_o(1 - x_A)$$

$$-r_A = k\,A_o^2(1 - x_A)^2 \qquad P = 3\big(A_o - A_o(1 - x_A)\big) = 3A_o x_A$$

Dado que el dato suministrado sobre la eficacia del sistema se refiere a la concentración de P, debemos calcular la conversión correspondiente. Así, tenemos que:

$$x_A = \frac{P}{3A_o} = \frac{1,2\ M}{3 \cdot 0,5\ M} = 0,8$$

Por otra parte, puesto que los reactores están conectados en serie, fluye el mismo caudal a través de ambos (Q). Además, según el orden inicial indicado, primero actúa el RFMC. En consecuencia, aplicando la ecuación de diseño correspondiente, la conversión a la salida del primer reactor es:

$$\tau_1 = \frac{V_1}{Q} = A_o \frac{x_{Af} - x_{Ao}}{(-r_A)_f} = A_o \frac{x_{Af} - x_{Ao}}{k\,A_o^2(1 - x_{Af})^2} = \frac{1}{k\,A_o}\frac{x_1 - x_o}{(1 - x_1)^2}$$

$$\tau_1 k A_o = \frac{V_1}{Q} k A_o = Da_{II1} = \frac{x_1 - x_o}{(1 - x_1)^2} = \frac{x_1 - 0}{1 - 2\,x_1 + x_1^2}$$

$$Da_{II1} - 2\,Da_{II1}\,x_1 + Da_{II1}\,x_1^2 = x_1 \qquad Da_{II1}\,x_1^2 - 2\,Da_{II1}\,x_1 - x_1 + Da_{II1} = 0$$

$$Da_{II1}\,x_1^2 - (2\,Da_{II1} + 1)x_1 + Da_{II1} = 0 \qquad x_1^2 - \left(2 + \frac{1}{Da_{II1}}\right)x_1 + 1 = 0$$

$$x_1 = \frac{\left(2 + \dfrac{1}{Da_{II1}}\right) \pm \sqrt{\left(2 + \dfrac{1}{Da_{II1}}\right)^2 - 4 \cdot 1 \cdot 1}}{2 \cdot 1} =$$

$$= \left(1 + \frac{1}{2\,Da_{II1}}\right) \pm \sqrt{\frac{\left(2 + \dfrac{1}{Da_{II1}}\right)^2 - 2^2}{2^2}} = \left(1 + \frac{1}{2\,Da_{II1}}\right) \pm \sqrt{\left(\frac{2 + \dfrac{1}{Da_{II1}}}{2}\right)^2 - 1}$$

$$x_1 = \left(1 + \frac{1}{2\,Da_{II1}}\right) \pm \sqrt{\left(1 + \frac{1}{2\,Da_{II1}}\right)^2 - 1} \qquad Da_{II1} = \tau_1 k A_o = \frac{V_1}{Q} k A_o$$

Como se puede observar, el valor de esta conversión no se puede calcular hasta conocer el valor de k incluido en Da_{II1}. La forma de determinarla consiste en utilizar el dato de conversión calculado antes en la expresión correspondiente a la conversión de salida del sistema y despejar el valor de k de la misma. Para realizar estos cálculos más cómodamente, podemos definir un nuevo parámetro agrupando términos:

$$Da_{II1}^* = 1 + \frac{1}{2\,Da_{II1}} \qquad x_1 = Da_{II1}^* \pm \sqrt{(Da_{II1}^*)^2 - 1}$$

Puesto que Da^*_{II1} siempre será mayor o igual que 1, el único signo de la raíz con sentido físico es el negativo, de modo que la conversión (x_1) no resulte nunca mayor que 1.

Por otra parte, la conversión de entrada al segundo reactor es la conversión de salida del primero. Por lo tanto, la conversión de salida del segundo reactor y del sistema sería:

$$\tau_2 = \frac{V_2}{Q} = A_o \int_{x_1}^{x_2} \frac{dx_A}{(-r_A)} = A_o \int_{x_1}^{x_2} \frac{dx_A}{k\,A_o^2(1 - x_A)^2} = \frac{1}{k\,A_o}\int_{x_1}^{x_2} \frac{dx_A}{(1 - x_A)^2}$$

Esta integral se resuelve mediante un cambio de variable ya conocido de ejercicios anteriores:

$$u = 1 - x_A \qquad du = -dx_A \qquad \int \frac{dx_A}{(1 - x_A)^2} = -\int \frac{du}{u^2} = \frac{1}{u} = \frac{1}{1 - x_A}$$

Por lo tanto:

$$\int_{x_1}^{x_2} \frac{dx_A}{(1 - x_A)^2} = \left[\frac{1}{1 - x_A} \right]_{x_1}^{x_2} = \frac{1}{1 - x_2} - \frac{1}{1 - x_1}$$

En definitiva:

$$\tau_2 k A_o = \frac{V_2}{Q} k A_o = Da_{II2} = \frac{1}{1 - x_2} - \frac{1}{1 - x_1} \qquad \frac{1}{1 - x_2} = Da_{II2} + \frac{1}{1 - x_1}$$

$$1 - x_2 = \frac{1}{Da_{II2} + \dfrac{1}{1 - x_1}} \qquad\qquad x_2 = 1 - \frac{1}{Da_{II2} + \dfrac{1}{1 - x_1}}$$

Y sustituyendo la conversión x_1 obtenida anteriormente llegamos a:

$$x_2 = 1 - \frac{1}{Da_{II2} + \dfrac{1}{1 - \left(Da_{II1}^* - \sqrt{(Da_{II1}^*)^2 - 1} \right)}}$$

$$= 1 - \frac{1}{Da_{II2} + \dfrac{1}{1 - Da_{II1}^* + \sqrt{(Da_{II1}^*)^2 - 1}}}$$

Para poder despejar el valor de k, debemos transformar esta expresión en función de la misma:

$$\frac{1}{1 - x_2} = Da_{II2} + \frac{1}{1 - Da_{II1}^* + \sqrt{(Da_{II1}^*)^2 - 1}}$$

$$\frac{1}{1 - x_2} = Da_{II2} + \frac{1}{1 - \left(1 + \dfrac{1}{2\,Da_{II1}}\right) + \sqrt{\left(1 + \dfrac{1}{2\,Da_{II1}}\right)^2 - 1}} =$$

$$= Da_{II2} + \frac{1}{-\dfrac{1}{2\,Da_{II1}} + \sqrt{\left(1 + \dfrac{1}{2\,Da_{II1}}\right)^2 - 1}}$$

En este caso particular, puesto que el volumen de ambos reactores es el mismo, el régimen de reacción o cantidad de reacción en cada uno de ellos es también el mismo. Es decir, $Da_{II} = Da_{II1} = Da_{II2}$. Por lo tanto:

$$\frac{1}{1 - x_2} = Da_{II} + \frac{1}{-\dfrac{1}{2\,Da_{II}} + \sqrt{\left(1 + \dfrac{1}{2\,Da_{II}}\right)^2 - 1}}$$

$$\frac{1}{\dfrac{1}{1-x_2}-Da_{II}} = -\frac{1}{2\,Da_{II}} + \sqrt{\left(1+\frac{1}{2\,Da_{II}}\right)^2 - 1}$$

$$\frac{1}{\dfrac{1}{1-x_2}-Da_{II}} + \frac{1}{2\,Da_{II}} = +\sqrt{\left(1+\frac{1}{2\,Da_{II}}\right)^2 - 1}$$

$$\left(\frac{1}{\dfrac{1}{1-x_2}-Da_{II}} + \frac{1}{2\,Da_{II}}\right)^2 = \left(1+\frac{1}{2\,Da_{II}}\right)^2 - 1$$

$$\left(\frac{1}{\dfrac{1}{1-x_2}-Da_{II}}\right)^2 + 2\left(\frac{1}{\dfrac{1}{1-x_2}-Da_{II}}\right)\left(\frac{1}{2\,Da_{II}}\right) + \left(\frac{1}{2\,Da_{II}a}\right)^2 =$$

$$= (1)^2 + 2(1)\left(\frac{1}{2\,Da_{II}}\right) + \left(\frac{1}{2\,Da_{II}}\right)^2 - 1$$

$$\left(\frac{1}{\dfrac{1}{1-x_2}-Da_{II}}\right)^2 + 2\left(\frac{1}{\dfrac{1}{1-x_2}-Da_{II}}\right)\left(\frac{1}{2\,Da_{II}}\right) = \left(\frac{1}{Da_{II}}\right)$$

$$\left(\frac{1}{\dfrac{1}{1-x_2}-Da_{II}}\right)^2 Da_{II} + \left(\frac{1}{\dfrac{1}{1-x_2}-Da_{II}}\right) = 1$$

$$\left(\frac{1}{\dfrac{1}{1-x_2}-Da_{II}}\right)^2 Da_{II}\left(\frac{1}{1-x_2}-Da_{II}\right)^2 + \left(\frac{1}{\dfrac{1}{1-x_2}-Da_{II}}\right)\left(\frac{1}{1-x_2}-Da_{II}\right)^2 =$$

$$= \left(\frac{1}{1-x_2}-Da_{II}\right)^2$$

$$Da_{II} + \left(\frac{1}{1-x_2}-Da_{II}\right) = \left(\frac{1}{1-x_2}-Da_{II}\right)^2$$

$$\frac{1}{1-x_2} = \left(\frac{1}{1-x_2}\right)^2 - 2\left(\frac{1}{1-x_2}\right)(Da_{II}) + (Da_{II})^2$$

$$(Da_{II})^2 - 2\left(\frac{1}{1-x_2}\right)(Da_{II}) + \left(\frac{1}{1-x_2}\right)^2 - \frac{1}{1-x_2} = 0$$

$$a\,(Da_{II})^2 + b\,(Da_{II}) + c = 0 \qquad\qquad Da_{II} = \frac{-b \pm \sqrt{b^2 - 4ac}}{2a}$$

$$Da_{II} = \frac{2\left(\dfrac{1}{1-x_2}\right) \pm \sqrt{\left[2\left(\dfrac{1}{1-x_2}\right)\right]^2 - 4\cdot 1\cdot\left[\left(\dfrac{1}{1-x_2}\right)^2 - \dfrac{1}{1-x_2}\right]}}{2\cdot 1}$$

$$Da_{II} = \frac{\dfrac{2}{1-x_2} \pm \sqrt{\dfrac{4}{(1-x_2)^2} - \dfrac{4}{(1-x_2)^2} + \dfrac{4}{1-x_2}}}{2} = \frac{\dfrac{2}{1-x_2} \pm \sqrt{\dfrac{4}{1-x_2}}}{2} =$$

$$= \frac{\dfrac{2}{1-x_2} \pm \sqrt{4}\sqrt{\dfrac{1}{1-x_2}}}{2}$$

$$Da_{II} = \frac{1}{1-x_2} \pm \sqrt{\frac{1}{1-x_2}}$$

Nuevamente, la única solución con sentido físico es la resta, puesto que se debe cumplir que un régimen de reacción nulo ($Da_{II} = 0$) debe conducir a una conversión de salida nula ($x_2 = 0$) y viceversa. Finalmente, entonces, tenemos que:

$$Da_{II} = \frac{1}{1-0,8} - \sqrt{\frac{1}{1-0,8}} = 2,764$$

Luego el valor de la constante de velocidad de la reacción (k) es el siguiente:

$$Da_{II} = \frac{V_r}{Q} k A_o \qquad k = \frac{Da_{II}\, Q}{V_r\, A_o} = \frac{2,764 \cdot 25\, \dfrac{L}{min}}{100\, L \cdot 0,5\, \dfrac{mol}{L}} = 1,382\, \frac{L}{mol\, min}$$

Una vez obtenido finalmente el valor de este parámetro cinético, podemos calcular la nueva conversión de salida del sistema al cambiar el orden de los reactores. Ahora, en primer lugar, aplicamos la ecuación de diseño del RFP, pero teniendo en cuenta que la conversión de entrada sería cero ($x_o = 0$) y la conversión de salida x_1. Así:

$$x_1 = 1 - \frac{1}{Da_{II} + \dfrac{1}{1-x_o}} = 1 - \frac{1}{2,764 + \dfrac{1}{1-0}} = 1 - \frac{1}{2,764 + 1} = 0,7343$$

Posteriormente, aplicamos la ecuación de diseño del RFMC, pero teniendo en cuenta que x_1 es la conversión de entrada y x_2 la de salida. Así:

$$Da_{II} = \frac{x_2 - x_1}{(1-x_2)^2} = \frac{x_2 - x_1}{(1)^2 - 2(1)(x_2) + (x_2)^2} = \frac{x_2 - x_1}{1 - 2\, x_2 + (x_2)^2}$$

$$Da_{II} - 2\, x_2\, Da_{II} + (x_2)^2\, Da_{II} = x_2 - x_1$$

$$Da_{II}\, (x_2)^2 + Da_{II} - 2\, Da_{II}\, x_2 - x_2 + x_1 = 0$$

$$Da_{II}\, (x_2)^2 - (2\, Da_{II} + 1)\, x_2 + (Da_{II} + x_1) = 0$$

$$a\, (Da_{II})^2 + b\, (Da_{II}) + c = 0$$

$$x_2 = \frac{-b \pm \sqrt{b^2 - 4ac}}{2a} = \frac{(2\, Da_{II} + 1) \pm \sqrt{(2\, Da_{II} + 1)^2 - 4 \cdot Da_{II} \cdot (Da_{II} + x_1)}}{2 \cdot Da_{II}} =$$

$$= 1 + \frac{1}{2\,Da_{II}} \pm \sqrt{\frac{(2\,Da_{II} + 1)^2 - 4\,Da_{II}\,(Da_{II} + x_1)}{(2\,Da_{II})^2}} =$$

$$= 1 + \frac{1}{2\,Da_{II}} \pm \sqrt{\left(1 + \frac{1}{2\,Da_{II}}\right)^2 - \frac{(2\,Da_{II})^2 + 4\,Da_{II}\,x_1}{(2\,Da_{II})^2}} =$$

$$= \left(1 + \frac{1}{2\,Da_{II}}\right) \pm \sqrt{\left(1 + \frac{1}{2\,Da_{II}}\right)^2 - \left(1 + \frac{x_1}{Da_{II}}\right)} = Da_{II}{}^* \pm \sqrt{(Da_{II}{}^*)^2 - \left(1 + \frac{x_1}{Da_{II}}\right)}$$

$$Da_{II}{}^* = 1 + \frac{1}{2\,Da_{II}} = 1 + \frac{1}{2 \cdot 2{,}764} = 1{,}181$$

$$x_2 = 1{,}181 \pm \sqrt{(1{,}1812)^2 - \left(1 + \frac{0{,}7343}{2{,}764}\right)} = \frac{1{,}541}{0{,}821}$$

La única solución con sentido físico es, nuevamente, la resta.

$$x_2 = 0{,}821 \qquad P = 3A_o x_A = 3 \cdot 0{,}5\ M \cdot 0{,}821 = 1{,}232\ M$$

NOTA

Como se puede observar, al cambiar el orden de los rectores desde la secuencia RFMC+RFP a la secuencia RFP+RFMC aumenta el rendimiento del sistema. En este caso concreto, se consigue aumentarlo cerca de un 3 %.

$$\Delta \Pi\% = \frac{1{,}232 - 1{,}200}{1{,}200} 100 = 2{,}67\ \%$$

FIN DE LA NOTA

NOTA

En el caso de que estemos ante mecanismos de mayor complejidad que el analizado aquí (orden 2), es muy probable que no se puedan despejar algebraicamente las ecuaciones de diseño correspondientes a cada unidad. Por lo tanto, no sería posible resolver el problema analíticamente. En tales casos, las ecuaciones de diseño se deben mantener en función de las ecuaciones cinéticas y resolverlo de modo numérico:

$$\tau_1 = A_o \frac{x_1 - x_o}{(-r_A)_1} \qquad\qquad \tau_2 = A_o \int_{x_1}^{x_2} \frac{dx_A}{(-r_A)}$$

Para exponer el procedimiento de resolución numérica, volveremos a resolver el problema de este modo. Entonces, para el caso de una reacción de orden dos a volumen constante, tendríamos:

$$-r_A = k\, A_o^2 \left(1 - x_{Af}\right)^2 \qquad \tau_1 = A_o \frac{x_1 - x_o}{k\, A_o^2 (1 - x_1)^2} \qquad \tau_2 = A_o \int_{x_1}^{x_2} \frac{dx_A}{k\, A_o^2 (1 - x_A)^2}$$

Puesto que el valor de la constante k también es desconocido en este caso, no quedaría más remedio que ir probando su valor por tanteo, hasta que se obtuviera un valor de la conversión final que fuera coincidente con el suministrado ($x_2 = 0,8$).

Para mayor generalidad, supondremos que ninguna de las dos ecuaciones de diseño implicadas es resoluble algebraicamente. Por lo tanto, primero se debe suponer un valor determinado de la constante k y calcular el valor del tiempo espacial de la primera unidad (τ_1), para diferentes valores de su conversión de salida (x_1), según la primera de las ecuaciones de diseño. Luego, se debe seleccionar el valor de conversión que corresponda al tiempo espacial suministrado ($\tau_1 = 4$ min). En la Tabla 4.5.1 se realiza esta operación para tres valores diferentes de la constante (1,000; 1,382 y 2,000). Como se puede ver, los valores de conversión resultantes son, respectivamente, 0,500, 0,553 y 0,610. Hay que considerar que los resultados obtenidos son aproximados, teniendo en cuenta que ahora trabajamos numéricamente.

Tabla 4.5.1. Cálculos numéricos correspondientes a la primera unidad para distintos valores de la constante cinética k.

k	1,000	$M^{-1}min^{-1}$	k	1,382	$M^{-1}min^{-1}$	k	2,000	$M^{-1}min^{-1}$
A_o	0,5	M	A_o	0,5	M	A_o	0,5	M
x_1	$-r_A$	τ_1	x_1	$-r_A$	τ_1	x_1	$-r_A$	τ_1
-	M/min	min	-	M/min	min	-	M/min	min
0	0,25	0	0	0,3455	0	0	0,5	0
0,1	0,2025	0,24691	0,1	0,27986	0,17866	0,1	0,405	0,12346
0,2	0,16	0,625	0,2	0,22112	0,45224	0,2	0,32	0,3125
0,3	0,1225	1,22449	0,3	0,1693	0,88603	0,3	0,245	0,61224
0,4	0,09	2,22222	0,4	0,12438	1,60798	0,4	0,18	1,11111
0,5	**0,0625**	**4**	0,5	0,08638	2,89436	0,5	0,125	2
0,553	0,04995	5,53529	**0,553**	**0,06903**	**4,00527**	0,6	0,08	3,75
0,6	0,04	7,5	0,6	0,05528	5,42692	**0,61**	**0,07605**	**4,01052**
0,7	0,0225	15,5556	0,7	0,0311	11,2558	0,7	0,045	7,77778
0,8	0,01	40	0,8	0,01382	28,9436	0,8	0,02	20
0,9	0,0025	180	0,9	0,00346	130,246	0,9	0,005	90

Una vez determinado el valor de conversión de salida de la primera unidad, que corresponde al de entrada de la segunda (x_1), se debe aplicar la segunda ecuación de diseño para obtener el valor del tiempo espacial de la misma (τ_2). Puesto que esta otra ecuación implica un cálculo integral, se debe realizar también por métodos numéricos. Los métodos de integración numérica se utilizan en este texto más adelante en la parte III. Allí se pueden consultar los detalles del procedimiento. A modo de ejemplo, en la Tabla 4.5.2 se muestran los cálculos necesarios para tres valores distintos de la constante cinética k (los mismos valores que se han probado antes).

Tabla 4.5.2. Cálculos numéricos correspondientes a la segunda unidad para distintos valores de la constante cinética k.

k 1,000 M⁻¹min⁻¹						k 1,382 M⁻¹min⁻¹						k 2,000 M⁻¹min⁻¹					
A_o 0,5 M						A_o 0,5 M						A_o 0,5 M					
x_A	$-r_A$	$1/(-r_A)$	$1/(-r_A)$	$A_o\cdot\Delta$	τ_2	x_A	$-r_A$	$1/(-r_A)$	$1/(-r_A)$	$A_o\cdot\Delta$	τ_2	x_A	$-r_A$	$1/(-r_A)$	$1/(-r_A)$	$A_o\cdot\Delta$	τ_2
	-M/min	min/M	min/M		min		-M/min	min/M	min/M		min		-M/min	min/M	min/M		min
0,5	0,063	16			**0**	**0,553**	0,069	14,49			**0**	**0,61**	0,076	13,15			**0**
0,55	0,051	19,75	0,894	0,447	0,447	0,6	0,055	18,09	0,766	0,383	0,383	0,65	0,061	16,33	0,59	0,295	0,295
0,6	0,04	25	1,119	0,559	1,006	0,65	0,042	23,63	1,043	0,521	0,904	0,7	0,045	22,22	0,964	0,482	0,777
0,65	0,031	32,65	1,441	0,721	1,727	0,7	0,031	32,16	1,395	0,697	1,602	0,75	0,031	32	1,356	0,678	1,454
0,7	0,023	44,44	1,927	0,964	2,691	0,75	0,022	46,31	1,962	0,981	2,582	0,8	0,02	50	2,05	1,025	2,479
0,75	0,016	64	2,711	1,356	**4,046**	**0,8**	0,014	72,36	2,967	1,483	**4,066**	**0,846**	0,012	84,33	3,09	1,545	**4,024**
0,8	0,01	100	4,1	2,05	6,096	0,85	0,008	128,6	5,025	2,512	6,578	0,85	0,011	88,89	0,346	0,173	4,197
0,85	0,006	177,8	6,944	3,472	9,568	0,9	0,003	289,4	10,45	5,226	11,8	0,9	0,005	200	7,222	3,611	7,809

La primera fila corresponde al valor de partida del sumatorio infinitesimal que se va a calcular en cada caso, es decir, el límite inferior de la integral. Como es lógico, este valor debe coincidir con el valor de conversión de salida de la unidad anterior (x_1). Luego, se deben ir sumando progresivamente los valores del integrando que corresponden a cada intervalo, aplicando el método de los trapecios. A medida que se desciende en la tabla se va determinando el tiempo espacial que corresponde a cada conversión de salida de la segunda unidad (x_2). El valor de conversión buscado es el que corresponde al dato de tiempo espacial suministrado ($\tau_2 = 4$ min). Como se puede ver, las conversiones obtenidas en cada caso son, 0,75, 0,8 y 0,846.

El valor de la constante cinética que estamos buscando debe conducir a la conversión final suministrada ($x_2 = 0,8$). Como se puede apreciar, de los tres valores probados, el único que cumple la condición es $k = 1,382$ M⁻¹ min⁻¹. Lógicamente, es el mismo valor que se ha determinado antes analíticamente.

Después, una vez que se ha establecido el valor de la constante cinética, para poder calcular lo que se pide en el enunciado deben aplicarse nuevamente las ecuaciones de diseño, pero ahora en el orden contrario. En la Tabla 4.5.3 se muestran los cálculos necesarios.

Tabla 4.5.3. Cálculos numéricos para el orden inverso de las unidades y el valor correspondiente de la constante cinética k.

k	1,382 $M^{-1}min^{-1}$				
A_o	0,5 M				
x_A	$-r_A$	$1/(-r_A)$	$\Delta 1/(-r_A)$	$A_o \cdot \Delta$	τ_2
-	M/min	min/M	min/M		min
0	0,3455	2,89436			0
0,1	0,27986	3,57328	0,32338	0,16169	0,16169
0,2	0,22112	4,52243	0,40479	0,20239	0,36408
0,3	0,1693	5,90685	0,52146	0,26073	0,62482
0,4	0,12438	8,03988	0,69734	0,34867	0,97348
0,5	0,08638	11,5774	0,98087	0,49043	1,46392
0,6	0,05528	18,0897	1,48336	0,74168	2,2056
0,7	0,0311	32,1595	2,51246	1,25623	3,46183
0,7343	0,02439	40,9986	1,25466	0,62733	4,08916
0,8	0,01382	72,3589	3,72379	1,8619	5,95105
0,9	0,00346	289,436	18,0897	9,04486	14,9959

k	1,382 $M^{-1}min^{-1}$	
A_o	0,5 M	
x_1	$-r_A$	τ_1
-	M/min	min
0,7343	0,02439	0
0,74	0,02336	0,12203
0,75	0,02159	0,36353
0,76	0,0199	0,6457
0,77	0,01828	0,97664
0,78	0,01672	1,36645
0,79	0,01524	1,82784
0,8	0,01382	2,37699
0,81	0,01247	3,03466
0,82	0,01119	3,82788
0,822	0,01095	4,00573

En la parte izquierda se aplica el método de los trapecios para la resolución numérica de la primera ecuación de diseño, puesto que implica una integral definida. Como se puede apreciar en las filas finales, la conversión de salida que cumple la condición suministrada ($\tau_2 = 4$ min) es $x_1 = 0,743$. Luego, en la parte derecha se resuelve numéricamente la segunda ecuación de diseño, asumiendo que la conversión de entrada de la segunda unidad es la que se acaba de calcular. Se puede apreciar que la conversión final que cumple la condición suministrada ($\tau_1 = 4$ min) es ahora $x_2 = 0,822$. A pesar de la poca precisión de los métodos numéricos aplicados, esta solución difiere muy poco de la obtenida antes analíticamente ($x_2 = 0,821$).

Indudablemente, este tipo de cálculos numéricos se complica a medida que el mecanismo analizado se vuelve más complejo, por lo que los programas de simulación de procesos se convierten en una herramienta de diseño muy valiosa para resolver este tipo de problemas.

FIN DE LA NOTA

PROBLEMA 4.6. Combinación de RFMC con RFP de igual volumen en paralelo

Se dispone de un reactor de flujo en mezcla completa de 1 m³ de capacidad, que opera en paralelo con un reactor de flujo en pistón del mismo volumen. Se pretende obtener la máxima productividad del producto R mediante una reacción que sigue un mecanismo serie-paralelo, como se indica a continuación:

$$A \xrightarrow{k_1} R \xrightarrow{k_2} S \qquad A \xrightarrow{k_3} R$$

$$k_1 = 5 \cdot 10^{-3} \, min^{-1} \qquad k_2 = 1 \cdot 10^{-3} \, min^{-1} \qquad k_3 = 9 \cdot 10^{-3} \, min^{-1}$$

El sistema se alimenta con una disolución de A de concentración 1,5 M a razón de 10 L/min. Deduzca la ecuación correspondiente a la productividad del compuesto R en función de la fracción de alimentación que se bifurque hacia el primer reactor.

SOLUCIÓN

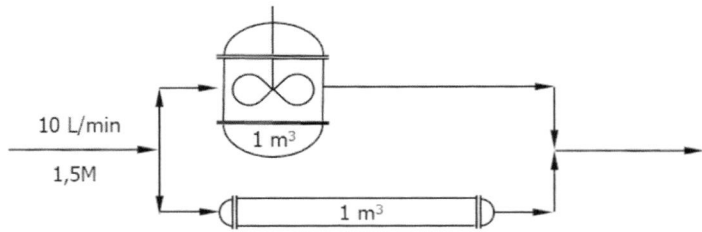

La productividad del producto R en un sistema continuo se calcula como el producto del caudal de salida del sistema (Q) por la concentración de salida del mismo (R).

$$\Pi_R = Q \, R$$

Por otra parte, tenemos un sistema de reacción en disolución, es decir, a volumen constante. Si llamamos β a la fracción del caudal de alimentación que se desvía hacia el primer reactor (el RFMC), tenemos que:

$$\tau_{FMC} = \frac{V_{FMC}}{Q_{FMC}} = \frac{V}{\beta \, Q} = \frac{1.000 \, L}{\beta \cdot 10 \, \frac{L}{min}} = \frac{100}{\beta} \, min$$

$$\tau_{FP} = \frac{V_{FP}}{Q_{FP}} = \frac{V}{(1-\beta) \, Q} = \frac{1.000 \, L}{(1-\beta) \cdot 10 \, \frac{L}{min}} = \frac{100}{(1-\beta)} \, min$$

En cuanto a las ecuaciones cinéticas correspondientes a este tipo de mecanismos (serie-paralelo), tenemos que:

$$-r_A = -\frac{dA}{dt} = (k_1 + k_3)\, A \qquad r_R = \frac{dR}{dt} = (k_1 + k_3)\, A - k_2\, R \qquad r_S = \frac{dS}{dt} = k_2\, R$$

En este caso, dado que se conocen específicamente las etapas del mecanismo, debemos plantear el balance de materia estequiométrico sin simplificaciones. Es decir, no podemos despreciar la presencia de los intermedios al efectuar el balance de materia. Así, si partimos de un medio de reacción con A_o, S_o y R_o, tenemos que dicho balance es el siguiente:

$$A_o - A = (R - R_o) + (S - S_o)$$

Obsérvese que todo el reactivo A que desaparece del medio ($A_o - A$) se debe reconvertir en nuevo compuesto R intermedio ($R - R_o$) o nuevo producto S final ($S - S_o$), para mantener la conservación de la materia. Así, si partimos de un medio de reacción que contiene $S_o = R_o = 0$, tenemos que las ecuaciones integradas serían las siguientes:

$$A = A_o\, exp(-[k_1 + k_3]t)$$

$$R = \frac{k_1}{k_2 - k_1 - k_3}\, A_o\, [exp(-[k_1 + k_3]t) - exp(-k_2 t)]$$

$$S = A_o \left[1 - exp(-[k_1 + k_3]t) - \frac{k_1}{k_2 - k_1 - k_3}\, exp(-[k_1 + k_3]t) \right.$$
$$\left. + \frac{k_1}{k_2 - k_1 - k_3}\, exp(-k_2 t)\right]$$

Aplicando la ecuación de diseño del RFMC, podemos deducir que la concentración de reactivo a su salida (A_1) será la siguiente:

$$\tau_{FMC} = \frac{100}{\beta}\, min = \frac{A_o - A_1}{(-r_A)_f} = \frac{A_o - A_1}{[k_1 + k_3]A_1} \qquad \frac{100}{\beta}[k_1 + k_3]A_1 = A_o - A_1$$

$$A_1 + \frac{100}{\beta}[k_1 + k_3]A_1 = A_o \qquad A_1\left(1 + \frac{100}{\beta}[k_1 + k_3]\right) = A_o$$

$$A_1 = \frac{A_o}{1 + \dfrac{100}{\beta}[k_1 + k_3]}$$

$$A_1 = \frac{1{,}5\ M}{1 + \dfrac{100}{\beta}\dfrac{[5 + 9]}{1.000}} = \frac{1{,}5}{1 + \dfrac{1{,}4}{\beta}}\ M$$

Por otra parte, aplicando la ecuación de diseño del RFP, podemos deducir que la concentración de reactivo a su salida (A_2) será la siguiente:

$$\tau_{FP} = \frac{100}{1 - \beta}\, min = \int_{A_2}^{A_o} \frac{dA}{(-r_A)} = \int_{A_2}^{A_o} \frac{dA}{[k_1 + k_3]A} = \frac{1}{k_1 + k_3}\int_{A_2}^{A_o} \frac{dA}{A} =$$

$$= \frac{1}{k_1 + k_3} [\ln A]_{A_2}^{A_o}$$

$$\frac{100}{1 - \beta} = \frac{1}{k_1 + k_3} \ln \frac{A_o}{A_2} \qquad \frac{100}{1 - \beta} [k_1 + k_3] = \ln \frac{A_o}{A_2}$$

$$exp\left(\frac{100}{1 - \beta} [k_1 + k_3]\right) = \frac{A_o}{A_2}$$

$$A_2 = \frac{A_o}{exp\left(\frac{100}{1 - \beta} [k_1 + k_3]\right)} = \frac{1,5 \, M}{exp\left(\frac{100}{1 - \beta} \frac{[5 + 9]}{1.000}\right)} = \frac{1,5}{exp\left(\frac{1,4}{1 - \beta}\right)} M$$

Por lo tanto, la concentración de reactivo a la salida del sistema (A) será el resultado de la mezcla de corrientes, aplicando el balance de materia correspondiente:

$$A \, Q = A_1 Q_1 + A_2 Q_2 = A_1 Q \, \beta + A_2 Q \, (1 - \beta)$$

$$A \, Q = \frac{A_o}{1 + \frac{100}{\beta} [k_1 + k_3]} Q\beta + \frac{A_o}{exp\left(\frac{100}{1 - \beta} [k_1 + k_3]\right)} Q(1 - \beta)$$

$$A = A_o \left(\frac{\beta}{1 + \frac{100}{\beta} [k_1 + k_3]} + \frac{(1 - \beta)}{exp\left(\frac{100}{1 - \beta} [k_1 + k_3]\right)} \right)$$

$$A = 1,5 \left(\frac{\beta}{1 + \frac{1,4}{\beta}} + \frac{(1 - \beta)}{exp\left(\frac{1,4}{1 - \beta}\right)} \right) M$$

Puesto que lo que se pide es la ecuación para la concentración del compuesto R, tenemos que establecer una relación entre la concentración de A y la concentración de R. Para ello, según las ecuaciones cinéticas, tenemos que:

$$A = A_o \, exp(-[k_1 + k_3]t) \qquad \ln\left(\frac{A}{A_o}\right) = -[k_1 + k_3]t \qquad t = \frac{\ln\left(\frac{A}{A_o}\right)}{-[k_1 + k_3]}$$

$$R = \frac{k_1}{k_2 - k_1 - k_3} A_o \, [exp(-[k_1 + k_3]t) - exp(-k_2 t)] =$$

$$= \frac{k_1}{k_2 - k_1 - k_3} A_o \left[exp\left(-[k_1 + k_3]\left(\frac{\ln\left(\frac{A}{A_o}\right)}{-[k_1 + k_3]}\right)\right) - exp\left(-k_2\left(\frac{\ln\left(\frac{A}{A_o}\right)}{-[k_1 + k_3]}\right)\right) \right]$$

$$R = \frac{k_1}{k_2 - k_1 - k_3} A_o \left[exp\left(\ln\left(\frac{A}{A_o}\right)\right) - exp\left(\frac{k_2}{k_1 + k_3}\left(\ln\left(\frac{A}{A_o}\right)\right)\right) \right] =$$

$$= \frac{k_1}{k_2 - k_1 - k_3} A_o \left[\frac{A}{A_o} - \left(\frac{A}{A_o} \right)^{\left(\frac{k_2}{k_1 + k_3} \right)} \right]$$

$$R = \frac{k_1}{k_1 + k_3 - k_2} A_o \left[\left(\frac{A}{A_o} \right)^{\left(\frac{k_2}{k_1 + k_3} \right)} - \frac{A}{A_o} \right]$$

Por lo tanto, la concentración de salida del RFMC para compuesto intermedio (R_1) será:

$$A_1 = \frac{A_o}{\left(1 + \dfrac{100}{\beta} [k_1 + k_3] \right)}$$

$$R_1 = \frac{k_1}{k_1 + k_3 - k_2} A_o \left[\left(\frac{A_1}{A_o} \right)^{\left(\frac{k_2}{k_1 + k_3} \right)} - \frac{A_1}{A_o} \right] =$$

$$= \frac{k_1}{k_1 + k_3 - k_2} A_o \left[\left(\frac{\left[\dfrac{A_o}{1 + \dfrac{100}{\beta} [k_1 + k_3]} \right]}{A_o} \right)^{\left(\frac{k_2}{k_1 + k_3} \right)} - \frac{\left[\dfrac{A_o}{1 + \dfrac{100}{\beta} [k_1 + k_3]} \right]}{A_o} \right]$$

$$R_1 = \frac{k_1}{k_1 + k_3 - k_2} A_o \left[\left(\frac{1}{1 + \dfrac{100}{\beta} [k_1 + k_3]} \right)^{\left(\frac{k_2}{k_1 + k_3} \right)} - \frac{1}{1 + \dfrac{100}{\beta} [k_1 + k_3]} \right]$$

Y la concentración de salida del RFP para el compuesto intermedio (R_2) será:

$$A_2 = \frac{A_o}{exp \left(\dfrac{100}{1 - \beta} [k_1 + k_3] \right)}$$

$$R_2 = \frac{k_1}{k_1 + k_3 - k_2} A_o \left[\left(\frac{A_2}{A_o} \right)^{\left(\frac{k_2}{k_1 + k_3} \right)} - \frac{A_2}{A_o} \right] =$$

$$= \frac{k_1}{k_1 + k_3 - k_2} A_o \left[\left(\frac{\left[\dfrac{A_o}{exp \left(\dfrac{100}{1 - \beta} [k_1 + k_3] \right)} \right]}{A_o} \right)^{\left(\frac{k_2}{k_1 + k_3} \right)} - \frac{\left[\dfrac{A_o}{exp \left(\dfrac{100}{1 - \beta} [k_1 + k_3] \right)} \right]}{A_o} \right]$$

$$R_2 = \frac{k_1}{k_1 + k_3 - k_2} A_o \left[\left(\frac{1}{exp \left(\dfrac{100}{1 - \beta} [k_1 + k_3] \right)} \right)^{\left(\frac{k_2}{k_1 + k_3} \right)} - \frac{1}{exp \left(\dfrac{100}{1 - \beta} [k_1 + k_3] \right)} \right]$$

Finalmente, concentración de salida del sistema del compuesto intermedio (R), será el resultado de la mezcla de corrientes:

$$R\,Q = R_1 Q_1 + R_2 Q_2 = R_1 Q\,\beta + R_2 Q\,(1-\beta)$$

Y sustituyendo los valores de cada variable deducidos antes, tenemos que:

$$R = \frac{k_1}{k_1 + k_3 - k_2} A_o \left[\left(\frac{1}{1 + \dfrac{100}{\beta}[k_1 + k_3]}\right)^{\left(\frac{k_2}{k_1+k_3}\right)} - \frac{1}{1 + \dfrac{100}{\beta}[k_1 + k_3]}\right]\beta$$

$$+ \frac{k_1}{k_1 + k_3 - k_2} A_o \left[\left(\frac{1}{exp\left(\dfrac{100}{1-\beta}[k_1 + k_3]\right)}\right)^{\left(\frac{k_2}{k_1+k_3}\right)}\right.$$

$$\left. - \frac{1}{exp\left(\dfrac{100}{1-\beta}[k_1 + k_3]\right)}\right](1-\beta)$$

En consecuencia, la ecuación resultante para la productividad de R (Π_R) es:

$$\Pi_R = Q\,R = \frac{k_1 A_o Q}{k_1 + k_3 - k_2} \left[\left(\frac{1}{1 + \dfrac{100}{\beta}[k_1 + k_3]}\right)^{\left(\frac{k_2}{k_1+k_3}\right)} - \frac{1}{1 + \dfrac{100}{\beta}[k_1 + k_3]}\right]\beta$$

$$+ \frac{k_1 A_o Q}{k_1 + k_3 - k_2} \left[\left(\frac{1}{exp\left(\dfrac{100}{1-\beta}[k_1 + k_3]\right)}\right)^{\left(\frac{k_2}{k_1+k_3}\right)}\right.$$

$$\left. - \frac{1}{exp\left(\dfrac{100}{1-\beta}[k_1 + k_3]\right)}\right](1-\beta)$$

Ecuación que, teniendo en cuenta los valores suministrados, se puede expresar del siguiente modo:

$$\Pi_R\left(\frac{mol}{min}\right) = 10 \left(0{,}5769 \left[\left(\frac{1}{1 + \dfrac{1{,}4}{\beta}}\right)^{0{,}07143} - \left(\frac{1}{1 + \dfrac{1{,}4}{\beta}}\right)\right]\beta\right.$$

$$\left. + 0{,}5769 \left[\left(\frac{1}{exp\left(\dfrac{1{,}4}{1-\beta}\right)}\right)^{0{,}07143} - \left(\frac{1}{exp\left(\dfrac{1{,}4}{1-\beta}\right)}\right)\right](1-\beta)\right)$$

NOTA

Esta curva presenta un máximo en torno al valor $\beta = 0{,}32$ y también un mínimo en torno al valor $\beta = 0{,}96$. La productividad en el máximo es alrededor de un 40 % superior a la productividad en el mínimo (0,296 mol/min).

De forma general, este tipo de combinaciones en paralelo suele presentar máximos y mínimos de productividad que dependen de la bifurcación de caudales y de los valores de las constantes cinéticas. Así, la determinación de los óptimos resulta más o menos compleja según el tipo de mecanismo implicado. Por ello, los programas de simulación de procesos se convierten en una herramienta fundamental para el diseño.

FIN DE LA NOTA

PROBLEMA 4.7. Análisis de RFP con cortocircuito

A un largo reactor cilíndrico se le conecta una tubería fina a modo de cortocircuito, desde antes de su entrada hasta después de su salida, por la que se bifurca sin reaccionar el 20 % de la alimentación. En el reactor se lleva a cabo la siguiente reacción elemental en estado gaseoso, [2 A → S], cuya constante cinética vale 0,1 L/mol·s. La alimentación consiste en una corriente de reactivo puro a razón de 80 L/min y todo el sistema se mantiene a 300 °C y 1 atm. ¿Qué tamaño debe tener el reactor para que la concentración de producto (S) a la salida del sistema sea del 60 % en volumen?

SOLUCIÓN

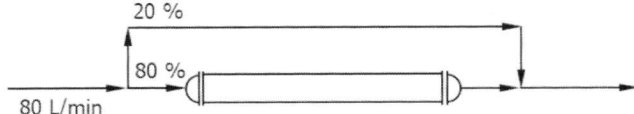

En primer lugar, estamos ante una reacción en estado gaseoso que presenta incremento estequiométrico negativo ($\sigma = -1$) y que se produce a presión y temperatura constantes. Por lo tanto, se trata de una reacción compresiva (el medio se va comprimiendo a medida que avanza la reacción). Por lo tanto, habrá que incluir el factor de expansión (ε_A) en las ecuaciones cinéticas:

$$-r_A = 2kA^2 \qquad r_S = kA^2 \qquad -r_A = 2k\left(\frac{A_o(1 - x_A)}{1 + \varepsilon_A x_A}\right)^2$$

$$\frac{n_{Ao} - n_A}{2} = \frac{n_S - n_{So}}{1} \qquad \frac{n_{Ao} - n_A}{2\,V} = \frac{n_S - 0}{V} \qquad \frac{n_{Ao} - n_{Ao}(1 - x_A)}{2\,V_o(1 + \varepsilon_A x_A)} = S$$

$$\frac{n_{Ao}(1 - 1 + x_A)}{2\,V_o(1 + \varepsilon_A x_A)} = S \qquad S = \frac{A_o x_A}{2\,(1 + \varepsilon_A x_A)}$$

Tomando como base de cálculo 100 moles de A, tenemos que el volumen inicial del sistema de reacción es $V_o = 100$ y el volumen final es $V_f = 50$. Por lo tanto:

$$\varepsilon_A = \frac{V_f - V_o}{V_f} = \frac{50 - 100}{100} = -0{,}5$$

Si denominamos β a la fracción de la corriente de alimentación que se bifurca por el cortocircuito, entonces la corriente que entra al reactor es: $Q_{FPo} = (1-\beta)\,Q_o$. Aquí, el subíndice o denota el valor de entrada de cada corriente. Por otra parte, la concentración de salida del RFP se debe calcular aplicando la ecuación de diseño correspondiente. Así:

$$\tau = \frac{V}{Q_{FPo}} = \frac{V}{(1-\beta)Q_o} = A_o \int_{x_o}^{x_1} \frac{dx_A}{-r_A} = A_o \int_{x_o}^{x_1} \frac{dx_A}{2k\left(\frac{A_o(1-x_A)}{1+\varepsilon_A x_A}\right)^2}$$

$$\tau 2kA_o = Da_{II} = \int_{x_o}^{x_1} \frac{dx_A}{\left(\frac{1-x_A}{1+\varepsilon_A x_A}\right)^2} = \int_{x_o}^{x_1} \frac{(1+\varepsilon_A x_A)^2}{(1-x_A)^2} dx_A$$

$$Da_{II} = \frac{2VkA_o}{(1-\beta)Q_o} = \int_{x_o}^{x_1} \frac{1}{(1-x_A)^2} dx_A + \int_{x_o}^{x_1} \frac{2\,\varepsilon_A x_A}{(1-x_A)^2} dx_A + \int_{x_o}^{x_1} \frac{(\varepsilon_A x_A)^2}{(1-x_A)^2} dx_A$$

La primera integral se ha resuelto en ejercicios anteriores (pág. 127):

$$\int \frac{1}{(1-x_A)^2} dx_A = \frac{1}{1-x_A}$$

La segunda se resuelve mediante un cambio de variable también conocido:

$$u = 1 - x_A \qquad x_A = 1 - u \qquad du = -dx_A$$

$$\int \frac{2\,\varepsilon_A x_A}{(1-x_A)^2} dx_A = 2\,\varepsilon_A \int \frac{x_A}{(1-x_A)^2} dx_A = 2\,\varepsilon_A \left(\frac{1}{1-x_A} + \ln(1-x_A)\right)$$

Y la tercera se resuelve mediante el mismo cambio de variable:

$$u = 1 - x_A \qquad x_A = 1 - u \qquad du = -dx_A$$

$$\int \frac{(\varepsilon_A x_A)^2}{(1-x_A)^2} dx_A = (\varepsilon_A)^2 \int \frac{(x_A)^2}{(1-x_A)^2} dx_A$$

$$\int \frac{(x_A)^2}{(1-x_A)^2} dx_A = \int -\frac{(1-u)^2}{u^2} du = \int -\frac{1}{u^2} du + \int \frac{2u}{u^2} du + \int -\frac{u^2}{u^2} du$$

$$= \int -\frac{1}{u^2} du + 2 \int \frac{1}{u} du + \int -du = \frac{1}{u} + 2\ln u - u$$

$$= \frac{1}{1-x_A} + 2\ln(1-x_A) - (1-x_A)$$

En definitiva, el resultado final es el siguiente:

$$\int \frac{1}{(1-x_A)^2} dx_A + \int \frac{2\,\varepsilon_A x_A}{(1-x_A)^2} dx_A + \int \frac{(\varepsilon_A x_A)^2}{(1-x_A)^2} dx_A =$$

$$= \frac{1}{1-x_A} + 2\,\varepsilon_A \left(\frac{1}{1-x_A} + \ln(1-x_A)\right) + (\varepsilon_A)^2 \left(\frac{1}{1-x_A} + 2\ln(1-x_A) - (1-x_A)\right)$$

$$= \frac{1}{1-x_A} (1 + 2\,\varepsilon_A + (\varepsilon_A)^2) + \ln(1-x_A)(2\,\varepsilon_A + 2) - (1-x_A)$$

$$= \frac{(1+\varepsilon_A)^2}{1-x_A} + (1+\varepsilon_A)\ln(1-x_A)^2 - (1-x_A)$$

Dado que $x_o = 0$, tenemos por último que:

$$Da_{II} = \int_{x_o}^{x_1} \frac{1}{(1-x_A)^2} dx_A + \int_{x_o}^{x_1} \frac{2\,\varepsilon_A x_A}{(1-x_A)^2} dx_A + \int_{x_o}^{x_1} \frac{(\varepsilon_A x_A)^2}{(1-x_A)^2} dx_A$$

$$= \left[\frac{(1+\varepsilon_A)^2}{1-x_1} + (1+\varepsilon_A)\ln(1-x_1)^2 - (1-x_1) \right]$$

$$- \left[\frac{(1+\varepsilon_A)^2}{1-0} + (1+\varepsilon_A)\ln(1-0)^2 - (1-0) \right] =$$

$$= \left[\frac{(1+\varepsilon_A)^2}{1-x_1} + (1+\varepsilon_A)\ln(1-x_1)^2 - (1-x_1) \right] - \left[(1+\varepsilon_A)^2 + 0 - 1 \right]$$

$$= \left[\frac{(1+\varepsilon_A)^2}{1-x_1} + (1+\varepsilon_A)\ln(1-x_1)^2 - (1-x_1) \right]$$

$$- \left[1 + 2\varepsilon_A + (\varepsilon_A)^2 - 1 \right]$$

$$= \frac{(1+\varepsilon_A)^2}{1-x_1} + (1+\varepsilon_A)\ln(1-x_1)^2 - (1-x_1) - (2\varepsilon_A + (\varepsilon_A)^2)$$

$$Da_{II} = \frac{2VkA_o}{(1-\beta)Q_o} = \frac{(1+\varepsilon_A)^2}{1-x_1} + (1+\varepsilon_A)\ln(1-x_1)^2 - (1-x_1) - (2\varepsilon_A + (\varepsilon_A)^2)$$

Así pues, para calcular el tamaño del reactor (V) debemos conocer el número de Damköhler de segundo orden del sistema (Da_{II}) y, para ello, debemos conocer la conversión de salida del reactor (x_1). A su vez, ésta se debe establecer a partir de la concentración de salida que se solicita en el enunciado ($S = 60$ % v/v). Por lo tanto, planteamos primero un balance de producto S en el punto de mezcla de las corrientes, denotando con el subíndice CC a las variables del cortocircuito y con el subíndice FP a las variables del reactor. Puesto que se trata de una reacción de densidad variable, debemos tener en cuenta que el caudal de salida del reactor (Q_{FPf}) es diferente del de enrada (Q_{FPo}). Así:

$$S \cdot Q_f = S_{CC}\, Q_{CC} + S_{FP}\, Q_{FPf} \qquad S\left(Q_{CC} + Q_{FPf} \right) = 0 \cdot \beta Q_o + S_{FP}\, Q_{FPf}$$

$$S\left(Q_{CC} + Q_{FPf} \right) = S_{FP}\, Q_{FPf} \qquad S\left(\frac{Q_{CC}}{Q_{FPf}} + 1 \right) = S_{FP}$$

$$S_{FP} = S\left(\frac{\beta Q_o}{Q_{FPo}(1+\varepsilon_A x_1)} + 1 \right) = S\left(\frac{\beta Q_o}{Q_o(1-\beta)(1+\varepsilon_A x_1)} + 1 \right)$$

$$= S\left(\frac{\beta}{(1-\beta)(1+\varepsilon_A x_1)} + 1 \right)$$

Además, a partir del balance estequiométrico de la reacción tenemos que:

$$S_{FP} = \frac{A_o x_1}{2\,(1+\varepsilon_A x_1)} \qquad \frac{A_o x_1}{2\,(1+\varepsilon_A x_1)} = S\left(\frac{\beta}{(1-\beta)(1+\varepsilon_A x_1)} + 1 \right)$$

$$S = \frac{\dfrac{A_o x_1}{2(1 + \varepsilon_A x_1)}}{\dfrac{\beta}{(1 - \beta)(1 + \varepsilon_A x_1)} + 1} = \frac{\dfrac{A_o x_1}{2}}{\dfrac{\beta}{(1 - \beta)} + (1 + \varepsilon_A x_1)} = \frac{A_o x_1 (1 - \beta)}{2\beta + 2(1 + \varepsilon_A x_1)(1 - \beta)}$$

$$2\beta S + 2(1 + \varepsilon_A x_1)(1 - \beta)S = A_o x_1 (1 - \beta)$$

$$2\beta S + 2(1 - \beta)S + 2\varepsilon_A x_1 (1 - \beta)S = A_o x_1 (1 - \beta)$$

$$2\beta S + 2(1 - \beta)S = A_o x_1 (1 - \beta) - 2\varepsilon_A x_1 (1 - \beta)S$$

$$2\beta S + 2S - 2\beta S = x_1(A_o(1 - \beta) - 2\varepsilon_A(1 - \beta)S)$$

$$2S = x_1(A_o(1 - \beta) - 2\varepsilon_A(1 - \beta)S)$$

$$x_1 = \frac{2S}{A_o(1 - \beta) - 2\varepsilon_A(1 - \beta)S} = \frac{\dfrac{2S}{1 - \beta}}{A_o - 2\varepsilon_A S}$$

Suponiendo que las corrientes son mezclas de gases ideales, la concentración de A en la alimentación sería:

$$PV = nRT \qquad P = A_o RT$$

$$A_o = \frac{P}{RT} = \frac{1 \, atm}{0,082 \, \dfrac{atm \, L}{K \, mol}(300 + 273,15) \, K} = 21,3 \cdot 10^{-3} \, \frac{mol}{L}$$

Igualmente, puesto que la concentración de S a la salida es del 60 % en volumen, tenemos que:

$$0,6 = \frac{V_S}{V_S + V_A} = \frac{n_S \dfrac{RT}{P}}{V} = S\frac{RT}{P} \qquad S = 0,6\frac{P}{RT} = 0,6 \, A_o$$

Por lo tanto:

$$x_1 = \frac{\dfrac{2S}{1 - \beta}}{A_o - 2\varepsilon_A S} = \frac{\dfrac{2 \cdot 0,6 \, A_o}{1 - 0,2}}{A_o - 2(-0,5) \cdot 0,6 \cdot A_o} = \frac{\dfrac{2 \cdot 0,6}{1 - 0,2}}{1 - 2(-0,5) \cdot 0,6} = \frac{\dfrac{1,2}{0,8}}{1 + 0,6}$$

$$x_1 = 0,9375$$

Por lo que, definitivamente, el Damköhler del reactor (Da_{II}) vale:

$$Da_{II} = \frac{(1 + \varepsilon_A)^2}{1 - x_1} + (1 + \varepsilon_A)\ln(1 - x_1)^2 - (1 - x_1) - (2\varepsilon_A + (\varepsilon_A)^2) =$$

$$= \frac{(1 + (-0,5))^2}{1 - 0,9375} + (1 - 0,5)\ln(1 - 0,9375)^2 - (1 - 0,9375)$$

$$- (2(-0,5) + (-0,5)^2) = 1,915$$

En conclusión, el volumen que debe tener el reactor para cumplir las condiciones impuestas es el siguiente:

$$Da_{II} = \frac{2VkA_o}{(1-\beta)Q_o} \qquad V = \frac{Da_{II}(1-\beta)Q_o}{2kA_o}$$

$$V = \frac{1,915\,(1-0,2)\,80\,\dfrac{L}{min}}{2\cdot 0,1\,\dfrac{L}{mol\,s}\left(\dfrac{60\,s}{1\,min}\right)\cdot 21,3\cdot 10^{-3}\,\dfrac{mol}{L}} = 479,987\ L$$

NOTA

Si no se hubiera bifurcado ninguna corriente por la tubería de cortocircuito, el volumen necesario para el mismo objetivo sería:

$$x_1 = \frac{\dfrac{2S}{1-\beta}}{A_o - 2\,\varepsilon_A\,S} = \frac{\dfrac{2\cdot 0,6\,A_o}{1-0}}{A_o - 2\,(-0,5)\cdot 0,6\cdot A_o} = \frac{\dfrac{2\cdot 0,6}{1}}{1 - 2\,(-0,5)\cdot 0,6} = \frac{1,2}{1,6} = 0,75$$

$$Da_{II} = \frac{(1+\varepsilon_A)^2}{1-x_1} + (1+\varepsilon_A)\ln(1-x_1)^2 - (1-x_1) - (2\varepsilon_A + (\varepsilon_A)^2) =$$

$$= \frac{\left(1+(-0,5)\right)^2}{1-0,75} + (1-0,5)\ln(1-0,75)^2 - (1-0,75) - (2(-0,5) + (-0,5)^2)$$

$$= 0,1137$$

$$V = \frac{Da_{II}(1-\beta)Q_o}{2kA_o} = \frac{0,1137\,(1-0)\,80\,\dfrac{L}{min}}{2\cdot 0,1\,\dfrac{L}{mol\,s}\left(\dfrac{60\,s}{1\,min}\right)\cdot 21,3\cdot 10^{-3}\,\dfrac{mol}{L}} = 35,626\ L$$

Como se puede observar, el volumen requerido en este caso sería más de diez veces menor. Es decir, en determinadas ocasiones, un simple cortocircuito del 20 % puede provocar pérdidas de eficacia de más del 90 %.

FIN DE LA NOTA

PROBLEMA 4.8. Análisis de RFMC con cortocircuito

Se dispone de un tanque bien agitado de 120 L, alimentado en continuo con 10 L/s de una disolución de determinado compuesto. En su interior se lleva a cabo una reacción elemental de primer orden para la descomposición espontánea del reactivo, cuya constante cinética vale $0,1$ s^{-1}. En determinado momento, se instala una tubería a modo de cortocircuito desde la entrada a la salida del tanque, por la que fluye parte de la alimentación sin reaccionar.

a) Deduzca la ecuación para la conversión del sistema en función del grado de bifurcación de la alimentación por el cortocircuito.

b) Calcule cuántos puntos de conversión se pierden cuando se pasa de no bifurcar nada por la tubería a bifurcar el 25 % de la alimentación.

SOLUCIÓN

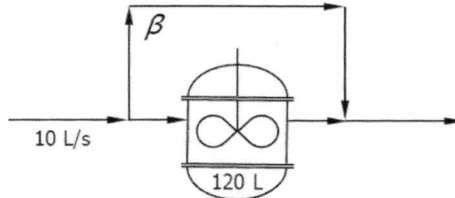

a) Ecuación de conversión

Tenemos una reacción de primer orden en disolución con un solo reactivo, es decir, a volumen constante. Por lo tanto, la ecuación cinética del sistema es:

$$A \overset{k}{\to} P \qquad -\frac{dA}{dt} = k\,A = kA_o(1 - x_A)$$

$$A_o - A = P - P_o \qquad P = A_o - A = A_o x_A$$

Puesto que el tanque está bien agitado, suponemos que se comporta como un RFMC. Si llamamos β a la fracción del caudal de alimentación que se desvía hacia el cortocircuito (Q_{CC}), tenemos que el caudal que circula por el RFMC (Q_{MC}) será menor o igual que el que alimenta el sistema (Q):

$$Q = Q_{CC} + Q_{MC} = Q\,\beta + Q\,(1 - \beta)$$

A partir de la ecuación de diseño del RFMC podemos calcular la conversión de

salida del reactor (x_{MC}):

$$\tau_{MC} = \frac{V}{Q_{MC}} = \frac{V}{Q(1-\beta)}$$

$$\tau_{MC} = A_o \frac{x_{A1} - x_{Ao}}{(-r_A)_f} = A_o \frac{x_{MC} - 0}{kA_o(1 - x_{MC})} = \frac{x_{MC}}{k(1 - x_{MC})}$$

$$\tau_{MC}k(1 - x_{MC}) = x_{MC} \qquad \tau_{MC}k = x_{MC} + \tau_{MC}k\, x_{MC} = x_{MC}(1 + \tau_{MC}k)$$

$$x_{MC} = \frac{\tau_{MC}k}{1 + \tau_{MC}k} = \frac{\dfrac{V}{Q(1-\beta)}k}{1 + \dfrac{V}{Q(1-\beta)}k} = \frac{V\,k}{Q(1-\beta) + V\,k}$$

Por otra parte, la corriente del cortocircuito no sufre conversión alguna. Por lo tanto, $x_{CC} = 0$ y $A_{CC} = A_o$. Finalmente, la conversión de salida del sistema (x_{Af}) será el resultado de la mezcla de corrientes. Así, planteando el correspondiente balance de reactivo A en el punto de mezcla, tenemos:

$$A_f\, Q = A_{CC}\, Q_{CC} + A_{MC}\, Q_{MC} = A_o Q\beta + A_{MC}Q(1 - \beta)$$

$$A_o(1 - x_{Af})\, Q = A_o Q\beta + A_o(1 - x_{MC})Q(1 - \beta)$$

$$(1 - x_{Af}) = \beta + (1 - x_{MC})(1 - \beta)$$

$$(1 - x_{Af}) = \beta + \left(1 - \frac{V\,k}{Q(1-\beta) + V\,k}\right)(1 - \beta)$$

$$(1 - x_{Af}) = \beta + (1 - \beta) - \frac{V\,k(1 - \beta)}{Q(1-\beta) + V\,k}$$

$$1 - x_{Af} = 1 - \frac{V\,k(1 - \beta)}{Q(1-\beta) + V\,k}$$

$$x_{Af} = \frac{V\,k(1 - \beta)}{Q(1-\beta) + V\,k}$$

El tiempo espacial del sistema completo (τ) se define como el volumen total (V) dividido por el caudal total (Q). Por otra parte, el número de Damköhler del sistema completo (Da) vale τk, entonces tenemos que:

$$\tau = \frac{V}{Q} \qquad Da = \tau k \qquad x_{Af} = \frac{V\,k(1 - \beta)}{Q(1-\beta) + V\,k} = \frac{\dfrac{V\,k}{Q}(1 - \beta)}{(1 - \beta) + \dfrac{V\,k}{Q}} = \frac{\tau k\,(1 - \beta)}{(1 - \beta) + \tau k}$$

$$x_{Af} = \frac{Da\,(1 - \beta)}{(1 - \beta) + Da}$$

b) Puntos de conversión

Si no se desvía ninguna alimentación por la tubería de cortocircuito ($\beta = 0$), entonces tenemos que la conversión de salida del sistema sería:

$$x_{Af} = \frac{Da\,(1 - \beta)}{(1 - \beta) + Da} = \frac{Da\,(1 - 0)}{(1 - 0) + Da} = \frac{Da}{1 + Da} = \frac{\dfrac{V}{Q}k}{1 + \dfrac{V}{Q}k}$$

$$x_{Af} = \frac{\dfrac{120\,L}{10\,\dfrac{L}{s}} \cdot 0{,}1\ s^{-1}}{1 + \dfrac{120\,L}{10\,\dfrac{L}{s}} \cdot 0{,}1\ s^{-1}} = \frac{1{,}20}{1 + 1{,}20} = 0{,}545$$

Si ahora desviamos el 25 % de la alimentación al cortocircuito ($\beta = 0{,}25$), tenemos
que la conversión de salida del sistema sería:

$$x_{Af} = \frac{Da\,(1 - \beta)}{(1 - \beta) + Da} = \frac{1{,}20\,(1 - 0{,}25)}{(1 - 0{,}25) + 1{,}20} = 0{,}462$$

Luego, la pérdida de conversión que se pregunta en el enunciado vale:

$$\Delta x_{Af} = 0{,}545 - 0{,}462 = 0{,}084$$

Es decir, se pierden sólo 8,4 puntos de conversión (porcentual) al cortocircuitar el
20 % de la alimentación.

NOTA

A diferencia del ejercicio anterior, en este caso la bifurcación afecta poco a la eficacia del
sistema. Aquí se analiza un RFMC con reacción de orden 1 en fase líquida, mientras que
antes estudiaba un RFP con reacción de orden 2 en fase gaseosa.

FIN DE LA NOTA

PROBLEMA 4.9. Análisis de RFMC con recirculación

Se dispone de un reactor de flujo en mezcla completa de 12 m³, alimentado con una disolución de reactivo a razón de 10 L/s. Se desea llevar a cabo una reacción elemental de primer orden con un solo reactivo, cuya constante cinética vale 0,1 s⁻¹. Al reactor se le conecta una tubería de recirculación que va de la salida a la entrada al mismo y definimos el grado de recirculación (R) como la ratio entre el caudal que se recircula (Q_R) y el que sale del sistema (Q). Calcule lo siguiente:

a) La ecuación para la conversión de salida del sistema, en función del grado de recirculación R.

b) ¿Cuánto varía la conversión que se produce en el reactor al pasar de $R = 0$ a $R = 1$?

SOLUCIÓN

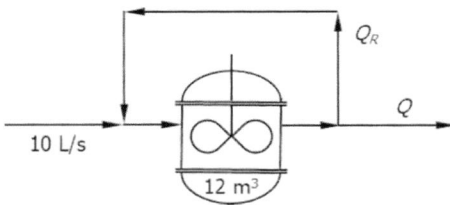

a) Ecuación de conversión

Tenemos una reacción de primer orden en disolución, es decir a volumen constante, y un solo reactivo. Por lo tanto, la ecuación cinética del sistema es:

$$A \xrightarrow{k} P \qquad -\frac{dA}{dt} = k\,A = kA_o(1 - x_A)$$

$$A_o - A = P - P_o \qquad P = A_o - A = A_o x_A$$

Se denomina R a la ratio entre el caudal que se recircula (Q_R) y el que sale del sistema (Q). Por lo tanto, el caudal que circula por el RFMC (Q_{MC}) será:

$$R = \frac{Q_R}{Q} \qquad Q_{MC} = Q + Q_R = Q + R\,Q = Q\,(1 + R)$$

Por otra parte, la conversión a la salida del reactor (x_2) es la misma que sale del sistema y se deriva por la recirculación. Sin embargo, la conversión que entra al reactor (x_1) es diferente de la que entra al sistema (x_o), puesto que hay un punto de mezcla de la recirculación con la alimentación antes de entrar al reactor. Entonces, aplicando un balance de reactivo A en dicho punto de mezcla, tenemos que:

$$A_o\,Q + A_2\,Q_R = A_1\,Q_{MC} \qquad A_o\,Q + A_2\,RQ = A_1\,Q(1+R)$$

$$A_o + A_2\,R = A_1(1+R)$$

$$A_o + A_o(1-x_2)R = A_o(1-x_1)(1+R) \qquad 1 + (1-x_2)R = (1-x_1)(1+R)$$

$$1 + R - x_2 R = 1 + R - x_1 - x_1 R \qquad x_2 R = x_1 + x_1 R = x_1(1+R)$$

$$x_1 = x_2\left(\frac{R}{1+R}\right)$$

Para calcular la conversión que se produce en el RFMC (x_2), aplicamos la ecuación de diseño correspondiente del siguiente modo:

$$\tau_{MC} = \frac{V}{Q_{MC}} = \frac{V}{Q(1+R)} \qquad \tau_{MC} = A_o\frac{x_{Af} - x_{Ao}}{(-r_A)_f} = A_o\frac{x_2 - x_1}{kA_o(1-x_2)} = \frac{x_2 - x_1}{k(1-x_2)}$$

$$\tau_{MC}k = \frac{Vk}{Q(1+R)} = Da_{MC} = \frac{x_2 - x_1}{1-x_2} \qquad Da_{MC}(1-x_2) = x_2 - x_1$$

$$x_1 = x_2 - Da_{MC}(1-x_2) = x_2 - Da_{MC} + Da_{MC}x_2 = x_2(1 + Da_{MC}) - Da_{MC}$$

$$x_1 = x_2(1 + Da_{MC}) - Da_{MC}$$

Sustituyendo ahora esta conversión en la ecuación anterior, tenemos que:

$$x_2(1 + Da_{MC}) - Da_{MC} = x_2\left(\frac{R}{1+R}\right) \qquad x_2\left(1 + Da_{MC} - \frac{R}{1+R}\right) = Da_{MC}$$

$$x_2 = \frac{Da_{MC}}{1 + Da_{MC} - \dfrac{R}{1+R}} = \frac{\dfrac{Vk}{Q(1+R)}}{1 + \dfrac{Vk}{Q(1+R)} - \dfrac{R}{1+R}} = \frac{Vk}{Q(1+R) + Vk - QR} = \frac{Vk}{Q + Vk}$$

El tiempo espacial del sistema completo (τ) se define como el volumen total (V) dividido por el caudal total (Q). Por otra parte, el número de Damköhler del sistema completo (Da) vale τk, entonces tenemos que:

$$\tau = \frac{V}{Q} \qquad Da = \tau k \qquad x_2 = \frac{Vk}{Q + Vk} = \frac{\dfrac{Vk}{Q}}{1 + \dfrac{Vk}{Q}} = \frac{Da}{1 + Da}$$

Como se puede observar, sorprendentemente, la conversión de este sistema no depende del grado de recirculación aplicado (R). Lógicamente, esto es debido a que el reactor involucrado es un reactor ideal de flujo en mezcla completa y este tipo de flujo implica una recirculación total y continua de la corriente que lo atraviesa. Por lo tanto, al final

resulta completamente indiferente que parte de la corriente la recirculemos por el exterior o no, ya que toda ella se recircula ya por su interior.

b) Diferencia de conversión

Si no se aplica ninguna recirculación ($R = 0$), tenemos que:

$$\tau_{MC} = \frac{V}{Q_{MC}} = \frac{V}{Q(1+R)} = \frac{V}{Q} = \tau \qquad Da_{MC} = \tau_{MC}k = \tau k = Da$$

$$x_1 = x_o = 0$$

$$x_2 = \frac{Da}{1+Da} = \frac{\frac{V}{Q}k}{1+\frac{V}{Q}k} = \frac{\frac{12.000\,L}{10\,\frac{L}{s}} \cdot 0,1\,s^{-1}}{1+\frac{12.000\,L}{10\,\frac{L}{s}} \cdot 0,1\,s^{-1}} = \frac{120}{1+120} = 0,992$$

Los puntos de conversión que produce el reactor son la diferencia entre su conversión de entrada y su conversión de salida. Por lo tanto:

$$\Delta x_A = x_2 - x_1 = 0,992 - 0 = 0,992$$

Por lo tanto, en este caso, el reactor produce 99,2 puntos de conversión. Por otra parte, si aplicamos recirculación $R = 1$, tenemos:

$$\tau = \frac{V}{Q} = \frac{12.000\,L}{10\,\frac{L}{s}} = 1.200\,s \qquad \tau_{MC} = \frac{V}{Q_{MC}} = \frac{V}{Q(1+R)} = \frac{12.000\,L}{10\,\frac{L}{s}(1+1)} = 600\,s$$

$$Da = \tau k = 1.200\,s \cdot 0,1\,s^{-1} = 120 \qquad Da_{MC} = 600\,s \cdot 0,1\,s^{-1} = 60$$

$$x_2 = \frac{Da}{1+Da} = \frac{\frac{V}{Q}k}{1+\frac{V}{Q}k} = \frac{120}{1+120} = 0,992$$

$$x_o = 0 \qquad x_1 = x_2(1+Da_{MC}) - Da_{MC} = 0,992(1+60) - 60 = 0,512$$

Luego los puntos de conversión que produce el reactor en este otro caso son:

$$\Delta x_A = x_2 - x_1 = 0,992 - 0,512 = 0,48$$

Es decir, la misma unidad produce ahora sólo 48,0 puntos de conversión mientras que antes producía 99,2.

La razón de esta pérdida de eficiencia reside en que el flujo que atraviesa ahora el reactor es mucho mayor que antes (puesto que incluye la recirculación). Por lo tanto, se reduce su tiempo de residencia y pierde rendimiento. Así, cuanto mayor es la recirculación, menor es el tiempo de residencia y menor es la eficiencia de la unidad. A pesar de la presencia de este efecto, al aumentar la recirculación (que ya está convertida) también aumenta la conversión de entrada a la unidad. Por lo tanto, el resultado que produce el sistema completo sigue siendo el mismo en cualquier situación y la conversión de salida del sistema no depende de la recirculación.

PROBLEMA 4.10. Combinación de RFPs de igual volumen en carrusel

Se desea llevar a cabo una reacción elemental en disolución del tipo [A → P], cuya constante cinética vale $0,1\ s^{-1}$. Para ello, se disponen dos reactores de flujo en pistón de 100 L de forma que la salida de uno se introduce en el otro, a modo de carrusel, a razón 400 L/min. El sistema se alimenta con una disolución 1 M del reactivo, que se inyecta a razón de 200 L/min en la corriente que pasa del segundo reactor al primero. Para mantener el estado estacionario, se purga una corriente equivalente en la línea que va del primer reactor al segundo. Calcule la concentración de P que abandona el sistema.

SOLUCIÓN

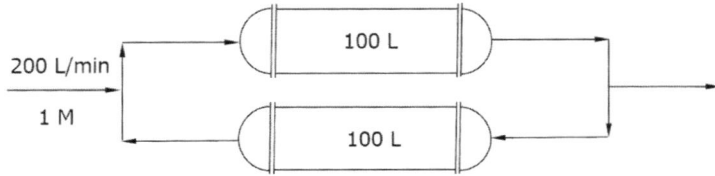

En primer lugar, tenemos una reacción de primer orden en disolución, luego la ecuación cinética a aplicar es la siguiente:

$$A \xrightarrow{k} P \qquad -\frac{dA}{dt} = k\,A = kA_o(1 - x_A)$$

$$A_o - A = P - P_o = P - 0 \qquad P = A_o - A = A_o x_A$$

Denominaremos Q_o al caudal de entrada y de salida del sistema; Q_D al caudal que atraviesa el primer reactor en dirección a la salida del sistema; y Q_R al caudal que atraviesa el segundo reactor en dirección a la entrada del sistema. Denominaremos x_1 a la conversión de entrada al primer reactor y x_2 a la conversión de salida del mismo. Puesto que la corriente que entra al segundo reactor proviene de una bifurcación tras la salida del primero, la conversión que entra al segundo es la misma que sale del primero (x_2). Finalmente, denominaremos x_3 a la conversión de salida del segundo reactor.

Planteando un balance de reactivo A en el punto de mezcla a la entrada del sistema, tenemos que:

$$Q_o + Q_R = Q_D \qquad Q_o A_o + Q_R A_3 = Q_D A_1$$

$$Q_o A_o + Q_R A_o(1 - x_3) = Q_D A_o(1 - x_1)$$

$$Q_o + Q_R(1 - x_3) = Q_D(1 - x_1) \qquad Q_o + Q_R - Q_R x_3 = Q_D - Q_D x_1$$

$$Q_D - Q_R x_3 = Q_D - Q_D x_1 \qquad Q_R x_3 = Q_D x_1 \qquad x_1 = \frac{Q_R}{Q_D} x_3$$

Si definimos R (razón de recirculación) como la fracción de la corriente de salida del sistema que se recircula a través del segundo reactor, entonces tenemos que:

$$R = \frac{Q_R}{Q_o} = \frac{Q_R}{Q_D - Q_R} \qquad \frac{1}{R} = \frac{Q_D - Q_R}{Q_R} = \frac{Q_D}{Q_R} - 1$$

$$\frac{1}{R} + 1 = \frac{Q_D}{Q_R} \qquad \frac{Q_R}{Q_D} = \frac{R}{1 + R}$$

$$x_1 = \frac{Q_R}{Q_D} x_3 = \frac{R}{1 + R} x_3$$

Por otra parte, puesto que trabajamos con reactores de tipo RFP, las ecuaciones de diseño correspondientes son:

$$\tau_1 = \frac{V_1}{Q_D} = A_o \int_{x_1}^{x_2} \frac{dx_A}{kA_o(1 - x_A)} = \frac{1}{k} \ln\left(\frac{1 - x_1}{1 - x_2}\right)$$

$$Da_1 = \tau_1 k = \frac{V_1 k}{Q_D} = \frac{V_1 k}{Q_o(1 + R)} = \ln\left(\frac{1 - x_1}{1 - x_2}\right)$$

$$exp(Da_1) = \frac{1 - x_1}{1 - x_2} \qquad (1 - x_2)\, exp(Da_1) = 1 - x_1$$

$$exp(Da_1) - x_2\, exp(Da_1) = 1 - x_1 \qquad x_1 = 1 - exp(Da_1) + x_2\, exp(Da_1)$$

$$\tau_2 = \frac{V_2}{Q_R} = A_o \int_{x_2}^{x_3} \frac{dx_A}{kA_o(1 - x_A)} = \frac{1}{k} \ln\left(\frac{1 - x_2}{1 - x_3}\right)$$

$$Da_2 = \tau_2 k = \frac{V_2 k}{Q_R} = \frac{V_2 k}{Q_o R} = \ln\left(\frac{1 - x_2}{1 - x_3}\right)$$

$$exp(Da_2) = \frac{1 - x_2}{1 - x_3} \qquad (1 - x_3)\, exp(Da_2) = 1 - x_2$$

$$exp(Da_2) - x_3\, exp(Da_2) = 1 - x_2 \qquad x_2 = 1 - exp(Da_2) + x_3\, exp(Da_2)$$

Operando adecuadamente en las tres expresiones deducidas (x_1, x_2 y x_3), tenemos que:

$$x_2 = 1 - exp(Da_2) + \left(\frac{R + 1}{R} x_1\right) exp(Da_2)$$

$$x_2 = 1 - exp(Da_2) + \left(\frac{R + 1}{R}[1 - exp(Da_1) + x_2\, exp(Da_1)]\right) exp(Da_2)$$

$$x_2 = 1 - exp(Da_2) + \left(\frac{R+1}{R}\right)[1 - exp(Da_1)]\,exp(Da_2)$$

$$+ \left(\frac{R+1}{R}\right)x_2\,exp(Da_1)\,exp(Da_2)$$

$$x_2 - \left(\frac{R+1}{R}\right)x_2\,exp(Da_1)\,exp(Da_2)$$

$$= 1 - exp(Da_2) + \left(\frac{R+1}{R}\right)[1 - exp(Da_1)]\,exp(Da_2)$$

$$x_2\left(1 - \left(\frac{R+1}{R}\right)exp(Da_1)\,exp(Da_2)\right)$$

$$= 1 - exp(Da_2) + \left(\frac{R+1}{R}\right)[1 - exp(Da_1)]\,exp(Da_2)$$

$$x_2 = \frac{1 - exp(Da_2) + \left(\frac{R+1}{R}\right)[1 - exp(Da_1)]\,exp(Da_2)}{1 - \left(\frac{R+1}{R}\right)exp(Da_1)\,exp(Da_2)}$$

$$= \frac{1 - exp(Da_2) + \left(\frac{R+1}{R}\right)exp(Da_2) - \left(\frac{R+1}{R}\right)exp(Da_1)\,exp(Da_2)}{1 - \left(\frac{R+1}{R}\right)exp(Da_1)\,exp(Da_2)}$$

$$= 1 + \frac{\left(\frac{R+1}{R}\right)exp(Da_2) - exp(Da_2)}{1 - \left(\frac{R+1}{R}\right)exp(Da_1)\,exp(Da_2)}$$

$$= 1 + \frac{\left(\frac{R+1}{R}\right) - 1}{exp(-Da_2) - \left(\frac{R+1}{R}\right)exp(Da_1)}$$

$$= 1 + \frac{\left(\frac{1}{R}\right)}{exp(-Da_2) - \left(\frac{R+1}{R}\right)exp(Da_1)}$$

$$= 1 + \frac{1}{R\,exp(-Da_2) - (R+1)exp(Da_1)}$$

$$= 1 + \frac{1}{R\,exp\left(-\frac{V_2 k}{Q_o R}\right) - (R+1)exp\left(\frac{V_1 k}{Q_o(1+R)}\right)}$$

Como se puede observar, si imponemos al sistema una recirculación nula ($R = 0$), la expresión anterior se reduce a la conversión correspondiente al RFP número uno:

$$x_2 = 1 - \frac{1}{exp(Da_1)} = 1 - exp(-Da_1) = 1 - exp(-\tau_1 k) = 1 - exp\left(-\frac{V_1 k}{Q_o}\right)$$

Análogamente, si imponemos al segundo reactor un volumen nulo ($V_2 = 0$), la expresión original se reduce a la conversión correspondiente al primer RFP con cierta recirculación R (que aquí se trataría de recirculación pura sin reacción):

$$x_2 = 1 + \frac{1}{R - (R+1)exp(Da_1)} = 1 + \frac{\frac{1}{R+1}}{\frac{R}{R+1} - exp(Da_1)} = \frac{1 - exp(Da_1)}{\frac{R}{R+1} - exp(Da_1)}$$

$$x_2 = \frac{1 - exp\left(\frac{V_1 k}{Q_D}\right)}{\frac{R}{R+1} - exp\left(\frac{V_1 k}{Q_D}\right)} = \frac{1 - exp\left(\frac{V_1 k}{(R+1)Q_o}\right)}{\frac{R}{R+1} - exp\left(\frac{V_1 k}{(R+1)Q_o}\right)}$$

En definitiva, si mantenemos ambos reactores con el volumen indicado y la recirculación señalada, la conversión vale:

$$R = \frac{Q_R}{Q_o} = \frac{400 \frac{L}{min}}{200 \frac{L}{min}} = 2$$

$$Da_1 = \frac{V_1 k}{(R+1)Q_o} = \frac{100 L \cdot 0,1 \frac{1}{s}\left(\frac{60 \ s}{1 \ min}\right)}{(2+1) \ 200 \frac{L}{min}} = 1$$

$$Da_2 = \frac{V_2 k}{Q_o R} = \frac{100 L \cdot 0,1 \frac{1}{s}\left(\frac{60 \ s}{1 \ min}\right)}{200 \frac{L}{min} \cdot 2} = 1,5$$

$$x_2 = 1 + \frac{1}{R \ exp(-Da_1) - (R+1)exp(Da_2)} = 1 + \frac{1}{2 \cdot exp(-1) - (2+1)exp(1,5)}$$

$$x_2 = 0,8703$$

Y la concentración de P pedida vale:

$$P = A_o x_A = 1 \ M \cdot 0,8703 = 0,8703 \ M$$

NOTA

Este sistema presenta un comportamiento singular que depende de las condiciones de operación. Así, por ejemplo, para un caudal de alimentación (Q_o) de 200 L/min, la conversión del sistema disminuye si aumentamos la razón de recirculación (R). En concreto pasa aproximadamente de 0,95 a 0,85. Sin embargo, si ese caudal pasa a 900 L/min, la conversión del sistema aumenta con la razón de recirculación (R). En este caso, aproximadamente de 0,50 a 0,57.

La complejidad del análisis de una combinación tan simple como esta, de algunas de las otras combinaciones incluidas en este manual, o de muchas otras que se puedan idear, justifica el uso frecuente de los programas de simulación de procesos en las tareas de diseño.

FIN DE LA NOTA

Tercera parte
Flujo no ideal

MANUALES
INGENIERÍAS
Y ARQUITECTURA

CAPÍTULO 5

Análisis de flujo no ideal

Desviaciones con respecto a los reactores ideales

Cuando se definen los reactores ideales se plantean una serie de hipótesis sobre las que luego se basan los balances de materia que se aplican; como, por ejemplo, en el caso de los reactores de flujo en mezcla completa: idéntica composición en todos los puntos del reactor, mezcla inmediata y perfecta de todos los reactivos, etc.; o, en el caso de los reactores de flujo en pistón, dispersión o retromezcla nula del fluido en la dirección axial y mezcla total en la dirección radial, etc. Todas estas hipótesis corresponden a situaciones ideales que no son alcanzables en la realidad, por lo que no se puede esperar un comportamiento perfecto o ideal en los reactores reales.

Los reactores de flujo reales pueden alejarse de la idealidad por diversos motivos:

- Formación de canalizaciones, caminos preferenciales o cortocircuitos.
- Presencia de bolsas estancadas o volúmenes muertos.
- Aparición de recirculaciones no deseadas del fluido, retromezcla, etc.
- Dilación en el mezclado de los reactivos (mezclado no instantáneo).
- Generación de gradientes de concentración (o temperatura) en zonas del reactor.

Debido a estos fenómenos, los reactores reales no cumplen totalmente los requisitos que definen a los reactores ideales y siempre hay una cierta desviación del flujo con respecto a los modelos de flujo ideal. Así, no conviene denominar a los reactores reales como si se tratase de los casos ideales y se recomienda emplear las denominaciones que se muestran en la tabla siguiente.

Modelo ideal	Modelo real
Reactor de flujo en pistón (RFP)	Reactor tubular continuo (RTC)
Reactor de flujo en mezcla completa (RFMC)	Reactor continuo de tanque agitado (RCTA)

Así, un reactor tubular continuo (RTC) puede aproximarse más o menos al modelo de flujo en pistón (RFP), pero siempre se incumple en cierta medida la inalcanzable idealidad. Por ejemplo, puede ocurrir que:

- No haya perfil plano de velocidad.
- Exista cierta retromezcla en la dirección axial.
- No haya mezclado perfecto en la dirección radial, lo que puede provocar perfiles de concentración o de temperatura en esa dirección.
- El tiempo de residencia de los distintos elementos del fluido no sea idéntico.

De igual forma, en el caso de un reactor continuo de tanque agitado (RCTA), puede ocurrir que:

- No haya mezclado perfecto y la composición (o temperatura) no sean uniformes.
- El tiempo de mezclado no sea instantáneo.
- Haya agregaciones de los elementos del fluido y éste no sea homogéneo (macrofluido).
- La composición (o temperatura) del efluente no sea idéntica a la del seno del reactor.

Las desviaciones del flujo con respecto a la idealidad pueden afectar a muchos parámetros de importancia para el desarrollo de las reacciones; como la concentración de los reactivos, el tiempo de residencia de los elementos del fluido, etc. Por ello, afectan también a la conversión que se alcanza en los reactores reales y a la distribución de productos que se obtiene. En consecuencia, es muy importante caracterizar y cuantificar dichas desviaciones, así como disponer de las herramientas matemáticas que permitan predecir el comportamiento del sistema real de reacción a partir de esa información.

Curvas de distribución de tiempos de residencia

Genéricamente, una curva de Distribución de Tiempos de Residencia (DTR) es una curva estadística que muestra la densidad de frecuencia (o densidad de probabilidad) correspondiente al tiempo que ha permanecido en el interior del reactor cada uno de los elementos de fluido que lo atraviesan. En realidad, la función de distribución de probabilidad es la integral progresiva de la función de densidad de probabilidad, pero ambas funciones ofrecen la misma información y nos podemos referir a ellas indistintamente como DTR.

Puesto que el tiempo es una variable continua, la función DTR expresada en forma de densidad de probabilidad es, también, una función continua que cuantifica fracciones de fluido frente al tiempo, y su área total debe corresponder a la fracción completa del fluido que se analiza (la unidad). La forma de esta curva es característica del flujo en el sistema. Por lo tanto, la DTR de un reactor real diferirá de la de los ideales y permitirá su caracterización. En este sentido, únicamente en los reactores continuos de flujo en pistón (o en los reactores discontinuos ideales) todos los elementos del fluido presentan el mismo tiempo de residencia. Para cualquier otro tipo de reactor de flujo continuo, los distintos elementos de fluido permanecen en el reactor tiempos diferentes. En la Figura 5.1 se muestra una curva de este tipo para un determinado reactor. El trapecio marcado representa la fracción de elementos del fluido que ha permanecido en el reactor un tiempo que corresponde al intervalo entre el instante t y el instante $t+\Delta t$.

Figura 5.1. Curva de Distribución de Tiempos de Residencia (DTR) de los elementos de fluido en un reactor real, expresada como densidad de probabilidad.

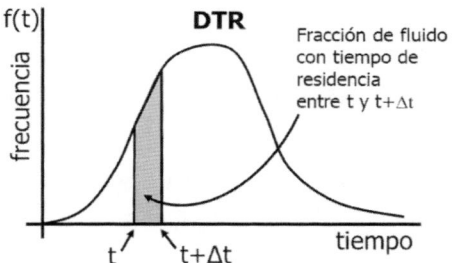

La función de densidad de tiempos de residencia de los elementos del fluido en la corriente de salida de un reactor de flujo continuo, en un instante dado, se denomina generalmente $E(t)$ y tiene unidades de tiempo inverso (frecuencia). Así, el área bajo su curva no tiene unidades; es decir, se expresa como una fracción o probabilidad. Además, puesto que esta función está normalizada, su área total vale 1. Por otra parte, la función de densidad de edades de los elementos del fluido en el interior de un reactor de flujo continuo, en un instante dado, se denomina $I(t)$. También es una función continua de frecuencias o probabilidades dependiente del tiempo. Asimismo, el área bajo su curva no tiene unidades.

Para la determinación de este tipo de curvas en los reactores reales, se puede realizar una serie de experimentos denominados de "estímulo-respuesta". Básicamente, consisten

en inyectar un determinado compuesto trazador en la corriente de entrada al reactor y observar cómo aparece distribuido dicho compuesto en la corriente de salida. Existen dos tipos principales de señales trazadoras para este tipo de experimentos: señal en impulso y señal en escalón.

Señal en impulso: Consiste en introducir de forma instantánea una cantidad determinada de trazador en la corriente que entra al reactor y medir su concentración en la corriente de salida a lo largo del tiempo. El ensayo finaliza cuando ha salido todo el trazador del sistema (concentración de trazador en la corriente de salida nula). La señal de entrada ideal (inyección instantánea de trazador) corresponde a una función Delta de Dirac (δ_t) de la concentración en función del tiempo.

Entrada en escalón: Consiste en cambiar instantáneamente la corriente de entrada al reactor, sustituyendo una corriente que no contiene trazador por otra que contiene una concentración dada, y medir la concentración del mismo en la corriente de salida a lo largo del tiempo. El ensayo finaliza cuando la concentración de trazador a la salida es exactamente la misma que a la entrada. La señal de entrada ideal (salto instantáneo de concentración de trazador) corresponde a una función escalón (ε_t) de la concentración en función del tiempo.

En la Figura 5.2 se pueden observar las señales de entrada y salida para la concentración de trazador, en diversos experimentos estímulo-respuesta y tipos de reactores.

Figura 5.2a. Señales de entrada (gris) y salida (negro) del trazador, para los experimentos de impulso-respuesta de diferentes tipos de reactores.

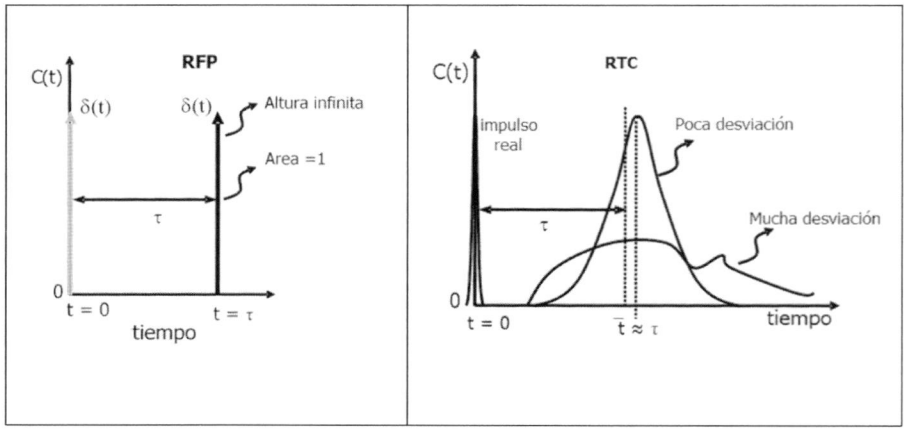

Figura 5.2b. Señales de entrada (gris) y salida (negro) del trazador, para los experimentos de impulso-respuesta de diferentes tipos de reactores.

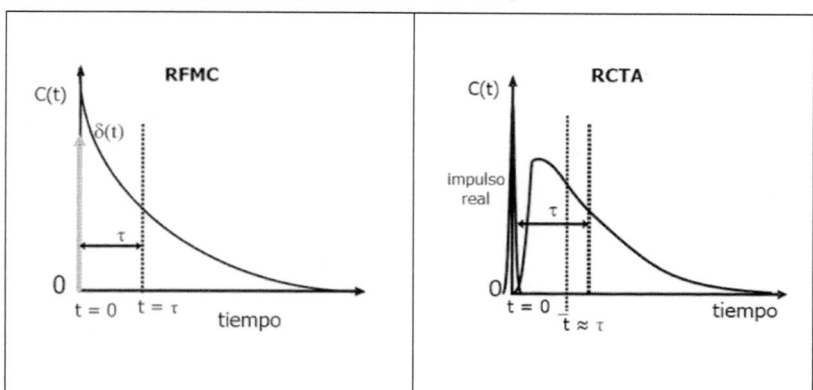

Así, tenemos las siguientes situaciones:

- Reactor flujo en pistón (RFP): Puesto que se trata de un modelo de flujo ideal, su curva de respuesta no se reproduce nunca exactamente en un sistema real. En la gráfica se observan solamente dos señales de altura infinita y anchura diferencial (Delta de Dirac), separadas entre sí por el tiempo espacial del reactor. La primera señal corresponde a la inyección instantánea del trazador. Sus elementos de fluido recorren el reactor en formación perfectamente ordenada, sin que ninguno se adelante o se retrase. De este modo, todos salen también a la vez instantáneamente, tras cumplirse el tiempo de residencia correspondiente. La segunda señal corresponde a la de salida del trazador.

- Reactor tubular continuo (RTC): Este modelo corresponde a reactores reales, por lo que su señal de salida siempre tendrá desviaciones con respecto a la del reactor de flujo en pistón. Desde que se produce la inyección del trazador, éste comienza a recorrer el reactor e, inevitablemente, por acción de diversos tipos de fenómenos (perfiles de velocidad o difusión molecular, retromezcla, etc.), algunos elementos del fluido se adelantan y otros se retrasan. Como consecuencia, no todos salen al mismo tiempo del reactor, sino que se obtiene a la salida una curva de concentración en forma de campana de Gauss (con determinada altura y anchura). El tiempo medio de la curva (generalmente coincidiendo con el máximo) debe corresponder al tiempo espacial del reactor.

- Reactor de flujo en mezcla completa (RFMC): Como en el primer caso, se trata de un modelo de flujo ideal, por lo que su curva de respuesta es inalcanzable en los sistemas reales. En la gráfica se observa una señal de entrada en forma de δ de Dirac, que corresponde a la inyección instantánea del trazador. Al entrar en el reactor, el trazador de forma instantánea se mezcla uniformemente en todo el volumen, de forma que se alcanza un máximo de concentración. En base a los supuestos de este modelo ideal, la composición del interior del reactor es idéntica a la de la corriente de salida, obteniéndose una señal de salida que comienza en un máximo que decrece con el tiempo de manera exponencial, hasta acercarse al cero asintóticamente. El tiempo promedio de residencia coincidirá con el tiempo espacial teórico del reactor.

- Reactor continuo de tanque agitado (RCTA): Corresponde sistemas reales de flujo, por lo que su señal de salida siempre tendrá desviaciones con respecto a la del reactor de flujo en mezcla completa. Las moléculas del trazador comienzan a mezclarse con el fluido del interior desde que se inyectan, pero es necesario un determinado tiempo (que será menor cuanto mejor sea la agitación) para que éstas se repartan uniformemente por todo el reactor y comiencen a salir del mismo. Debido a esto, la concentración a la salida aumentará de forma más o menos rápida hasta que un máximo. Posteriormente, decrecerá progresivamente hasta acercarse al cero asintóticamente (aunque no de forma exactamente exponencial). El tiempo medio de la curva deberá coincidir con el tiempo espacial del reactor.

Funciones de densidad de edad

Las funciones de densidad de probabilidad de edad más utilizadas para caracterizar los sistemas de flujo continuo reales son las siguientes:

$$E(t) = \frac{C(t)}{\int_o^\infty C(t)dt} \qquad F(t) = \gamma E(t) = \int_o^t E(t)dt$$

$$I(t) = \frac{1 - F(t)}{\bar{t}} \qquad \gamma I(t) = \int_o^t I(t)dt$$

Donde $E(t)$ es la función de densidad de edad a la salida del reactor (o función de densidad de tiempo de residencia). $F(t)$ es la función de distribución de edad a la salida del reactor (o función de distribución de tiempo de residencia). *I(t)* es la función de densidad de edad en el interior del reactor. Finalmente, *γI(t)* es la función de distribución de edad en el interior del reactor. Todas ellas se pueden referir a un instante dado del funcionamiento del reactor o a cualquier instante en los reactores en estado estacionario.

Algunas propiedades estadísticas de dichas funciones son las siguientes:

$$\int_{o}^{\infty} E(t)dt = 1 \qquad \bar{t} = \frac{\int_{o}^{\infty} t \cdot E(t)dt}{\int_{o}^{\infty} E(t)dt} = \int_{o}^{\infty} t \cdot E(t)dt$$

$$\sigma_t{}^2 = \int_{o}^{\infty} t^2 \cdot E(t)dt - \bar{t}^2$$

Donde $\bar{t}$ es el tiempo medio de residencia y σ_t^2 es la varianza del tiempo de residencia.

Funciones adimensionales

Todas las funciones anteriores pueden redefinirse en función del tiempo adimensional o tiempo reducido (θ). Este tiempo reducido se puede calcular dividiendo cada uno de los valores de tiempo tabulado entre el tiempo espacial del reactor (τ) o, si éste es desconocido, entre el tiempo medio de residencia del mismo ($\bar{t}$), puesto que en los reactores ideales ambos tiempos deben coincidir:

$$\theta = \frac{t}{\tau} \qquad \tau = \bar{t}$$

Resultan entonces las siguientes funciones de variable adimensional: *E(θ)*, *F(θ)*, *I(θ)* y *γI(θ)*. Dichas funciones se definen del siguiente modo:

$$E(t)dt = E(\theta)d\theta \qquad dt = d\theta \, \bar{t} \qquad E(t)d\theta \, \bar{t} = E(\theta)d\theta \qquad E(\theta) = E(t)\, \bar{t}$$

$$F(\theta) = \int_{o}^{\theta} E(\theta)d\theta \qquad I(\theta) = 1 - F(\theta) \qquad \gamma I(\theta) = \int_{o}^{\theta} I(\theta)d\theta$$

Asimismo, algunas propiedades estadísticas de dichas funciones son los siguientes:

$$\int_{o}^{\infty} E(\theta)d\theta = 1 \qquad \bar{\theta} = \frac{\int_{o}^{\infty} \theta \cdot E(\theta)d\theta}{\int_{o}^{\infty} E(\theta)d\theta} = \frac{\int_{o}^{\infty} \frac{t}{\bar{t}} \cdot E(t)dt}{\int_{o}^{\infty} E(\theta)d\theta} = \frac{\frac{\int_{o}^{\infty} t \cdot E(t)dt}{\bar{t}}}{\int_{o}^{\infty} E(\theta)d\theta} = \frac{\frac{\bar{t}}{\bar{t}}}{1} = 1$$

$$\sigma_\theta{}^2 = \int_{o}^{\infty} \theta^2 \cdot E(\theta)d\theta - \bar{\theta}^2 = \int_{o}^{\infty} \left(\frac{t}{\bar{t}}\right)^2 \cdot E(t)dt - 1^2 = \frac{\int_{o}^{\infty} t^2 \cdot E(t)dt}{\bar{t}^2} - 1$$

$$\bar{\theta} = 1 \qquad \sigma_\theta^2 = \frac{\sigma_t^2}{\bar{t}^2} - 1$$

Estimación de la conversión a partir de la DTR

La función *E(t)* nos indica cuánto tiempo ha permanecido en el interior del reactor cada fracción de fluido (fracción del total). Por otra parte, las ecuaciones cinéticas nos indican la conversión obtenida en cualquier elemento de fluido en función del tiempo que éste ha permanecido en el reactor. Por lo tanto, el producto de ambas funciones computado de modo integral, nos ofrecería la conversión promedio en la corriente de salida. No obstante, esta propiedad sólo puede aplicarse a ecuaciones cinéticas lineales (orden 1), que son las únicas en las que la fracción de reactivo convertido sólo depende del tiempo y no de la concentración inicial del mismo. Así, por ejemplo, para una reacción de primer orden en disolución con un solo reactivo A, tenemos que:

$$A = A_o(1 - x_A) = A_o\, e^{-kt} \qquad \bar{A} = \int_o^\infty A(t)\, E(t)\, dt = \int_o^\infty A_o\, e^{-kt}\, E(t)\, dt$$

$$x_A = 1 - e^{-kt} \qquad \bar{x}_A = \int_o^\infty x_A(t)\, E(t)\, dt = \int_o^\infty (1 - e^{-kt})\, E(t)\, dt$$

$$\bar{x}_A = 1 - \frac{\bar{A}}{A_o} = 1 - \frac{\int_o^\infty A_o\, e^{-kt}\, E(t)\, dt}{A_o} = 1 - \int_o^\infty e^{-kt}\, E(t)\, dt$$

Bibliografía recomendada

- Froment, G.F.; Bischoff, K.B. "Chemical Reactor Analysis and Design", 3th edition. Ed. Wiley (2010).
- Levenspiel, O. "Ingeniería de las Reacciones Químicas", 3ª edición. Ed. Limusa (2012).

PROBLEMA 5.1. Cálculo de la DTR a partir de señal en impulso

Se quiere utilizar un recipiente cerrado como reactor químico en un proceso continuo, conectándole una conducción de entrada y otra de salida. Para caracterizar el flujo en el interior del sistema se utiliza la técnica de estímulo-respuesta, aplicando una señal de trazador en impulso a la entrada. A la salida del recipiente se obtienen los valores de concentración de trazador que se presentan a continuación.

tiempo (min)	0	2	4	6	8	16	25	30
concentración (g/L)	0	22	55	98	120	60	10	0

Calcule los valores de la función de distribución de tiempos de residencia (DTR) en el reactor.

SOLUCIÓN

El enunciado indica que la señal de trazador ha sido impuesta en forma de impulso, por lo que se supone que se ajusta al modelo ideal de señal que corresponde a la función Delta de Dirac. De este modo, según los postulados de las técnicas de impulso-respuesta, todas las moléculas del trazador se introducen exactamente al mismo tiempo en el sistema. En consecuencia, las diferentes moléculas del mismo que van saliendo del recipiente deben haber permanecido en el interior un tiempo dado, que se debe corresponder exactamente con el intervalo entre el instante de la inyección y el de su salida. Es decir, cuanto mayor es la concentración de trazador que sale en un instante dado desde la inyección, mayor es la proporción de moléculas del mismo que han permanecido en el interior del recipiente durante ese intervalo.

En definitiva, podemos establecer que la distribución de concentración de trazador a la salida a lo largo del tiempo, se corresponde con la distribución de tiempos de residencia de las moléculas del mismo en el sistema. De este modo, lo único que necesitamos hacer para transformar una distribución en la otra, es normalizar los valores de la función de concentración, $C(t)$, dividiendo cada uno de ellos por el valor total de la función (C_{tot}). Este valor total se puede calcular de forma integral, como el área total bajo la curva de dicha función (A_{tot}).

$$A_{tot} = C_{tot} = \int_{o}^{\infty} C(t)\, dt$$

Como consecuencia, los valores de la nueva función normalizada corresponden a fracciones de concentración con respecto del total, no a concentraciones. Así, dicha función presenta la propiedad de que su área total bajo la curva debe ser igual a la unidad, puesto que ha sido normalizada precisamente para ello. Además, tiene unidades de frecuencia (tiempo inverso), puesto que la función original tiene unidades de concentración y se divide por su área total, que tiene unidades de concentración por tiempo. En definitiva, la nueva función normalizada coincide exactamente con la función de densidad de probabilidad para cada tiempo de residencia *E(t)*. Es decir:

$$C_{tot} = \int_o^\infty C(t)\, dt \qquad\qquad E(t) = \frac{C(t)}{\int_o^\infty C(t)\, dt}$$

En este caso, dado que los valores de la función *C(t)* han sido suministrados en forma de lista discreta (una tabla de valores), el valor total de su integral debe calcularse necesariamente por métodos numéricos. De entre dichos métodos, el más simple es el denominado método de los trapecios. Aunque es menos preciso que otros, será el que utilicemos en este texto para evitar distraer la atención con aspectos puramente matemáticos.

En consecuencia, para estimar el área total bajo la curva *C(t)*, calculamos primero el área de cada uno de los intervalos entre los instantes $t_{(i)}$ y $t_{(i+1)}$, y luego las sumamos todas ellas. El área correspondiente a cada intervalo se calcula como si se tratara del área de un trapecio que está formado por un rectángulo en la base y un pequeño triángulo rectángulo encima, con el mismo ancho. Ese ancho corresponde precisamente al ancho del intervalo $(t_{(i+1)} - t_{(i)})$. El trapecio tiene pues dos alturas, que corresponden a los valores de concentración de cada extremo del intervalo $(C_{(i+1)}$ y $C_{(i)})$. En definitiva, el área de cada trapecio $(A_{(i),(i+1)})$ se puede determinar fácilmente como la suma del área del rectángulo que está en su base $(R_{(i),(i+1)})$, más el área del triángulo que lo corona $(T_{(i),(i+1)})$.

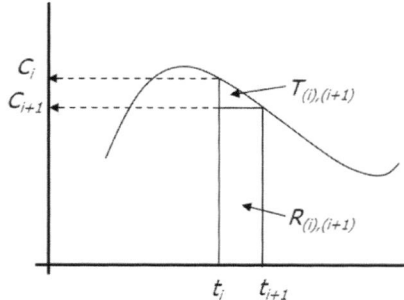

$$A_{(i),(i+1)} = R_{(i),(i+1)} + T_{(i),(i+1)}$$

$$R_{(i),(i+1)} = \left[t_{(i+1)} - t_{(i)}\right] \cdot C_{(i)} \qquad T_{(i),(i+1)} = \frac{\left[t_{(i+1)} - t_{(i)}\right] \cdot \left[C_{(i+1)} - C_{(i)}\right]}{2}$$

Así pues, de forma general, en un intervalo cualquiera definido entre los instantes $t_{(i)}$ y $t_{(i+1)}$, cuyos valores de concentración son $C_{(i)}$ y $C_{(i+1)}$, respectivamente, el área bajo la curva se puede estimar conforme a la siguiente expresión:

$$A_{(i),(i+1)} = \left[t_{(i+1)} - t_{(i)}\right] \left(\frac{C_{(i)} + C_{(i+1)}}{2}\right) = \Delta t_{(i),(i+1)} \cdot \bar{C}(t)_{(i),(i+1)}$$

En definitiva, el valor de la integral de la función $C(t)$ entre dos instantes cualquiera de tiempo (t_o y t) se puede calcular del siguiente modo:

$$\int_{t_o}^{t} C(t)\, dt \approx \sum_{i=t_o}^{t} A_{(i),(i+1)} \qquad\qquad \int_{o}^{\infty} C(t)\, dt \approx \sum_{i=o}^{n} A_{(i),(i+1)} = A_{tot} = C_{tot}$$

Es evidente que el valor de concentración en el instante inicial ($t = 0$) es siempre igual a cero. Asimismo, a partir de un instante determinado, el valor de concentración también debe ser nulo. Los distintos valores de la integral, entre los distintos instantes de tiempo que se pueden computar, se calculan sumando progresivamente los valores de los sucesivos intervalos implicados. En la Tabla 5.1.1 se muestran los resultados obtenidos aplicando los cálculos indicados.

Tabla 5.1.1. Resultados de la integración numérica por el método de los trapecios y demás cálculos.

t	$C(t)$	$\bar{C}(t)$	Δt	$A_{C(t)}$	$E(t)$	$A_{E(t)}$	$F(t)$
min	g/L	g/L	min	(g/L)·min	1/min	-	-
0	0				0		0
2	22	11	2	22	0,01438	0,01438	0,01438
4	55	38,5	2	77	0,03595	0,05033	0,06471
6	98	76,5	2	153	0,06405	0,1	0,16471
8	120	109	2	218	0,07843	0,14248	0,30719
16	60	90	8	720	0,03922	0,47059	0,77778
25	10	35	9	315	0,00654	0,20588	0,98366
30	0	5	5	25	0	0,01634	1
				A_{tot}		A_{tot}	
				(g/L)·min		-	
				1530		1	

237

En la tercera columna se muestra el valor de la concentración media de cada intervalo, $\bar{C}(t)$. Cada valor se ha colocado en la fila que corresponde al punto final de cada tramo. Por eso, la primera fila no contiene valor. En la cuarta columna se muestra el incremento de tiempo de cada intervalo, también colocado en la fila que corresponde a cada extremo final. Por último, en la quinta columna se presenta el valor del área de cada intervalo ($A_{C(t)}$), situado igualmente en la fila de cada instante final. Como se puede observar, el valor de la columna de áreas se obtiene multiplicando el valor de las dos columnas anteriores, aunque este producto se puede calcular directamente en una sola columna, como se hará en los ejercicios posteriores. Una vez que se dispone de las áreas de todos los intervalos, se puede computar fácilmente su suma total (A_{tot}). El resultado se muestra también en la tabla, en una casilla separada al final de la quinta columna. Como se ha indicado antes, su valor corresponde al de la integral de la función de concentración (C_{tot}).

Por otra parte, en la sexta columna se muestra la función de concentración normalizada, que se calcula dividiendo cada valor de $C(t)$ por el valor del área total anterior. Es decir, dividiendo cada valor de la segunda columna por C_{tot}. Como se ha indicado en la introducción teórica del capítulo, esta función corresponde a la función $E(t)$. La función DTR solicitada en el enunciado está contenida realmente en esta última función.

Adicionalmente, en la séptima columna se calcula el área para cada intervalo de la función $E(t)$, computada también por el método de los trapecios ($A_{E(t)}$). Y al final de dicha columna, en casilla separada, se computa la suma total de áreas (A_{tot}). Como era de esperar, su valor es igual a la unidad. Por otra parte, a partir de estos datos se puede obtener también la función de distribución de tiempos de residencia, $F(t) = \gamma E(t)$. Como se ha indicado, esta función es la integral progresiva de la función de densidad de tiempos de residencia. Así:

$$F(t) = \gamma E(t) = \int_{o}^{t} E(t)\, dt$$

Puesto que disponemos de los valores de las áreas de los intervalos de la función $E(t)$, tabulados en la séptima columna, resulta fácil calcular el valor de su integral progresiva. De este modo, en la octava columna se ha reflejado el valor de la suma progresiva de los valores de la anterior. En la primera casilla se coloca el valor cero, en el que comienza la suma, y que corresponde al valor de la integral para $t = 0$. Posteriormente, en cada casilla se va sumando el valor de la anterior con el de la situada a su izquierda, de forma progresiva hasta el final. Lógicamente el valor de la última casilla termina siendo igual a 1, que corresponde al valor total de la integral. En la Figura 5.1.1 se han representado gráficamente las funciones *E(t)* y *F(t)*, que contienen la información correspondiente a la DTR solicitada.

Figura 5.1.1. Representación de funciones correspondientes a la DTR.

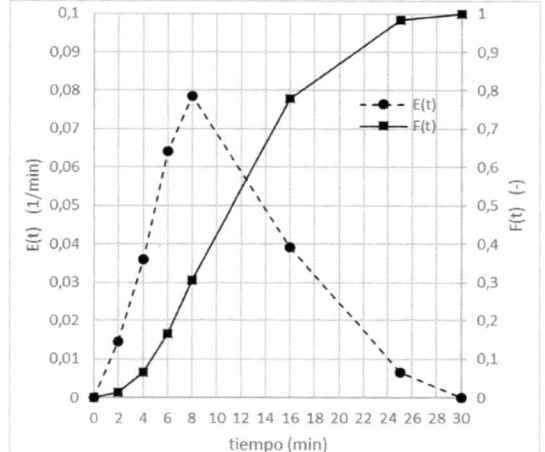

NOTA

Una propiedad interesante de la función *F(t)* es que nos ofrece fácilmente el valor del tiempo medio de residencia del sistema ($\bar{t}$). Puesto dicha función refleja el valor de la integral progresiva de la función *E(t)*, el tiempo medio de residencia se debe corresponder con el valor de tiempo para el cual la función *F(t)* = 0,5. Es decir, el valor de tiempo para el cual el área bajo la curva *E(t)* alcance la mitad de su total (50 %), y así nos encontremos en el punto medio de la distribución estadística. Además, en un reactor ideal con reacciones de densidad constante, el tiempo medio de residencia debe coincidir con el valor del tiempo espacial (τ). En este ejercicio, en la Figura 5.1.1 se puede observar fácilmente que el tiempo medio de residencia del fluido en el recipiente está alrededor de los 11 min.

FIN DE LA NOTA

PROBLEMA 5.2. Cálculo de parámetros adimensionales de la DTR

A partir de los mismos datos del ejercicio anterior (5.1), calcule nuevamente las funciones de la DTR, pero ahora en su versión adimensional, $E(\theta)$ y $F(\theta)$. Para ello, establezca previamente el valor del tiempo medio de residencia en el recipiente y su varianza.

SOLUCIÓN

Para el cálculo de las funciones adimensionales es necesario conocer el valor del tiempo medio de residencia de los elementos de fluido que atraviesan el sistema. En el problema anterior se pudo estimar que dicho tiempo medio es de aproximadamente unos 11 min. No obstante, para calcular las funciones adimensionales se debe evaluar con mayor precisión. Estadísticamente, el tiempo medio de residencia ($\bar{t}$) se puede calcular a partir de la siguiente expresión:

$$\bar{t} = \int_{o}^{\infty} t \cdot E(t)\, dt$$

De nuevo, puesto que los datos experimentales se registran de forma discreta (tablas de datos puntuales), la integral de la función $t \cdot E(t)$ debe realzarse por métodos numéricos (en este texto se aplicará siempre el método de los trapecios). En la Tabla 5.2.1 se muestran los resultados correspondientes tras realizar los cálculos necesarios.

Tabla 5.2.1. Cálculos correspondientes a la determinación del tiempo medio de residencia y su varianza.

t	$C(t)$	$A_{C(t)}$	$E(t)$	$t \cdot E(t)$	$A_{t \cdot E(t)}$	$t^2 E(t)$	$A_{t^2 E(t)}$	σ_t^2
min	g/L	(g/L)·min	1/min	-	min	min	min^2	min^2
0	0		0	0		0		29,811
2	22	22	0,01438	0,02876	0,02876	0,05752	0,05752	
4	55	77	0,03595	0,14379	0,17255	0,57516	0,63268	σ_t
6	98	153	0,06405	0,38431	0,5281	2,30588	2,88105	min
8	120	218	0,07843	0,62745	1,01176	5,01961	7,32549	5,45995
16	60	720	0,03922	0,62745	5,01961	10,0392	60,2353	
25	10	315	0,00654	0,1634	3,55882	4,08497	63,5588	$2\sigma_t$
30	0	25	0	0	0,4085	0	10,2124	min
								10,9199
		A_{tot}			$A_{tot} = \bar{t}$		A_{tot}	
		(g/L)·min			min		min^2	
		1530			10,7281		144,903	

En la tercera y cuarta columnas se han reflejado nuevamente los cálculos realizados en el ejercicio anterior para la obtención de la función $E(t)$. En aquel caso, estos resultados se reflejaron en las columnas quinta y séptima respectivamente. Una vez que se dispone del valor de la función $E(t)$, en la quinta columna de la Tabla 5.2.1, se calcula el valor de la función $t \cdot E(t)$. Éste se obtiene multiplicando directamente cada valor de la primera columna por su correspondiente en la cuarta. Después, en la sexta columna se aplica el método de los trapecios para calcular el área de cada intervalo de esta última función $(A_{t \cdot E(t)})$. Al final de esta columna se computa la suma de área total (A_{tot}). Como se ha indicado anteriormente, esta área total se corresponde con el valor del tiempo medio de residencia $(\bar{t})$, calculado mediante la integración numérica de la función estadística adecuada. El valor obtenido es de 10,7281 min, que coincide perfectamente con la estimación realizada antes.

Por otra parte, la varianza del tiempo de residencia (σ_t^2) se puede calcular estadísticamente del siguiente modo:

$$\sigma_t^2 = \int_o^\infty t^2 \cdot E(t) \, dt - \bar{t}^2$$

Es evidente que aquí también debemos aplicar métodos numéricos para obtener el valor de la integral. Los cálculos necesarios se incluyen en la Tabla 5.2.1. En la séptima columna se calculan los valores de la función $t^2 \cdot E(t)$, multiplicando respectivamente los valores de la primera columna al cuadrado, por los de la cuarta. Después, en la octava columna, se aplica nuevamente el método de los trapecios para calcular las áreas de los intervalos de esta función $(A_{t^2E(t)})$. Al final, en casilla separada, se computa su área total (A_{tot}), resultando un valor de 144,903 min^2. Por último, en la novena columna se calculan varios parámetros relacionados con la varianza del tiempo de residencia. Primero se calcula la propia varianza (σ_t^2), conforme a la expresión anteriormente indicada. El resultado es de 29,811 min^2. Después se calcula la desviación estándar (σ_t), que es la raíz cuadrada del valor anterior. Y, finalmente, se calcula el ancho del rango alrededor del tiempo medio que implica esa desviación estándar. En las curvas simétricas, el ancho se corresponde con una desviación por encima y otra por debajo del valor medio $(2\sigma_t)$. En otras palabras, más de la mitad del fluido presenta un tiempo de residencia de $10,73 \pm 5,46$ min.

NOTA

Hay un procedimiento sencillo para comprobar si el valor de la varianza del tiempo de residencia (σ_t^2) está bien calculado. El método consiste en obtener el valor de la desviación estándar (σ) y verificar si la curva $C(t)$ presenta esa desviación, analizando directamente su representación gráfica. En la Figura 5.2.1. se puede realizar la comprobación.

Figura 5.2.1. Representación gráfica de $C(t)$.

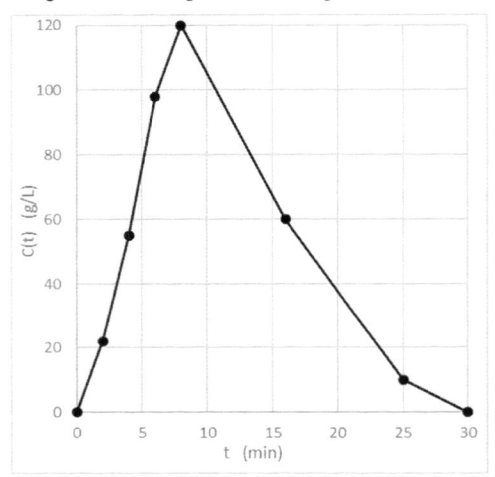

Como se ha indicado, en el caso de que la curva tenga forma de campana con cierta simetría, el ancho de la campana a mitad de altura debe ser de 2σ. Este ancho se corresponde estadísticamente con el valor del 61 % de probabilidad en una campana perfecta de Gauss. Por otra parte, si la curva no presenta ninguna simetría y sólo aparece una rama descendente, la anchura a mitad de altura debe valer sólo σ. Este rango alrededor del tiempo medio en la curva de $C(t)$ se corresponde con el intervalo más probable calculado estadísticamente.

En este ejercicio, la altura máxima de $C(t)$ es 120 g/L. Por lo tanto, la mitad de esa altura es 60 g/L. En la gráfica se puede ver fácilmente que la anchura de la curva a dicha altura es de aproximadamente 11 min. Lo que confirma que el valor que se ha calculado del rango es coherente (10,9199 min) y, por lo tanto, el valor de la varianza también.

FIN DE LA NOTA

Para el cálculo de las funciones adimensionales, dado que en este caso no se suministra ningún dato referido al tiempo espacial del reactor (τ), se utiliza el valor del tiempo medio de residencia que se ha estimado anteriormente ($\bar{t} = 10{,}7281$ min). Además, se debe tener en cuenta que ambos tipos de funciones deben reflejar en cualquier caso el mismo valor de probabilidad. Es decir:

$$\int_{o}^{t} E(t)\, dt = \int_{o}^{\theta} E(\theta)\, d\theta \qquad E(t)\, dt = E(\theta)\, d\theta \qquad \theta = \frac{t}{\bar{t}} \qquad dt = \bar{t}\, d\theta$$

$$E(t)\, dt = E(t)\,\bar{t}\, d\theta = E(\theta)\, d\theta \qquad E(t)\,\bar{t} = E(\theta)$$

Por lo tanto, la función de densidad de tiempo de residencia adimensional (o de tiempo de residencia reducido), $E(\theta)$, se puede calcular aquí simplemente multiplicando la función original, $E(t)$, por el tiempo medio de residencia. Además, la función de distribución adimensional, $F(\theta)$, se puede calcular como la integral progresiva de la función de densidad correspondiente:

$$F(\theta) = \gamma E(\theta) = \int_{o}^{\theta} E(\theta)\, d\theta$$

En consecuencia, la información de la DTR adimensional (o reducida) que se pide en el enunciado, se contiene en las funciones $E(\theta)$ y $F(\theta)$. Como se ha indicado anteriormente, en nuestro caso los cálculos deben realizarse por métodos numéricos. Los resultados se muestran en la Tabla 5.2.2.

En la primera columna se calcula el tiempo de residencia adimensional (o reducido), dividiendo cada valor de la primera columna de la Tabla 5.2.1 por el valor del tiempo medio ($\bar{t}$) obtenido en esa misma tabla. Después, en la segunda columna se calcula el valor de la función adimensional de densidad $E(\theta)$, multiplicando respectivamente cada valor de la cuarta columna de la Tabla 5.2.1 por el mismo valor de tiempo medio. Una vez tabulada esta función adimensional, se calcula en la tercera columna el área de cada intervalo usando nuevamente el método de los trapecios ($A_{E(\theta)}$). Y, al final, se computa su suma total (A_{tot}). Obsérvese que dicha suma es igual a 1, como debe corresponder a la integral total de cualquier función de densidad de probabilidad. Además, obsérvese también que los valores de esta tercera columna coinciden exactamente con los valores de la octava columna de la Tabla 5.1.1 del problema anterior. Este resultado corresponde al hecho de que todos los intervalos deben cumplir que $E(t)dt = E(\theta)d\theta$.

Tabla 5.2.2. Cálculos para la determinación de las funciones adimensionales del tiempo residencia.

θ	$E(\theta)$	$A_{E(\theta)}$	$F(\theta)$	$\theta{\cdot}E(\theta)$	$A_{\theta{\cdot}E(\theta)}$
-	-	-	-	-	-
0	0		0	0	
0,18643	0,15426	0,01438	0,01438	0,02876	0,00268
0,37285	0,38565	0,05033	0,06471	0,14379	0,01608
0,55928	0,68716	0,1	0,16471	0,38431	0,04923
0,7457	0,84142	0,14248	0,30719	0,62745	0,09431
1,49141	0,42071	0,47059	0,77778	0,62745	0,46789
2,33033	0,07012	0,20588	0,98366	0,1634	0,33173
2,79639	0	0,01634	1	0	0,03808
		A_{tot}			A_{tot}
		-			-
		1			1

Finalmente, en la cuarta columna se computa el valor de la distribución de tiempo de residencia adimensional, $F(\theta)$. Puesto que esta función se define como la integral progresiva de la función de densidad $E(\theta)$, se puede calcular numéricamente como tal. Es decir, en la primera casilla se marca el valor 0, correspondiente al valor de la integral en el instante inicial ($\theta = 0$) y, luego, se va sumando progresivamente el valor de la casilla anterior con el de la casilla a su izquierda. Por supuesto, el último valor que se obtenga en esta columna debe coincidir con 1.

NOTA

Es evidente que el valor del tiempo medio adimensional ($\bar{\theta}$), calculado a partir del tiempo medio dimensional ($\bar{t}$), debe ser igual a la unidad.

$$\theta = \frac{t}{\bar{t}} \qquad \bar{\theta} = \frac{\bar{t}}{\bar{t}} = 1$$

Por lo tanto, el cálculo del mismo aplicando métodos numéricos debe conducir también inevitablemente a este valor.

$$\bar{\theta} = \int_{o}^{\infty} \theta\, E(\theta)\, d\theta = 1$$

Para confirmarlo, en la quinta columna de la Tabla 5.2.2 se computa el valor de la función $\theta{\cdot}E(\theta)$, multiplicando respectivamente los valores de la primera columna por los de la segunda. Después, en la sexta columna se calcula directamente el valor del área de cada intervalo de dicha función, utilizando el método de los trapecios. Al final, en una casilla separada, se computa el área total. Como se puede observar, resulta igual a 1.

FIN DE LA NOTA

PROBLEMA 5.3. Cálculo de la DTR a partir de curva registrada

En un reactor industrial se realiza una inyección de trazador en la corriente de entrada y, mediante un analizador automático, se registra su concentración en la corriente de salida. La señal del analizador comienza a registrarse automáticamente justo en el instante en que se produce la inyección, obteniéndose el registro que se muestra a continuación.

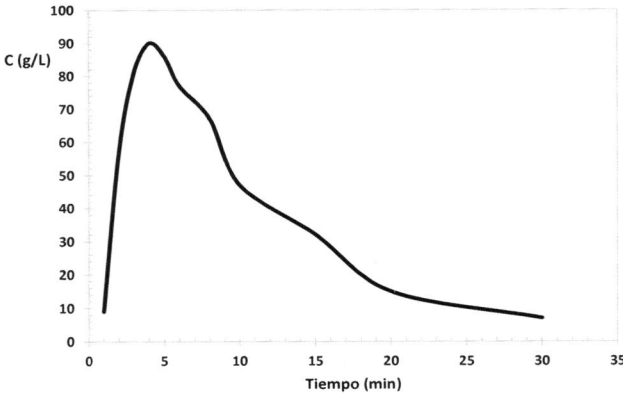

Obtenga el tiempo medio de residencia en el reactor y la varianza del tiempo de residencia adimensional.

SOLUCIÓN

En este caso, el enunciado no proporciona una tabla de datos puntales de concentración de trazador para distintos instantes, por lo que tales datos se deben extraer directamente del registro que se suministra. Una vez que se haya obtenido la tabla de datos necesaria, se podrá realizar con ellos el mismo tratamiento que en los ejercicios anteriores. En primer lugar, para obtener datos puntuales del registro, puede ser conveniente cuadricular la carta como se muestra en la Figura 5.3.1. Luego, se debe seleccionar un conjunto de puntos que refleje correctamente las principales zonas de la curva y que cubra todo el intervalo de la señal desde el principio hasta el final. Cuanto mayor sea el número de puntos elegidos, mejor representada estará la curva y más fiables serán los resultados obtenidos. Aunque, lógicamente, también se requerirá mayor trabajo y tiempo de cálculo. En la misma figura se han incluido los puntos elegidos en este caso, a modo de ejemplo. Una vez medidas las coordenadas de cada punto, se ha relacionado la lista completa de datos (t^*, C^*) en la primera y segunda columnas de la Tabla 5.3.1.

Figura 5.3.1. Cuadriculado del registro y selección de datos para los cálculos.

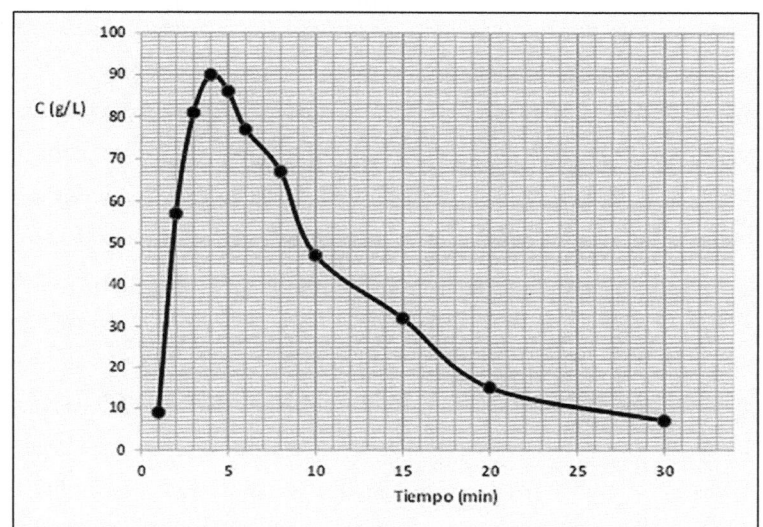

Tabla 5.3.1. Datos extraídos y cálculos necesarios para obtener los parámetros solicitados.

t*	C*(t)	t	C(t)	$A_{C(t)}$	E(t)	t·E(t)	$A_{t·E(t)}$	$t^2 E(t)$	$A_{t^2E(t)}$	σ_t^2
min	g/L	min	g/L	(g/L)·min	1/min	-	min	min	min^2	min^2
1	9	0	0		0	0		0		23,4718
2	57	1	48	24	0,06084	0,06084	0,03042	0,06084	0,03042	
3	81	2	72	60	0,09125	0,18251	0,12167	0,36502	0,21293	σ_t
4	90	3	81	76,5	0,10266	0,30798	0,24525	0,92395	0,64449	min
5	86	4	77	79	0,09759	0,39037	0,34918	1,56147	1,24271	4,84477
6	77	5	68	72,5	0,08619	0,43093	0,41065	2,15463	1,85805	
8	67	7	58	126	0,07351	0,51458	0,9455	3,60203	5,75665	$2\sigma_t$
10	47	9	38	96	0,04816	0,43346	0,94804	3,90114	7,50317	min
15	32	14	23	152,5	0,02915	0,40811	2,10393	5,71356	24,0368	9,68954
20	15	19	6	72,5	0,0076	0,14449	1,3815	2,74525	21,147	
30	7	29	0	30	0	0	0,72243	0	13,7262	σ_θ^2
										-
				A_{tot}		$A_{tot} = \bar{t}$			A_{tot}	0,4455
				(g/L)·min		min			min^2	
				789		7,25856			76,1584	

Una vez que se dispone de un buen conjunto de datos de estímulo-respuesta tabulados

(t^*, C^*), se deben tener en cuenta una serie de consideraciones para corregirlos, de modo que sean coherentes y aptos para el análisis estadístico. En primer lugar, el valor inicial de la curva de respuesta de cualquier reactor real debe corresponder siempre al valor $(0, 0)$; es decir, $C = 0$ para $t = 0$. Esto debe ser así por dos motivos. Por una parte, la señal de respuesta debe comenzar a registrarse siempre en el instante en que se inyecta la señal de estímulo, de modo que el primer dato debe corresponder siempre al tiempo de residencia $t = 0$. Por otra parte, en cualquier reactor real de flujo, las moléculas de trazador inyectadas necesitarán un tiempo dado (distinto de cero) para alcanzar la salida del sistema. Por lo tanto, la concentración de trazador a la salida de cualquier sistema, en el instante inicial $t = 0$, deberá ser siempre cero. El único caso en que no se cumple esta premisa es en el reactor de flujo en mezcla completa ideal, precisamente por la idealidad de su propia definición.

Teniendo en cuenta esta observación, el primer punto tabulado $[t^* = 1, C^* = 9]$, debería transformarse en el punto corregido $[t = 0, C = 0]$, puesto que se indica en el enunciado que la señal del analizador comienza a registrarse automáticamente justo en el instante en que se produce la inyección. Esto se consigue, simplemente, desplazando el origen de coordenadas de ambos ejes. Por una parte, restando 1 a todos los datos de la primera columna de tiempo (min) y, por otra, restando 9 a todos los datos de la segunda columna de concentración (g/L). Los resultados corregidos aparecen en la tercera y cuarta columna de la Tabla 5.3.1, respectivamente.

Otra consideración a tener en cuenta sobre los datos tabulados es que el último dato de concentración debe corresponder siempre también al valor $C = 0$. Esta observación se basa en que, en los experimentos de estímulo-respuesta, la señal de salida debe registrarse siempre hasta que vuelva a ser nula. Es decir, para que un experimento se dé por terminado, la señal debe registrarse hasta que haya salido del sistema todo el trazador inyectado. Si la señal se corta antes, faltarán datos de algunos tiempos de residencia y el análisis estadístico contendrá errores. Sin embargo, si se deja correr la señal en el valor cero tras alcanzar el primer valor nulo, los resultados estadísticos no se modifican.

En este ejercicio, tras aplicar la corrección que se comentó inicialmente, el último valor de concentraciones (cuarta columna) termina resultando negativo $[t = 29, C = -2]$. Dado que eso no tiene sentido físico, se debe interpretar que la señal de respuesta se habría registrado por un periodo superior al necesario, dándole tiempo a que pudiera caer incluso por debajo de su valor inicial. Los motivos por los que la señal puede llegar a caer por debajo de su valor inicial son muy variados y complejos, aunque suelen estar relacionados con aspectos técnicos del equipamiento empleado. En cualquier caso, como se ha indicado, si la señal llega a marcar por debajo de su valor inicial en un instante dado, debe haber cruzado ese mismo valor en algún instante ligeramente anterior. Además, si el experimento se desarrolla correctamente, a partir del momento en el que la señal vuelve a su valor inicial debería seguir marcando ese mismo valor indefinidamente. Para corregir este tipo de defectos existen muchos procedimientos matemáticos que quedan fuera del alcance de este manual (integración en rampa, en meseta, etc.). El más simple de ellos consiste cortar la señal a partir del momento en que se detecte un valor inferior al inicial, y asignar directamente dicho valor al primero de los datos inferiores. Así, en este caso, sustituiremos el último dato de la tabla suministrada [$t^* = 30$, $C^* = 7$] por un nuevo dato corregido [$t^* = 30$, $C^* = 9$]. Además, tras aplicarle el desplazamiento de coordenadas que se indicó antes, el último dato de la lista resulta [$t = 29$, $C = 0$]. El conjunto completo de datos corregidos se puede observar en la tercera y cuarta columnas de la Tabla 5.3.1.

En definitiva, una vez que se han corregido debidamente los datos experimentales, es posible realizar los cálculos estadísticos necesarios, procediendo de modo análogo a los ejercicios anteriores. Los resultados se muestran en las columnas siguientes de la tabla de cálculos. En primer lugar, al final de la octava columna se observa que el tiempo medio de residencia resultante es de 7,25856 min. Asimismo, al principio de la undécima columna se puede apreciar que la varianza del tiempo de residencia vale 23,4718 min². Finalmente, más abajo en esa misma columna, se expone el rango de variación del tiempo de residencia (2σ = 9,68954 min). En la Figura 5.3.1 se puede observar que el ancho de la señal a media altura es de aproximadamente unos 8 ó 9 min. Por lo que los resultados obtenidos son coherentes con los datos experimentales.

No obstante, el valor que se pide en el enunciado es la varianza del tiempo de residencia adimensional (σ_θ^2), por lo que podría pensarse que es necesario repetir todos los cálculos correspondientes a las funciones adimensionales, para obtener la varianza adimensional.

$$\sigma_\theta^2 = \int_o^\infty \theta^2 E(\theta)\, d\theta - \bar{\theta}^2 = \int_o^\infty \theta^2 E(\theta)\, d\theta - 1$$

Sin embargo, se puede demostrar fácilmente que dicho valor se puede obtener también del siguiente modo:

$$\sigma_\theta{}^2 = \frac{\sigma_t{}^2}{(\bar{t})^2} \qquad \sigma_\theta{}^2 = \frac{23,4718}{(7,25856)^2} = 0,4455$$

NOTA

En este ejercicio tampoco se suministran datos relativos al tiempo espacial de sistema (τ), por lo que se utiliza el tiempo medio de residencia ($\bar{t}$) para el cálculo de las funciones adimensionales de θ. Así, la demostración que se menciona es la siguiente;

$$\sigma_\theta{}^2 = \int_o^\infty \theta^2 E(\theta) \, d\theta - \bar{\theta}^2 = \int_o^\infty \frac{t^2}{(\bar{t})^2} E(\theta) \, d\theta - \frac{(\bar{t})^2}{(\bar{t})^2} = \frac{1}{(\bar{t})^2} \int_o^\infty t^2 E(\theta) \, d\theta - \frac{(\bar{t})^2}{(\bar{t})^2} =$$

$$= \frac{\int_o^\infty t^2 E(\theta) \, d\theta - (\bar{t})^2}{(\bar{t})^2} = \frac{\int_o^\infty t^2 E(t) \, dt - (\bar{t})^2}{(\bar{t})^2} = \frac{\sigma_t{}^2}{(\bar{t})^2}$$

FIN DE LA NOTA

PROBLEMA 5.4. Cálculo de la DTR y estimación de parámetros derivados

Se dispone de un reactor químico alimentado a razón de 30 L/min y se quiere caracterizar el flujo en el sistema aplicando impulsos de trazador, mediante la técnica de estímulo-respuesta. En uno de los ensayos se obtienen los valores de concentración de trazador a la salida del recipiente que se muestran a continuación.

t (s)	0	5	30	50	70	90	110	130
C (mM)	0	350	100	55	35	15	5	0

a) Calcule y represente las distintas funciones de densidad y de distribución de edad, tanto a la salida como en el interior del sistema.

b) ¿Qué porción de fluido permanece en el interior del reactor un tiempo comprendido entre 50 y 70 s?

c) ¿Qué cantidad de trazador se inyectó en el experimento analizado?

d) ¿Qué volumen útil se estima que tiene el rector?

SOLUCIÓN

a) Funciones de edad

A partir de los datos suministrados en el enunciado, se pueden ir calculando fácilmente los valores de las distintas funciones solicitadas, Para ello, aplicamos el método numérico de los trapecios, tal como se ha hecho en los ejercicios anteriores. En la Tabla 5.4.1 se muestran los resultados obtenidos en las distintas columnas.

En las dos primeras columnas se relacionan los datos experimentales suministrados, que en este caso no necesitan corrección. En la tercera columna, se calcula el área de los distintos intervalos de la curva de concentración (método de los trapecios), $A_{C(t)}$. Al final de la misma se muestra el valor de su área total (A_{tot}). En la cuarta columna se calcula la función de densidad de tiempos de residencia, $E(t)$. En la quinta columna se aplica nuevamente el método de los trapecios para calcular el área de los intervalos de esta última función ($A_{E(t)}$). Lógicamente, la suma total de sus áreas resulta igual a la unidad, como se puede comprobar al final de dicha columna. En la sexta columna se calcula la integral progresiva de la función $E(t)$, que obviamente debe comenzar en el valor 0 y terminar en el valor 1.

Como es sabido, estos datos corresponden a la función de distribución de tiempos de residencia, $F(t)$.

Tabla 5.4.1. Cálculos necesarios para obtener las funciones dimensionales.

t	$C(t)$	$A_{C(t)}$	$E(t)$	$A_{E(t)}$	$F(t)$	$t \cdot E(t)$	$A_{t \cdot E(t)}$	$I(t)$	$A_{I(t)}$	$yI(t)$
s	mM	mM·s	1/s	-	-	-	s	1/s	-	-
0	0		0		0	0		0,04115		0
5	350	875	0,03608	0,09021	0,09021	0,18041	0,45103	0,03743	0,19645	0,19645
30	100	5625	0,01031	0,5799	0,6701	0,30928	6,12113	0,01357	0,63759	0,83404
50	55	1550	0,00567	0,15979	0,8299	0,28351	5,92784	0,007	0,20573	1,03977
70	35	900	0,00361	0,09278	0,92268	0,25258	5,36082	0,00318	0,1018	1,14157
90	15	500	0,00155	0,05155	0,97423	0,13918	3,91753	0,00106	0,04242	1,18399
110	5	200	0,00052	0,02062	0,99485	0,0567	1,95876	0,00021	0,01273	1,19671
130	0	50	0	0,00515	1	0	0,56701	0	0,00212	1,19883
		A_{tot}		A_{tot}			$A_{tot} = \bar{t}$		A_{tot}	
		mM·s		-			s		-	
		9700		1			24,3041		1,19883	

En la séptima columna se calcula el valor de la función $t \cdot E(t)$, multiplicando cada valor de la primera columna por su correspondiente en la cuarta. Como se ha expuesto en ejercicios anteriores, esta función se necesita para el cálculo estadístico del tiempo medio de residencia. Después, en la columna octava, se calculan las áreas de los intervalos correspondientes a dicha función ($A_{t \cdot E(t)}$), como siempre por el método de los trapecios. Finalmente, al final de dicha columna se calcula el área total, que corresponde al tiempo medio de residencia del sistema ($\bar{t} = 24{,}3041$ s).

Finalmente, en la novena columna se calcula la función $I(t)$, que es la función de densidad de edad en el interior del reactor. Ésta se puede calcular directamente a partir de la función $F(t)$, según la siguiente expresión:

$$I(t) = \frac{1 - F(t)}{\tau}$$

Dado que no se dispone de datos sobre el tiempo espacial del sistema (τ), se usa aquí el valor del tiempo medio de residencia estimado ($\bar{t}$). Por lo tanto, se resta de 1 cada valor de la columna sexta y el resultado se divide por el valor del tiempo medio de residencia que se acaba de calcular. Obviamente, el primer dato debe valer siempre $1/\bar{t}$, mientras que el último debe valer 0. En la décima columna se ha calculado también el área de los intervalos de esta función $I(t)$ (método de los trapecios) y, al final, se muestra el valor de su área total

(A_{tot}). Para terminar, en la undécima columna se muestra la integral progresiva de dicha función, sumando sucesivamente cada intervalo como en ejercicios anteriores. Esta columna corresponde entonces a la función de distribución de edad en el interior del reactor ($\gamma I(t)$).

$$\gamma I(t) = \int_{o}^{t} I(t)dt$$

En la Figura 5.4.1 se representan las funciones $E(t)$, $F(t)$ e $I(t)$, anteriormente calculadas.

Figura 5.4.1. Funciones de edad a la salida y en el interior, dimensionales.

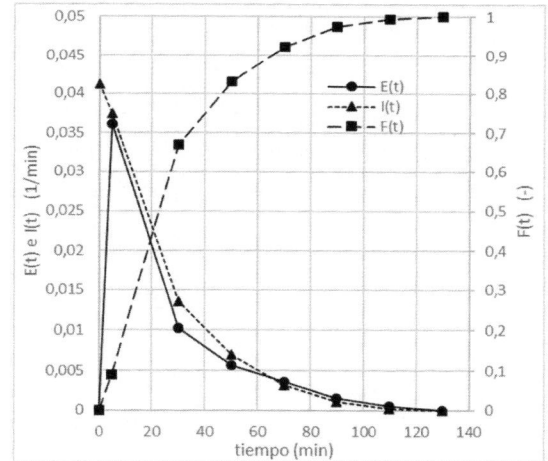

NOTA

La curva $I(t)$ es también una función de densidad de probabilidad de edad y su integral total debe valer la unidad, como es de esperar en cualquier función estadística de este tipo. En efecto, para los reactores ideales de flujo (RFMC y RFP), se puede demostrar que se cumple siempre dicha condición:

$$\int_{o}^{\infty} I(t)dt = 1 \qquad\qquad \int_{o}^{\infty} I(\theta)d\theta = 1$$

En consecuencia, en tales casos, el valor que alcanza la función $\gamma I(t)$ a tiempo infinito debe valer siempre 1. No obstante, cuando esta función se calcula numéricamente para un reactor real a partir de los valores de $F(t)$ y $\bar{t}$ tabulados, el resultado no queda necesariamente

normalizado y, por lo tanto, su área total no coincide con la unidad. Los últimos datos reflejados en las columnas décima y undécima de la Tabla 5.4.1 confirman la existencia de este tipo de defectos.

En este sentido se debe indicar que, cualquier desviación de la idealidad de los sistemas de flujo conduce a errores en la estimación de τ a partir de $\bar{t}$ y, por lo tanto, en el cálculo de la función $I(t)$ como se ha indicado. Es decir, en los sistemas reales, determinadas porciones del trazador pueden permanecer en el interior del sistema de forma irregular por muy diversos motivos y llegar a salir antes o después de lo esperado. En definitiva, cuanto mayor sea la desviación de la idealidad de un determinado sistema, mayor será la diferencia observada entre $\bar{t}$ y τ, y más diferente de la unidad será también el valor de la integral total de la función $I(t)$, si se calcula como se ha indicado. Por supuesto, existen otros factores que pueden contribuir también a esta desviación. Por ejemplo, la propagación de errores del método numérico utilizado, la aplicación de señales no totalmente ideales en los experimentos, o el registro incompleto de las señales de trazador. En cualquier caso, si se necesita, la función $I(t)$ calculada de este modo se puede renormalizar fácilmente, dividiendo todos sus valores por el valor de su área total (en este caso, $A_{tot} = 1{,}19883$).

FIN DE LA NOTA

b) Porción de fluido con una residencia dada

En el enunciado se pide la fracción de fluido (f) que permanece en el interior del reactor entre 50 y 70 segundos, por lo tanto, debemos calcular lo siguiente:

$$f = \int_{50}^{70} E(t)dt$$

Además, puesto que sólo disponemos de la función $E(t)$ en forma de tabla de datos, debemos realizar la integración de forma numérica. Afortunadamente, la tabla incluye los valores de la función para los dos instantes necesarios (50 y 70 s). Por lo tanto, el área bajo la curva $E(t)$ entre dichos instantes se puede calcular fácilmente. Así, aplicando el método de los trapecios, la fracción buscada es:

$$f = \int_{50}^{70} E(t)dt \approx \sum_{i=t_{50}}^{t_{70}} A_{(i),(i+1)} = \frac{E_{(50)} + E_{(70)}}{2}\left[t_{(70)} - t_{(50)}\right] =$$

$$= \frac{0{,}00567 + 0{,}00361}{2} [70 - 50]$$

$$f = \int_{50}^{70} E(t)dt \approx 0{,}09278 \qquad f\% = 9{,}278\%$$

Dado que los extremos del intervalo solicitado se corresponden con dos instantes tabulados sucesivamente, el resultado obtenido se encuentra también computado en la Tabla 5.4.1. En concreto, se trata del cuarto valor reflejado en la quinta columna.

c) Cantidad de trazador inyectada

Como se ha indicado anteriormente, en un experimento correcto de estímulo-respuesta, se debe esperar a que todo el trazador inyectado salga del sistema. Así, la cantidad total de trazador que se recoge y que queda reflejada en la curva *C(t)* debe coincidir con la cantidad que se inyectó. Dicha cantidad inyectada (m) se puede calcular multiplicando el volumen inyectado (V_o) por su concentración (C_o). A su vez, la cantidad recogida se puede calcular sumando de forma integral el producto de la concentración a la salida (*C(t)*), por el caudal (*Q*) y por el intervalo diferencial de tiempo correspondiente (*dt*). En definitiva, puesto que se trata de sistemas en estado estacionario, el caudal es contante, y tenemos que:

$$m = \int_{o}^{\infty} C(t) \, Q \, dt = Q \int_{o}^{\infty} C(t) \, dt =$$

$$= 30 \, \frac{L}{min} \left(\frac{1 \, min}{60 \, s} \right) \left[9.700 \, \frac{mmol \, s}{L} \left(\frac{1 \, mol}{1.000 \, mmol} \right) \right] = 4{,}85 \, mol$$

El valor total de la integral que se indica se ha calculado antes y se encuentra reflejado en la Tabla 5.4.1, al final de la tercera columna.

d) Volumen del sistema

El tiempo espacial de un sistema de flujo continuo (τ) se define como el cociente entre el volumen útil del mismo (V) y el caudal de entrada (Q). En los reactores ideales de flujo con reacciones de densidad constante, dicho tiempo espacial debe coincidir con el tiempo medio de residencia de los distintos elementos del fluido ($\bar{t}$). En este caso estamos ante un sistema real, pero podemos suponer que se cumple esa identidad para obtener una

estimación del volumen del sistema. Puesto que el tiempo medio de residencia ha sido calculado ya en la Tabla 5.4.1 (al final de la sexta columna), tenemos que:

$$\tau = \frac{V}{Q} \qquad V = \tau\, Q \qquad V = \bar{t}\, Q = 24{,}3041\ s \cdot 30\ \frac{L}{min}\left(\frac{1\ min}{60\ s}\right) = 12{,}152\ L$$

PROBLEMA 5.5. Cálculo de funciones adimensionales de la DTR

A partir de los datos del ejercicio anterior (5.4), calcule las funciones de densidad de edad adimensionales $E(\theta)$ e $I(\theta)$, así como las funciones de distribución de edad adimensionales $\gamma E(\theta)$ y $\gamma I(\theta)$.

SOLUCIÓN

Para el cálculo de las funciones de tiempo adimensional, se aplica el mismo procedimiento que en el Problema 5.2. Puesto que en este caso el tiempo medio de residencia ya ha sido calculado previamente (al final de la octava columna de la Tabla 5.4.1), se puede computar fácilmente la nueva columna de tiempos reducidos ($\theta = t / \bar{t}$). Después, se puede calcular también fácilmente el valor de la función de densidad reducida ($E(\theta) = E(t)\cdot\bar{t}$). En la Tabla 5.5.1 se muestran los resultados correspondientes en la primera y segunda columnas.

Tabla 5.5.1. Cálculos necesarios para obtener las funciones adimensionales.

θ	$E(\theta)$	$A_{E(\theta)}$	$F(\theta)$	$I(\theta)$	$A_{I(\theta)}$	$\gamma I(\theta)$
-	-	-	-	-	-	-
0	0		0	1		0
0,20573	0,87695	0,09021	0,09021	0,90979	0,19645	0,19645
1,23436	0,25056	0,5799	0,6701	0,3299	0,63759	0,83404
2,05726	0,13781	0,15979	0,8299	0,1701	0,20573	1,03977
2,88017	0,0877	0,09278	0,92268	0,07732	0,1018	1,14157
3,70308	0,03758	0,05155	0,97423	0,02577	0,04242	1,18399
4,52598	0,01253	0,02062	0,99485	0,00515	0,01273	1,19671
5,34889	0	0,00515	1	0	0,00212	1,19883
		A_{tot}				
		-				
		1				

Posteriormente, se puede calcular la función de distribución reducida ($F(\theta) = \gamma E(\theta)$) a partir de su función correspondiente de densidad ($E(\theta)$), computando la integral progresiva por el método de los trapecios. En la tercera y cuarta columnas de la tabla anterior se muestran los resultados obtenidos en este caso. Finalmente, la función de densidad de edad reducida en el interior del sistema, $I(\theta)$, se puede calcular a partir de la función anterior,

aplicando directamente la siguiente expresión:

$$I(\theta) = 1 - F(\theta)$$

El resultado obtenido se muestra en la columna quinta. Además, la función de distribución de edad reducida en el interior del sistema, $\gamma I(\theta)$, se puede calcular como la integral progresiva de esta última. Así, en la sexta columna de la tabla se muestra el área de los distintos intervalos de la función $I(\theta)$ y, en la séptima columna, se computa su suma progresiva. Hay que indicar que, como ocurría con la función dimensional $I(t)$, el área de la función $I(\theta)$ no resulta normalizada.

En la Figura 5.5.1 se representan las funciones adimensionales $E(\theta)$, $F(\theta)$ e $I(\theta)$, anteriormente calculadas. Como se puede observar, las tres funciones presentan la misma forma que sus respectivas curvas dimensionales obtenidas anteriormente (Figura 5.4.1).

Figura 5.5.1. Funciones de edad a la salida y en el interior, adimensionales.

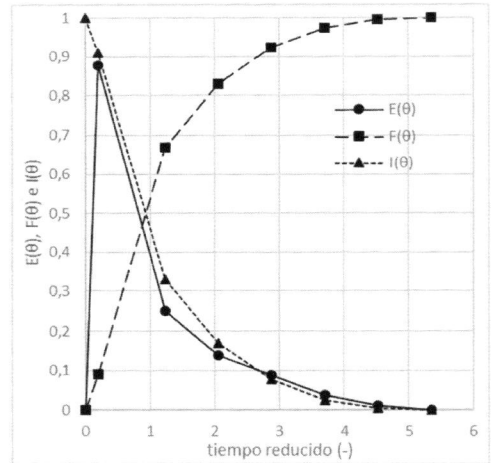

PROBLEMA 5.6. Cálculo de la DTR a partir de señal en escalón

Para caracterizar el flujo de un reactor continuo de tanque agitado (RCTA) se utiliza la técnica de estímulo-respuesta, aplicándole una señal en escalón. Así, se cambia repentinamente la alimentación inicial sin trazador por otra corriente que contiene una concentración 2 M de trazador. A la salida del reactor se detecta la tabla de señal que se muestra a continuación. Determine la función $E(t)$ y el tiempo medio de residencia.

t (s)	0	5	10	15	25	35	40	60
C (M)	0	0,56	0,98	1,27	1,65	1,84	1,9	2

SOLUCIÓN

Puesto que la señal empleada en este caso es en escalón, para obtener la función de densidad de tiempo de residencia ($E(t)$) se debe plantear un procedimiento de cálculo diferente. En primer lugar, hay que normalizar la señal de concentración a la salida, dividiéndola por el valor de concentración de entrada (en este caso, $C_o = 2$ M). De este modo, la función resultante se corresponde directamente con la función de distribución de tiempo de residencia, $F(t)$. El resultado se muestra en la tercera columna de la Tabla 5.6.1.

Tabla 5.6.1. Cálculos necesarios para la obtención de las funciones solicitadas.

t	$C(t)$	$F(t)$	$\Delta F/\Delta t$	$(\Delta F/\Delta t)_i$	$E(t)$	$t \cdot E(t)$	$A_{t \cdot E(t)}$	$\ln E(t)$
s	M	-	1/s	1/s	1/s	-	s	
0	0	0			0	0		
5	0,56	0,28	0,056	0,049	0,049	0,245	0,6125	-3,0159
10	0,98	0,49	0,042	0,0355	0,0355	0,355	1,5	-3,3382
15	1,27	0,635	0,029	0,024	0,024	0,36	1,7875	-3,7297
25	1,65	0,825	0,019	0,01425	0,01425	0,35625	3,58125	-4,251
35	1,84	0,92	0,0095	0,00775	0,00775	0,27125	3,1375	-4,8601
40	1,9	0,95	0,006	0,00425	0,00425	0,17	1,10313	-5,4608
60	2	1	0,0025		0	0	1,7	
							$A_{tot} = \bar{t}$	
							s	
							13,4219	

Una vez obtenida la función de distribución, se puede obtener la función de densidad a partir de ella; ya que, como es sabido, la relación entre ambas es la siguiente:

$$F(t) = \gamma E(t) = \int_o^t E(t)dt \qquad\qquad E(t) = \frac{dF(t)}{dt}$$

Puesto que se dispone de la función $F(t)$ sólo en forma discreta (tabla de datos), se debe realizar su derivada de forma numérica. Para ello, se utiliza en este texto el método de la pendiente media, que se explica con detalle en el Capítulo 2. Por supuesto, existen otros métodos de derivación numérica que pueden ofrecer mayor precisión, pero como con el método de integración de los trapecios, se elige éste por su mayor simplicidad.

En definitiva, en la cuarta columna de la tabla se calcula la pendiente de la función $F(t)$ para cada intervalo, $\Delta F/\Delta t$, colocando cada resultado en la fila correspondiente al punto final de cada tramo. Después, en la quinta columna se calcula la pendiente correspondiente en realidad a cada punto i, $(\Delta F/\Delta t)_i$. Ésta se calcula como la media de las pendientes de los intervalos anterior y posterior a cada punto. Este valor es precisamente la función $E(t)$ buscada. En consecuencia, en la sexta columna se ha copiado directamente el valor de la columna anterior. Obsérvese que se han añadido también los valores inicial y final de la función [$E(0) = 0$ y $E(60) = 0$], como debe corresponder siempre a esta función de densidad.

Como se ha comentado antes, ambos valores se deben corresponder necesariamente con lo que se espera observar en cualquier sistema de flujo real. Por una parte, cualquier elemento de fluido que salga del sistema debe tener una edad superior a 0; ya que el fluido necesita un tiempo concreto para atravesarlo. En consecuencia, no puede haber ninguna fracción de fluido con edad 0. Por otra parte, de entre todos los elementos de fluido que entran al mismo tiempo, no puede haber ninguno que presente a la salida una edad superior a la del último de ellos que salga. Además, el experimento se da por finalizado precisamente tras detectar la salida de este último elemento. En consecuencia, tampoco puede haber ninguna fracción de fluido que presente un tiempo de residencia en dicho instante o superior.

Ahora, una vez que disponemos de la curva de $E(t)$, se puede calcular el valor de la función $t{\cdot}E(t)$ (séptima columna) y el área de sus intervalos (octava columna), como en ejercicios anteriores. Al final de esta última columna se indica la suma total (A_{tot}), que corresponde al tiempo medio de residencia ($\bar{t}$). El valor obtenido es de 13,4219 s. Además, en las columnas tercera y primera se puede comprobar que el valor de $F(t) = 0,5$ se debe alcanzar para algún valor entre los 10 y los 15 s; lo que confirma la coherencia de los cálculos realizados. No obstante, siempre se debe tener en cuenta que los métodos numéricos empleados en los cálculos pueden presentar cierta propagación de errores y, por ello, la función $E(t)$ obtenida de este modo puede no resultar bien normalizada en muchos casos.

NOTA

Puesto que estamos trabajando con un RCTA que parece que no se desvía mucho del comportamiento ideal (RFMC), otra forma de estimar su tiempo medio de residencia consiste en suponer que se comporta de forma totalmente ideal, y realizar el ajuste de los datos de la curva $E(t)$ a la ecuación correspondiente al RFMC. En este caso:

$$E(t) = \frac{e^{-t/\tau}}{\tau} \qquad \tau = \bar{t}$$

$$\ln E(t) = \ln\left(e^{-t/\tau}\right) - \ln(\tau) = -\frac{1}{\tau}t \cdot \ln e - \ln\tau \qquad \ln E(t) = -\frac{1}{\tau}t - \ln\tau$$

$$Y = aX + b \qquad Y = \ln E(t) \qquad X = t \qquad a = -\frac{1}{\tau} \qquad b = -\ln\tau$$

$$\tau = -\frac{1}{a} \qquad \tau = e^{-b}$$

Por lo tanto, ajustamos linealmente los datos de $\ln E(t)$ vs. t. En la novena columna de la Tabla 5.6.1 se incluyen los datos necesarios para realizar el ajuste correspondiente. Una vez realizado el ajuste, los resultados obtenidos son los siguientes:

$$a = -0,0661 \qquad b = -2,6769 \qquad r^2 = 0,9893$$

$$\tau = -\frac{1}{a} = -\frac{1}{-0,0661} = 15,1286\,s \qquad \tau = e^{-b} = e^{2,6769} = 14,5399\,s$$

El coeficiente de regresión obtenido es bastante bueno ($r^2 > 0,9893$), por lo que se puede admitir que el sistema se comporta en realidad de modo muy cercano a la idealidad. Además, las estimaciones del tiempo medio de residencia obtenidas por esta vía, le asignan un valor de entre 14 y 15 s. Lo que coincide con las estimaciones realizadas anteriormente.

FIN DE LA NOTA

PROBLEMA 5.7. Estimación de la conversión a partir de la señal de trazador

Un reactor de 1 m³ de volumen útil se alimenta a razón de un 1 L/s. Para un impulso de trazador a la entrada, se obtiene a la salida la tabla de concentración a la salida que se muestra a continuación.

t (min)	0	5	10	15	20	25	30	35	40
C (M)	0	0,2	2	1,5	1,1	0,7	0,4	0,1	0

Estime la conversión que se obtendría si se llevara a cabo en su interior una reacción elemental del tipo A → R, de constante cinética $k = 0,1$ min^{-1}. Compare el resultado obtenido con la conversión correspondiente a los reactores ideales en las mismas condiciones (RFP o RFMC). ¿Es posible deducir si el reactor en cuestión se asemeja más a un tanque agitado o a un tubular?

SOLUCIÓN

Tal como se ha expuesto en resumen teórico al principio del capítulo, la conversión media en este caso (reacción de primer orden) se puede obtener a partir de la integral que combina la conversión de cada instante ($x_A(t)$) con la frecuencia de cada tiempo de residencia ($E(t)$):

$$\bar{x}_A = 1 - \frac{\bar{C}_A}{C_{Ao}} = \int_o^\infty x_A(t) \cdot E(t)\, dt$$

Como en ejercicios anteriores, puesto que los datos se suministran en forma numérica, la integral se debe realizar también numéricamente. En la Tabla 5.7.1 se calcula primero la función $E(t)$ y luego la función $x_A(t)$. Así, en las columnas tercera y cuarta, se aplica el método de los trapecios para calcular el área total de la señal y obtener después la función de densidad correspondiente, normalizándola como se ha explicado anteriormente. Por otra parte, en la quinta columna se computan directamente los valores de la conversión para cada instante, según la ecuación cinética correspondiente a las reacciones de primer orden que se ha obtenido en los primeros capítulos:

$$x_A(t) = 1 - e^{-kt}$$

Posteriormente, en la sexta columna se calcula el valor de la función [$x_A(t) \cdot E(t)$], multiplicando directamente los valores de la cuarta y quinta columnas. Finalmente, en la séptima columna, se calculan las áreas de los sucesivos intervalos de dicha función ($A_{x(t) \cdot E(t)}$).

Como siempre, cada valor se coloca en la fila que corresponde al punto final de cada intervalo. La suma total de áreas (A_{tot}), que corresponde a la conversión promedio buscada, se expone al final de esta séptima columna. El valor obtenido es de 0,76316.

Tabla 5.7.1. Cálculos correspondientes a la estimación de la conversión media obtenida a la salida del sistema.

t	$C(t)$	$A_{C(t)}$	$E(t)$	$x_A(t)$	$x(t) \cdot E(t)$	$A_{x(t) \cdot E(t)}$
min	M	M·min	1/min	-	1/min	-
0	0		0	0	0	
5	0,2	0,5	0,00667	0,39347	0,00262	0,00656
10	2	5,5	0,06667	0,63212	0,04214	0,11191
15	1,5	8,75	0,05	0,77687	0,03884	0,20246
20	1,1	6,5	0,03667	0,86466	0,0317	0,17637
25	0,7	4,5	0,02333	0,91792	0,02142	0,13281
30	0,4	2,75	0,01333	0,95021	0,01267	0,08522
35	0,1	1,25	0,00333	0,9698	0,00323	0,03976
40	0	0,25	0	0,98168	0	0,00808
		A_{tot}				$A_{tot} = \bar{x}_A$
		M·min				min
		30				0,76316

En cuanto a las conversiones esperadas si el reactor fuera ideal, como se expuso en el Capítulo 3, en el caso de un RFMC se puede aplicar lo siguiente:

$$\frac{V}{Q} = \frac{x_A}{k\,(1 - x_A)} \qquad k\frac{V}{Q} = k\tau = Da = \frac{x_A}{1 - x_A} \qquad x_A = \frac{Da}{1 + Da}$$

$$Da = k\frac{V}{Q} = 0,1\ \frac{1}{min} \cdot \frac{1\ m^3 \left(\dfrac{1.000\ L}{1\ m^3}\right)}{1\ \dfrac{L}{s} \left(\dfrac{60\ s}{1\ min}\right)} = 1,6667$$

$$x_A(RFMC) = \frac{Da}{1 + Da} = \frac{1,6667}{1 + 1,6667} = 0,625$$

Y en el caso de un RFP se puede aplicar lo siguiente:

$$\frac{V}{Q} = \int_o^{x_A} \frac{dx_A}{(-r_A)} \qquad k\frac{V}{Q} = k\tau = Da = \int_o^{x_A} \frac{dx_A}{(1 - x_A)} \qquad Da = \ln\frac{1}{1 - x_A}$$

$$x_A = 1 - e^{-Da}$$

$$x_A(RFP) = 1 - e^{-Da} = 1 - e^{-1,6667} = 0,81112$$

263

Como se puede observar, la conversión calculada para el reactor estudiado (0,763) queda situada entre los valores extremos que se podría esperar si se comportara idealmente (RFMC = 0,625 y RFP = 0,811). De este modo, a partir de dichos datos podríamos llegar a estimar su posible grado de mezcla (μ), ya que éste se debe situar necesariamente entre el 0 % y el 100 % (RFP y RFMC, respectivamente). Entonces, para su cálculo, asignamos 100 a la conversión 0,625 y 0 a la conversión 0,811. En consecuencia, el grado de mezcla correspondiente a la conversión 0,763 es la siguiente:

$$\mu = \frac{x_A(RFP) - \bar{x}_A}{x_A(RFP) - x_A(RFMC)} 100 = \frac{0,811 - 0,763}{0,811 - 0,625} 100 = \frac{0,048}{0,186} 100 = 25,8\%$$

En definitiva, el reactor analizado se comporta como si tuviera sólo un grado de mezcla del 25,8 %, con respecto al máximo posible que presentaría si fuera un RFMC. En consecuencia, podemos decir que su comportamiento es más parecido a los tubulares que a los tanques agitados.

NOTA

Otro dato que podría indicarnos el grado de desviación que presenta el reactor sobre los modelos ideales es la diferencia entre su tiempo espacial (τ) y su tiempo medio de residencia ($\bar{t}$). Para ello, en la Tabla 5.7.2 se calcula dicho tiempo medio como en ejercicios anteriores. El resultado (16,4167 min) es ligeramente inferior al tiempo espacial del sistema:

$$\tau = \frac{V}{Q} = \frac{1\ m^3 \left(\frac{1.000\ L}{1\ m^3}\right)}{1\ \frac{L}{s}\left(\frac{60\ s}{1\ min}\right)} = 16,67\ s$$

Esto quiere decir que el fluido sale ligeramente antes de lo esperado. Por lo que el camino recorrido es menor al supuesto. Esta desviación sería indicativa de la presencia de hipotéticos volúmenes muertos, que no pueden ser recorridos por el fluido. Si, por el contrario, el tiempo medio obtenido hubiera resultado mayor que el tiempo espacial, el fluido estaría saliendo después de lo esperado, y el caudal real que atraviesa el reactor sería menor de lo supuesto. Este otro caso sería indicativo de que parte del fluido circula por hipotéticos cortocircuitos que no pasan por el tanque.

Aunque los valores obtenidos aquí difieren ligeramente (el 1,5 %), la diferencia no es tan grande como para sospechar una desviación de la idealidad (puede deberse sólo a la propagación del error numérico). Sin embargo, sí existe una diferencia considerable con respecto de las conversiones ideales esperadas. Debemos concluir, por lo tanto, que la desviación de la idealidad no reside aquí en una configuración volumétrica alejada de la idealidad (volúmenes muertos o cortocircuitos), sino en un grado de mezcla alejado del ideal (mezclado ineficiente).

Finalmente, la mera observación de forma que presenta la curva de señal de trazador (Figura 1.5.7), en forma de campana sesgada, es ya indicativo de que no estamos ni ante una mezcla perfecta (exponencial decreciente), ni ante un pistón perfecto (pico alto y estrecho).

Tabla 5.7.2. Cálculos correspondientes a la estimación del tiempo medio de residencia.

t	$C(t)$	$A_{C(t)}$	$E(t)$	$tE(t)$	$A_{tE(t)}$
min	M	M·min	1/min	-	min
0	0		0	0	
5	0,2	0,5	0,00667	0,03333	0,08333
10	2	5,5	0,06667	0,66667	1,75
15	1,5	8,75	0,05	0,75	3,54167
20	1,1	6,5	0,03667	0,73333	3,70833
25	0,7	4,5	0,02333	0,58333	3,29167
30	0,4	2,75	0,01333	0,4	2,45833
35	0,1	1,25	0,00333	0,11667	1,29167
40	0	0,25	0	0	0,29167
		A_{tot}			$A_{tot} = \bar{t}$
		M·min			min
		30			16,4167

Figura 1.5.7. Señal de trazador.

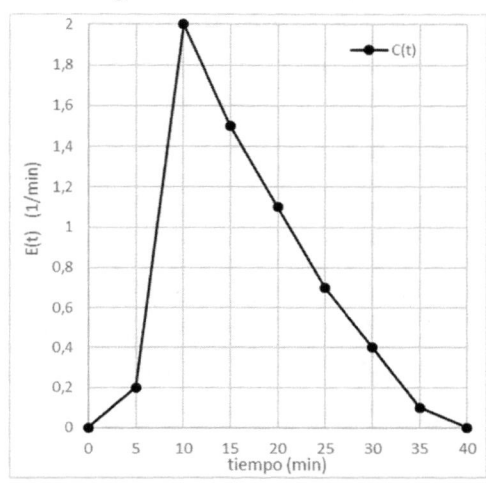

FIN DE LA NOTA

PROBLEMA 5.8. Cálculo de parámetros de la DTR a partir de trazado incompleto

En un experimento de estímulo-respuesta aplicado sobre determinado reactor, se obtiene un registro de salida que presenta forma de campana perfectamente simétrica. Por ello, se miden sólo la mitad de los datos, correspondientes a la rama ascendente, hasta su máximo. Los resultados se muestran a continuación.

x (mm)	0	5	10	15	20	25
y (mm)	0	1	8	20	40	62

Determine la varianza del tiempo de residencia adimensional, σ_θ^2.

SOLUCIÓN

Aunque en este caso no se dispone de las unidades de tiempo que corresponden al eje x, ni de las unidades de concentración que corresponden al eje y, esto no supone ningún inconveniente para la determinación del parámetro estadístico que se pide. Por una parte, el tiempo es directamente proporcional a la distancia en el eje x y, por otra, la concentración es directamente proporcional a la distancia en el eje y. Además, puesto que se indica que la curva es completamente simétrica, el tiempo medio de residencia se corresponde exactamente con el instante en el que se alcanza el máximo, que es el último dato suministrado. Así, aunque se suministran sólo los datos de una rama de la curva, se puede deducir perfectamente el resto. En la primera y segunda columnas de la Tabla 5.8.1 se muestran los datos de x e y completados adecuadamente.

Ahora, a partir de estos datos, se puede proceder a reducir los valores de la variable x, y también los de la variable y, con independencia de sus unidades de partida. Una vez trasformadas, dichas variables pierden sus unidades y sus orígenes resultan totalmente irrelevantes. En el caso de la variable x, se sabe que su valor medio corresponde a $\bar{x} = 25$ mm, dada la simetría de la curva (último dato suministrado). Por lo tanto, sus valores se pueden expresar de forma reducida dividiéndolos todos por ese valor. En la tercera columna se presentan los resultados obtenidos ($\hat{x}$). Dichos valores se corresponden precisamente con los del tiempo reducido (adimensional) del sistema (θ), que se muestra reproducido en la séptima columna.

En cuanto a la variable y, en la cuarta columna se calcula primero el área de los distintos intervalos de la señal inicial (segunda columna), aplicando el método de los trapecios.

Al final de la misma se muestra el valor del área total obtenida (en este caso 1.000 mm²). Después, en la quinta columna se normaliza su valor, dividiendo todos los datos de la segunda por dicha área total (A_{tot}). La columna de datos normalizados (y^*) se puede además expresar de forma reducida, multiplicando nuevamente todos sus valores por el valor medio de la variable x que se estimó inicialmente ($\bar{x}$). En la séptima columna se presenta el resultado obtenido ($\hat{y}^*$). Además, dichos valores se corresponden directamente con los valores de la función $E(\theta)$, que se muestra en la octava columna de la tabla.

$$\hat{x}\,[-] = \frac{x\,[mm]}{\bar{x}\,[mm]} \qquad \hat{y}^*\,[-] = y^*\,[mm^{-1}] \cdot \bar{x}\,[mm] = \left(\frac{y\,[mm]}{A_{tot}\,[mm^2]}\right)\bar{x}\,[mm]$$

$$E(\theta)d\theta = E(t)dt = \hat{y}^*\,d\hat{x} = y^*\bar{x}\,\frac{dx}{\bar{x}} = y^*\,dx = \frac{y}{A_{tot}}dx$$

Tabla 5.8.1. Cálculos necesarios para la estimación de la varianza del tiempo de residencia adimensional.

x	y	$\hat{x}$	A_y	y^*	$\hat{y}^*$	θ	$E(\theta)$	$A_{E(\theta)}$	$\theta^2 E(\theta)$	$A_{\theta^2 E(\theta)}$	σ_θ^2
mm	mm	-	mm²	mm⁻¹	-	-	-	-	-	-	-
0	0	0		0	0	0	0		0		0,0832
5	1	0,2	2,5	0,001	0,025	0,2	0,025	0,0025	0,001	0,0001	
10	8	0,4	22,5	0,008	0,2	0,4	0,2	0,0225	0,032	0,0033	σ_θ
15	20	0,6	70	0,02	0,5	0,6	0,5	0,07	0,18	0,0212	-
20	40	0,8	150	0,04	1	0,8	1	0,15	0,64	0,082	0,28844
25	62	1	255	0,062	1,55	1	1,55	0,255	1,55	0,219	
30	40	1,2	255	0,04	1	1,2	1	0,255	1,44	0,299	$2\sigma_\theta$
35	20	1,4	150	0,02	0,5	1,4	0,5	0,15	0,98	0,242	-
40	8	1,6	70	0,008	0,2	1,6	0,2	0,07	0,512	0,1492	0,57689
45	1	1,8	22,5	0,001	0,025	1,8	0,025	0,0225	0,081	0,0593	
50	0	2	2,5	0	0	2	0	0,0025	0	0,0081	
			A_{tot}					A_{tot}		A_{tot}	
			mm²					-		-	
			1000					1		1,0832	

Como se puede observar, puesto que la función y^* está normalizada con respecto a la variable x, la función reducida $\hat{y}^*$ resulta normalizada con respecto a la variable reducida $\hat{x}$, y la función $E(\theta)$ queda normalizada con respecto a la variable θ. En la columna novena de la tabla se muestra el cómputo de las áreas de los intervalos de $E(\theta)$ (método de los trapecios) y, al final, se puede comprobar que su valor total coincide exactamente con la unidad.

Una vez que disponemos de los valores de la función $E(\theta)$ con respecto a θ (en las columnas séptima y octava), estamos en disposición de calcular el parámetro solicitado en el enunciado. Para ello, sólo es necesario aplicar la ecuación estadística correspondiente:

$$\sigma_\theta{}^2 = \int_o^\infty \theta^2 E(\theta)\,d\theta - 1$$

$$\sigma_\theta{}^2 = \int_o^\infty \hat{x}^2\,\hat{y}^*\,d\hat{x} - 1 = \int_o^\infty \left(\frac{x^2}{\bar{x}^2}\right)\left(\frac{y}{A_{tot}}\bar{x}\right)\frac{dx}{\bar{x}} - 1 = \frac{\int_o^\infty x^2\,y\,dx}{\bar{x}^2\,A_{tot}} - 1$$

Puesto que la variable x es directamente proporcional a la variable t, resulta que la variable reducida $\hat{x}$ es idéntica a la variable reducida θ. En definitiva, la varianza del tiempo adimensional ($\sigma_\theta{}^2$) es idéntica a la varianza de la variable $\hat{x}$ (también adimensional) y proporcional a la varianza de la variable x. Así, en la décima columna de la Tabla 5.8.1 se calcula el valor de la función $\theta^2 E(\theta)$, multiplicando cada valor de la octava columna por el cuadrado del correspondiente en la séptima. Después, en la undécima columna se computa el área de los intervalos de esta última función (método de los trapecios) y, al final, se indica el valor de su área total. Por último, al principio de la columna duodécima se calcula la varianza pedida, aplicando la ecuación anterior. El resultado obtenido es $\sigma_\theta{}^2 = 0{,}0832$. Más abajo, se muestra también el ancho de la desviación de θ, que aquí es el doble de la desviación típica puesto que la curva es simétrica. En la Figura 5.8.1 se puede apreciar que su valor ($2\sigma_\theta = 0{,}57689$) coincide bien con el ancho a media altura de la curva.

Figura 5.8.1. Representación de la densidad de tiempo de residencia reducida.

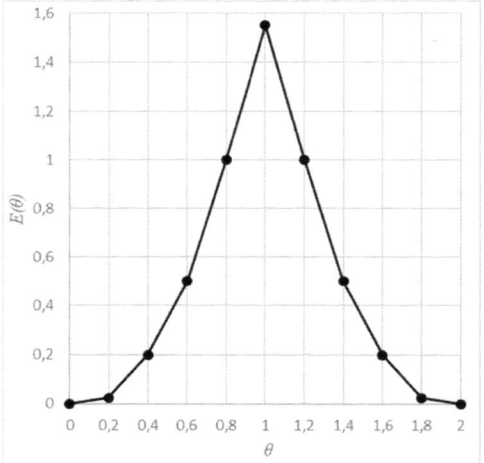

PROBLEMA 5.9. Cálculo de la DTR, parámetros adimensionales y conversión

Se dispone de un recipiente agitado de 70 m^3, que se alimenta con una disolución 2 M del reactivo A, a razón de 80 L/s. En el sistema se pretende llevar a cabo la reacción elemental A $\rightarrow$ 2 R, cuya constante cinética vale: k = 0,001 s^{-1}. En un ensayo de estímulo-respuesta con señal en impulso, el sistema produce el siguiente resultado.

t (s)	0	20	40	60	120	180	240	360	540	1200	1800	3600	4000
C (g/L)	0	444	577	571	532	496	463	400	323	144	102	11	0

a) Determine las curvas estadísticas de tiempo de residencia y de edad en el interior, tanto dimensionales, *E(t)* e *I(t)*, como adimensionales, *E(θ)* e *I(θ)*.

b) Calcule el tiempo medio de residencia ($\bar{t}$) y la varianza de residencia dimensional (σ_t^2) y adimensional (σ_θ^2). Asimismo, calcule la edad media en el interior ($\bar{e}$) y la varianza de edad dimensional (σ_e^2), y adimensional (σ_ε^2).

c) Estime la concentración de producto que se podría obtener a la salida del reactor.

SOLUCIÓN

a) Funciones estadísticas

Como en ejercicios anteriores, dado que los datos se suministran sólo en forma discreta, los cálculos se deben realizar de forma numérica. En la Tabla 5.9.1 se muestra la secuencia de operaciones necesaria. Primero, en la tercera columna se calcula el área de los intervalos de *C(t)* (trapecios) y, al final, su área total. Después, en la cuarta columna se calcula la función *E(t)*. Sus valores se han expresado de forma factorizada en unidades de 10^{-4} s^{-1}, para facilitar su apreciación. En la quinta columna se calcula el área de los intervalos de *E(t)*, también con valores factorizados por 10^{-4}. Abajo se expone el valor del área total sin factorizar. Seguidamente, en la sexta columna se calcula la función *F(t)* a partir de la anterior. Después, en las columnas séptima y octava, se calcula respectivamente el valor de la función *t·E(t)* y el área de sus intervalos. Al final se muestra el área total, que corresponde al tiempo medio de residencia ($\bar{t}$). El valor obtenido es de 861,333 s.

En este punto hay que indicar que el valor del tiempo espacial (τ) no coincide exactamente con el del tiempo medio de residencia, ya que el tiempo espacial del sistema vale:

$$\tau = \frac{V}{Q} = \frac{70\ m^3\ \left(\dfrac{1.000\ L}{1\ m^3}\right)}{80\ \dfrac{L}{s}} = 875\ s$$

La diferencia que se aprecia es de sólo el 1,6 %, no siendo significativa dada la precisión de los métodos numéricos aplicados.

Tabla 5.9.1. Cálculos necesarios para la obtención de las funciones E(t) y F(t).

t	C(t)	$A_{C(t)}$	E(t)	$A_{E(t)}$	F(t)	$t \cdot E(t)$	$A_{t \cdot E(t)}$	$t^2 E(t)$	$A_{t^2 E(t)}$	σ_t^2
s	mg/L	(mg/L)s	$10^{-4}\ s^{-1}$	10^{-4} -	-	-	s	s	s^2	s^2
0	0		0		0	0		0		553796
20	444	4440	7,82393	78,2393	0,00782	0,01565	0,15648	0,31296	3,12957	
40	577	10210	10,1676	179,915	0,02582	0,04067	0,56318	1,62681	19,3977	σ_t
60	571	11480	10,0619	202,294	0,04604	0,06037	1,01041	3,62227	52,4908	s
120	532	33090	9,37461	583,094	0,10435	0,1125	5,18599	13,4994	513,651	744,175
180	496	30840	8,74024	543,446	0,1587	0,15732	8,09459	28,3184	1254,53	
240	463	28770	8,15873	506,969	0,2094	0,19581	10,594	46,9943	2259,38	$2\sigma_t$
360	400	51780	7,04858	912,439	0,30064	0,25375	26,9735	91,3496	8300,64	s
540	323	65070	5,69173	1146,63	0,4153	0,30735	50,4992	165,971	23158,8	1488,35
1200	144	154110	2,53749	2715,64	0,68687	0,3045	201,911	365,399	175352	
1800	102	73800	1,79739	1300,46	0,81691	0,32353	188,409	582,354	284326	
3600	11	101700	0,19384	1792,1	0,99612	0,06978	353,98	251,211	750209	
4000	0	2200	0	38,7672	1	0	13,9562	0	50242,3	
		A_{tot}		A_{tot}			$A_{tot} = \bar{t}$		A_{tot}	
		(mg/L)s		-			s		s^2	
		567490		1			861,333		1295691	

Finalmente, en las columnas novena y décima se calcula respectivamente el valor de la función $t^2 \cdot E(t)$ y el área de sus intervalos. Al final se muestra el área total. La varianza y la desviación típica del tiempo de residencia (t) se muestran en la undécima columna. Puesto que la curva de C(t) en este caso es asimétrica decreciente (Figura 5.9.1), su ancho a media altura debe coincidir con σ_t y no con el doble.

A partir de este punto, se pueden calcular los datos estadísticos correspondientes al fluido en el interior del sistema, asociados con la función I(t). En la Tabla 5.9.2 se presentan las columnas correspondientes. En la primera y segunda se reproducen los datos experimentales y en la tercera se repite la función F(t). En la columna cuarta se calcula la función I(t), como se ha indicado anteriormente:

$$I(t) = \frac{1 - F(t)}{\tau}$$

Figura 5.9.1. Representación de la curva C(t).

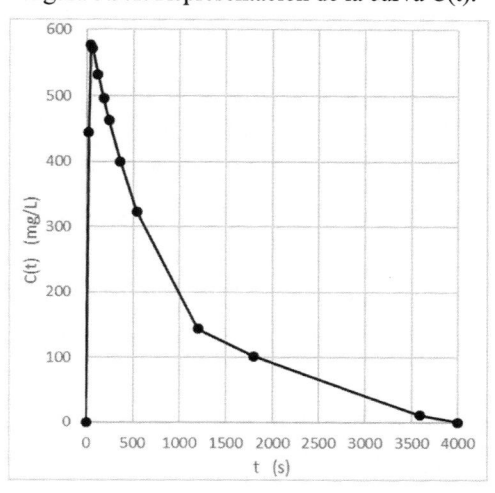

Tabla 5.9.2. Cálculos estadísticos del fluido en el interior.

t	C(t)	F(t)	I(t)	t·I(t)	$A_{t·I(t)}$	$t^2 I(t)$	$A_{t^2 I(t)}$	σ_e^2
s	mg/L	-	-	-	s	s	s^2	s^2
0	0	0	0,00114	0		0		353790
20	444	0,00782	0,00113	0,02268	0,22678	0,45357	4,53566	
40	577	0,02582	0,00111	0,04453	0,67212	1,78137	22,3493	σ_e
60	571	0,04604	0,00109	0,06541	1,09948	3,92484	57,0621	s
120	532	0,10435	0,00102	0,12283	5,64736	14,7398	559,938	594,803
180	496	0,1587	0,00096	0,17307	8,87697	31,1522	1376,76	
240	463	0,2094	0,0009	0,21685	11,6976	52,0443	2495,9	$2\sigma_e$
360	400	0,30064	0,0008	0,28774	30,2753	103,585	9337,78	s
540	323	0,4153	0,00067	0,36084	58,3721	194,855	26859,6	1189,61
1200	144	0,68687	0,00036	0,42944	260,793	515,328	234360	
1800	102	0,81691	0,00021	0,37664	241,823	677,945	357982	
3600	11	0,99612	4,4E-06	0,01595	353,327	57,4198	661828	
4000	0	1	-3E-19	-1E-15	3,18999	-4E-12	11484	
					$A_{tot} = \bar{e}$		A_{tot}	
					s		s^2	
					976,001		1306368	

Su último valor debe coincidir con 0, pero la propagación del error numérico puede provocar la desviación observada. Una vez tabulada la función *I(t)*, se puede aplicar la

271

misma metodología que con la función *E(t)* para calcular sus parámetros estadísticos. Así, en la quinta y sexta columnas se calcula el valor de la edad media en el interior del sistema ($\bar{e}$), que resulta ser de 976,001 s. El valor obtenido es parecido al tiempo medio de residencia (861,333 s), pero ligeramente superior. La diferencia observada (13,3 %) es indicativa de una posible desviación de la idealidad. Por una parte, un RFMC no debería presentar ninguna diferencia entre ambos valores, ya que el fluido que sale del sistema debe ser siempre exactamente igual al de su interior. Por otra parte, un RFP debe presentar una edad media en su interior exactamente igual a la mitad del tiempo espacial ($\tau/2$), ya que el fluido del interior se distribuye por igual entre la edad 0 y la edad τ. Una edad media en el interior que sea superior a la residencia media, indica la presencia de volúmenes muertos, donde el fluido puede quedar atrapado y permanecer en el interior más tiempo del esperado.

Finalmente, en las columnas séptima, octava y novena se calcula el valor de la varianza de edad (σ_e^2) y de la desviación estándar de edad (σ_e). Sus valores son respectivamente 353.790 s^2 y 594,803 s. Como se puede observar, el fluido del interior resulta más homogéneo que el de salida (menos varianza de edad), lo que nuevamente indica desviaciones con respecto a la idealidad.

Una vez concluido el análisis de las funciones dimensionales, se puede proceder a los cálculos de las funciones adimensionales aplicando el mismo procedimiento. En la Tabla 5.9.3 se presentan las columnas correspondientes. En la primera se calcula el tiempo reducido (adimensional), dividiendo los valores de la primera columna de la Tabla 5.9.1 por el valor del tiempo espacial del sistema (τ). Después, en la segunda se calcula la función *E(θ)*, multiplicando los datos de la cuarta columna de la Tabla 5.9.1 por el mismo valor de tiempo espacial (hay que tener en cuenta que la columna de partida está factorizada por 10^{-4}). Seguidamente, en la tercera y cuarta columnas se computa la función *F(θ)*. Obsérvese que sus valores coinciden con los de la columna sexta de la Tabla 5.9.1.

Por otra parte, en las columnas quinta y sexta se calcula la residencia media reducida ($\bar{\theta}$), que idealmente debería resultar igual a la unidad, pero que resulta ser de 0,98438. El valor coincide lógicamente con el valor del cociente ($\bar{t}/\tau$). Nuevamente, esa pequeña diferencia no es indicativa de desviación de la idealidad en este caso. Por último, en las columnas séptima, octava y novena se calcula la varianza de residencia reducida (σ_θ^2). Éste último parámetro puede ser calculado mediante dos procedimientos equivalentes que han sido expuestos anteriormente:

$$\sigma_\theta{}^2 = \int_o^\infty \theta^2 E(\theta)\, d\theta - \bar\theta^2 = 1,69233 - 0,98438^2 = 0,72333$$

$$\sigma_\theta{}^2 = \frac{\sigma_t{}^2}{\tau^2} = \frac{553.796}{875^2} = 0,72333$$

Como se puede observar, ambos resultados coinciden perfectamente, lo que confirma que los diferentes procedimientos de cálculo se han aplicado bien.

Tabla 5.9.3. Cálculos necesarios para la obtención de las funciones adimensionales.

θ	$E(\theta)$	$A_{E(\theta)}$	$F(\theta)$	$\theta \cdot E(\theta)$	$A_{\theta \cdot E(\theta)}$	$\theta^2 E(\theta)$	$A_{\theta^2 E(\theta)}$	$\sigma_\theta{}^2$
-	-	-	-	-	-	-	-	-
0	0		0	0		0		0,72333
0,02286	0,68459	0,00782	0,00782	0,01565	0,00018	0,00036	4,1E-06	
0,04571	0,88966	0,01799	0,02582	0,04067	0,00064	0,00186	2,5E-05	σ_θ
0,06857	0,88041	0,02023	0,04604	0,06037	0,00115	0,00414	6,9E-05	-
0,13714	0,82028	0,05831	0,10435	0,1125	0,00593	0,01543	0,00067	0,85049
0,20571	0,76477	0,05434	0,1587	0,15732	0,00925	0,03236	0,00164	
0,27429	0,71389	0,0507	0,2094	0,19581	0,01211	0,05371	0,00295	$2\sigma_\theta$
0,41143	0,61675	0,09124	0,30064	0,25375	0,03083	0,1044	0,01084	-
0,61714	0,49803	0,11466	0,4153	0,30735	0,05771	0,18968	0,03025	1,70097
1,37143	0,22203	0,27156	0,68687	0,3045	0,23076	0,4176	0,22903	
2,05714	0,15727	0,13005	0,81691	0,32353	0,21532	0,66555	0,37136	
4,11429	0,01696	0,17921	0,99612	0,06978	0,40455	0,2871	0,97986	
4,57143	0	0,00388	1	0	0,01595	0	0,06562	
		A_{tot}			$A_{tot} = \bar\theta$		A_{tot}	
		-			-		-	
		1			0,98438		1,69233	

Finalmente, el enunciado pide también las funciones estadísticas adimensionales de edad en el interior, que están relacionadas con la función $I(\theta)$. En la Tabla 5.9.4 se presentan las columnas correspondientes. Primero, se muestran nuevamente los valores de la variable θ y de la función $F(\theta)$. Luego, en la tercera columna se calcula la función $I(\theta)$, restando de la unidad cada valor de la columna anterior. Después, en las columnas cuarta y quinta se calcula el valor medio de la edad interna reducida ($\bar\varepsilon$). Como se puede apreciar, el valor obtenido es de 1,15111. Este valor está un 13,3 % por encima de la edad media de residencia (edad a la salida), lo que nuevamente indica una clara desviación de la idealidad.

Tabla 5.9.4. Cálculos necesarios para la obtención de las funciones adimensionales de edad en el interior.

θ	$F(\theta)$	$I(\theta)$	$\theta \cdot I(\theta)$	$A_{\theta \cdot I(\theta)}$	$\theta^2 I(\theta)$	$A_{\theta^2 I(\theta)}$	σ_ε^2
-	-	-	-	-	-	-	-
0	0	1	0		0		0,46209
0,02286	0,00782	0,99218	0,02268	0,00026	0,00052	5,9E-06	
0,04571	0,02582	0,97418	0,04453	0,00077	0,00204	2,9E-05	σ_ε
0,06857	0,04604	0,95396	0,06541	0,00126	0,00449	7,5E-05	-
0,13714	0,10435	0,89565	0,12283	0,00645	0,01685	0,00073	0,67977
0,20571	0,1587	0,8413	0,17307	0,01015	0,0356	0,0018	
0,27429	0,2094	0,7906	0,21685	0,01337	0,05948	0,00326	$2\sigma_\varepsilon$
0,41143	0,30064	0,69936	0,28774	0,0346	0,11838	0,0122	-
0,61714	0,4153	0,5847	0,36084	0,06671	0,22269	0,03508	1,35955
1,37143	0,68687	0,31313	0,42944	0,29805	0,58895	0,3061	
2,05714	0,81691	0,18309	0,37664	0,27637	0,77479	0,46757	
4,11429	0,99612	0,00388	0,01595	0,4038	0,06562	0,86443	
4,57143	1	0	0	0,00365	0	0,015	
				$A_{tot} = \bar{\varepsilon}$		A_{tot}	
				-		-	
				1,11543		1,70628	

Finalmente, en las columnas sexta, séptima y octava, se calcula la varianza de edad reducida en el interior, también por dos vías:

$$\sigma_\varepsilon^2 = \int_0^\infty \theta^2 I(\theta)\, d\theta - \bar{e}^2 = 1,70628 - 1,11543^2 = 0,46209$$

$$\sigma_\varepsilon^2 = \frac{\sigma_e^2}{(\bar{t})^2} = \frac{353.790}{875^2} = 0,46209$$

Puesto que ambos resultados coinciden, los procedimientos han sido bien aplicados.

b) Parámetros estadísticos

Los parámetros estadísticos que se solicitan en el enunciado se han ido calculando sucesivamente en las tablas anteriores, conforme a sus ecuaciones correspondientes, ya que su valor se necesita para calcular varias funciones. Así, el tiempo medio de residencia resulta $\bar{t} = 861,333$ s y su varianza vale $\sigma_t^2 = 553.796$ s^2. Ambos parámetros adimensionales valen $\bar{\theta} = 0{,}98438$ y $\sigma_{\theta}^2 = 0{,}72333$, respectivamente. En cuanto a la edad media en el interior, su valor resulta $\bar{e} = 976{,}001$ s, y su varianza vale $\sigma_e^2 = 353.790$ s^2. Finalmente, estos mismos parámetros valen adimensionalmente $\bar{\varepsilon} = 1{,}11543$ y $\sigma_{\varepsilon}^2 = 0{,}46209$.

c) Concentración de producto

Para el cálculo de la concentración del producto R a la salida, se puede utilizar la ecuación que corresponde a la integral combinada:

$$\bar{x}_A = \int_0^{\infty} x_A(t) \cdot E(t)\, dt \qquad\qquad x_A(t) = 1 - e^{-kt}$$

Por otra parte, mediante el balance estequiométrico correspondiente, tenemos que:

$$\frac{R - R_o}{2} = \frac{A_o - A}{1} \qquad R - R_o = 2(A_o - A)$$

$$R = 2(A_o - A) + R_o = 2(A_o x_A) + R_o \qquad \bar{R} = 2(A_o \bar{x}_A) + R_o = 2(2\,\bar{x}_A) + 0 = 4\,\bar{x}_A$$

En la Tabla 5.9.5 se presentan las columnas correspondientes para los cálculos necesarios.

Tabla 5.9.5. Cálculos necesarios para la obtención de la conversión media $\bar{x}_A$.

t	$x_A(t)$	$E(t)$	$x(t)\cdot E(t)$	$A_{x(t)\cdot E(t)}$
s	-	10^{-4} s^{-1}	10^{-4} s^{-1}	10^{-4} -
0	0	0	0	
20	0,0198	7,82393	0,15492	1,54924
40	0,03921	10,1676	0,39868	5,53601
60	0,05824	10,0619	0,58596	9,84633
120	0,11308	9,37461	1,06008	49,381
180	0,16473	8,74024	1,43978	74,9957
240	0,21337	8,15873	1,74085	95,4187
360	0,30232	7,04858	2,13095	232,308
540	0,41725	5,69173	2,37488	405,525
1200	0,69881	2,53749	1,77321	1368,87
1800	0,8347	1,79739	1,50028	982,048
3600	0,97268	0,19384	0,18854	1519,94
4000	0,98168	0	0	37,7079
			$A_{tot} = \bar{x}_A$	
			-	
			0,47831	

En la primera columna se reproducen los valores de tiempo implicados y en la segunda se calcula su valor de conversión correspondiente, conforme a la expresión cinética expresada antes. Después, en la tercera columna se indican los valores de $E(t)$, para obtener los valores de la función $x_A(t) \cdot E(t)$ en la cuarta columna (téngase en cuenta que los valores se representan factorizados por 10^{-4}). Finalmente, en la quinta columna se computan las áreas de los intervalos de esta última función (también factorizados) y, más abajo, se indica su suma total (ya sin factorizar). El valor resultante corresponde a la conversión promedio buscada $\bar{x}_A = 0{,}47831$. Por lo tanto:

$$R = 4\,\bar{x}_A = 4 \cdot 0{,}47831 = 1{,}91325\ M$$

PROBLEMA 5.10. Estimación de la conversión en un sistema combinado a partir de las DTRs individuales

Un RCTA y un RTC de igual volumen se conectan en paralelo para llevar a cabo una reacción en disolución de primer orden, con un solo reactivo ($k = 0{,}1$ min^{-1}). Sus curvas de respuesta frente a un impulso de trazador son las siguientes, en unidades arbitrarias de concentración (ua).

t (min)	0	2	3	4	6	8	9	10	12	15	20	30	40
C_{RCTA} (ua)	0	120	101	86	61	44	37	31	23	14	6	1	0
C_{RTC} (ua)	0	0	2	22	159	22	2	0	0	0	0	0	0

Suponiendo que el tamaño de las conducciones que conectan ambos reactores es despreciable frente al volumen de los mismos, calcule la conversión esperada a la salida del sistema, si se bifurca el 50 % del caudal principal a cada reactor. Compare el resultado con la conversión esperada del sistema si ambos reactores se comportaran con flujo ideal (RFMC y RFP, respectivamente).

SOLUCIÓN

Para estimar la conversión del sistema combinado podemos abordar el problema de dos modos distintos. Por un lado, podemos utilizar la curva de densidad de tiempos de residencia de cada reactor para estimar su conversión, y luego calcular la conversión resultante de la mezcla de corrientes. Por otro lado, podemos calcular la curva de densidad de tiempos de residencia del sistema combinado, y luego estimar directamente la conversión del mismo. En principio, ambos procedimientos deben ser totalmente equivalentes; salvo las diferencias que se puedan derivar de la aplicación de los métodos numéricos en cada caso.

Debido a que tenemos un sistema de reacción combinado, la conversión resultante debe cumplir las leyes de mezcla:

$$Q = Q_{RTAC} + Q_{RTC} \qquad x_{SIS} = \frac{Q_{RTAC}}{Q}x_{RTAC} + \frac{Q_{RTC}}{Q}x_{RTC}$$

Por otra parte, el trazador también debe cumplir las leyes de mezcla, y podemos calcular fácilmente su concentración a la salida del sistema combinado, aplicando la ecuación correspondiente:

$$C(t)_{SIS} = \frac{Q_{RTAC}}{Q} C(t)_{RTAC} + \frac{Q_{RTC}}{Q} C(t)_{RTC}$$

Dado que las concentraciones son aditivas, el área total de las curvas de concentración (A) también lo será, y podemos establecer que:

$$A_{SIS} = \frac{Q_{RTAC}}{Q} A_{RTAC} + \frac{Q_{RTC}}{Q} A_{RTC} \qquad E(t)_{RTAC} = \frac{C(t)_{RTAC}}{A_{RTAC}} \qquad E(t)_{RTC} = \frac{C(t)_{RTC}}{A_{RTC}}$$

$$E(t)_{SIS} = \frac{C(t)_{SIS}}{A_{SIS}} = \frac{\dfrac{Q_{RTAC}}{Q} C(t)_{RTAC} + \dfrac{Q_{RTC}}{Q} C(t)_{RTC}}{\dfrac{Q_{RTAC}}{Q} A_{RTAC} + \dfrac{Q_{RTC}}{Q} A_{RTC}} =$$

$$= \frac{Q_{RTAC} C(t)_{RTAC} + Q_{RTC} C(t)_{RTC}}{Q_{RTAC} A_{RTAC} + Q_{RTC} A_{RTC}} =$$

$$= \frac{Q_{RTAC} E(t)_{RTAC} A_{RTAC}}{Q_{RTAC} A_{RTAC} + Q_{RTC} A_{RTC}} + \frac{Q_{RTC} E(t)_{RTC} A_{RTC}}{Q_{RTAC} A_{RTAC} + Q_{RTC} A_{RTC}} =$$

$$= \frac{E(t)_{RTAC}}{1 + \dfrac{Q_{RTC} A_{RTC}}{Q_{RTAC} A_{RTAC}}} + \frac{E(t)_{RTC}}{\dfrac{Q_{RTAC} A_{RTAC}}{Q_{RTC} A_{RTC}} + 1} =$$

$$= \left(\frac{1}{1 + \dfrac{Q_{RTC} A_{RTC}}{Q_{RTAC} A_{RTAC}}} \right) E(t)_{RTAC} + \left(\frac{1}{\dfrac{Q_{RTAC} A_{RTAC}}{Q_{RTC} A_{RTC}} + 1} \right) E(t)_{RTAC}$$

$$E(t)_{SIS} \neq \left(\frac{Q_{RTAC}}{Q} \right) E(t)_{RTAC} + \left(\frac{Q_{RTC}}{Q} \right) E(t)_{RTAC}$$

Como se puede observar, puesto que las funciones de densidad de tiempo de residencia ($E(t)$) deben estar normalizadas, no es posible prorratearlas directamente en los sistemas combinados. Sin embargo, sí se puede prorratear la señal de trazador. Los cálculos correspondientes a este procedimiento se muestran en las Tabla 5.10.1. Así, en las tres primeras columnas se reproducen las señales de los dos reactores y, en la cuarta, se calcula el valor de la señal combinada, prorrateando la concentración de trazador a la salida del sistema sobre la base de los caudales que soporta cada elemento, del siguiente modo:

$$C(t)_{SIS} = \frac{Q_{RTAC}}{Q} C(t)_{RTAC} + \frac{Q_{RTC}}{Q} C(t)_{RTC} = 0{,}5 \cdot C(t)_{RTAC} + 0{,}5 \cdot C(t)_{RTC}$$

En la Figura 5.10.1 se puede ver el resultado obtenido del cálculo de la combinación de señales. En la quinta columna de la tabla se calcula el área de los intervalos de esta señal combinada (trapecios) y al final su área total. Después, en la sexta columna se calcula la función $E(t)$ que corresponde a esta señal combinada, dividiendo cada valor de la cuarta columna por el área total. Seguidamente, en las columnas séptima y octava, se calcula el tiempo medio de residencia del sistema, como en ejercicios anteriores. El valor resultante es de 6,70032 min.

Tabla 5.10.1. Cálculos necesarios para estimar la conversión del sistema combinado.

t	$C(t)_{RCTA}$	$C(t)_{RTC}$	$C(t)_{SIS}$	$A_{C(t)SIS}$	$E(t)$	$t \cdot E(t)$	$A_{t \cdot E(t)}$	$x_A(t)$	$x(t) \cdot E(t)$	$A_{x(t) \cdot E(t)}$
min	ua	ua	ua	ua·min	min^{-1}	-	min	-	min^{-1}	-
0	0	0	0		0	0		0	0	
2	120	0	60	60	0,09693	0,19386	0,19386	0,45119	0,04373	0,04373
3	101	2	51,5	55,75	0,0832	0,2496	0,22173	0,59343	0,04937	0,04655
4	86	22	54	52,75	0,08724	0,34895	0,29927	0,69881	0,06096	0,05517
6	61	159	110	164	0,17771	1,06624	1,41519	0,8347	0,14833	0,20929
8	44	22	33	143	0,05331	0,42649	1,49273	0,90928	0,04848	0,19681
9	37	2	19,5	26,25	0,0315	0,28352	0,35501	0,93279	0,02939	0,03893
10	31	0	15,5	17,5	0,02504	0,2504	0,26696	0,95021	0,02379	0,02659
12	23	0	11,5	27	0,01858	0,22294	0,47334	0,97268	0,01807	0,04186
15	14	0	7	27,75	0,01131	0,16963	0,58885	0,98889	0,01118	0,04388
20	6	0	3	25	0,00485	0,09693	0,6664	0,99752	0,00483	0,04004
30	1	0	0,5	17,5	0,00081	0,02423	0,60582	0,99988	0,00081	0,02821
40	0	0	0	2,5	0	0	0,12116	0,99999	0	0,00404
				$A_{tot} = C_{tot}$			$A_{tot} = \bar{t}$			$A_{tot} = \bar{x}_A$
				ua·min			min			-
				619			6,70032			0,77511

Figura 5.10.1. Combinación de las señales de salida del trazador.

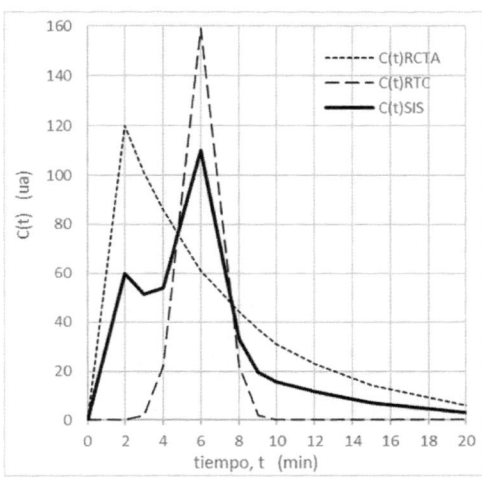

Por último, en la novena columna se calcula la conversión en función del tiempo de

residencia, conforme a la siguiente expresión cinética:

$$x_A(t) = 1 - e^{-kt} \qquad k = 0,3 \ min^{-1}$$

En la décima columna se calcula el valor de la función combinada de conversión, $x_A(t) \cdot E(t)$. Y en la undécima columna se calcula el área de sus intervalos, indicando al final su suma total. El resultado corresponde a la conversión promedio buscada, que es de $\bar{x}_A = 0,77511$.

NOTA

Si hubiéramos realizado el cálculo de la conversión que produce cada uno de los reactores por separado, aplicando la integral combinada independientemente, se hubiera obtenido que:

a) $\bar{t}_{RCTA} = 7,02$ min, $x_{RCTA} = 0,75063$.

b) $\bar{t}_{RTC} = 6,00$ min, $x_{RTC} = 0,82875$.

Y, finalmente, hubiéramos obtenido que la conversión de salida del sistema combinado $(\bar{x}_A)$ es:

$$x_{SIS} = \frac{Q_{RTAC}}{Q} x_{RTAC} + \frac{Q_{RTC}}{Q} x_{RTC} = 0,5 \cdot 0,75063 + 0,5 \cdot 0,82875 = 0,78969$$

Como se puede observar, el resultado difiere sólo en un 1,85 % del resultado anterior, debido a la diferente propagación del error en los cada uno de los cálculos.

FIN DE LA NOTA

Por otra parte, en cuanto al cálculo de la conversión correspondiente al comportamiento ideal del sistema, debemos obtener primero la conversión esperada en cada uno de los reactores. Así, en el RFMC, asimilando su tiempo medio de residencial $(\bar{t})$ al valor de su tiempo espacial (τ), tenemos que:

$$x_{RFMC} = \frac{k\tau}{k\tau + 1} = \frac{0,3 \cdot 7,02}{0,3 \cdot 7,02 + 1} = 0,67804$$

Igualmente, para el RFMC en las mismas condiciones tenemos que:

$$x_{RFP} = 1 - e^{-k\tau} = 1 - e^{-0,3 \cdot 6,00} = 0,8347$$

Al final, como resultado de la mezcla de las corrientes de salida, tenemos que la conversión obtenida sería:

$$Q = Q_{RFMC} + Q_{RFP} \qquad 1 = \frac{Q_{RFMC}}{Q} + \frac{Q_{RFP}}{Q} \qquad \frac{Q_{RFMC}}{Q} = \frac{Q_{RFP}}{Q} = 0,5$$

$$x_{SIS} = \frac{Q_{RFMC}}{Q} x_{RFMC} + \frac{Q_{RFP}}{Q} x_{RFP}$$

$$x_{SIS} = 0,5 \cdot 0,67804 + 0,5 \cdot 0,8347 = 0,75637$$

Curiosamente, el rendimiento del sistema real ha resultado aquí ligeramente superior al esperado para el comportamiento ideal. En concreto, se ganan cerca de 2 puntos de conversión porcentual con respecto a la idealidad ($0,7751 - 0,75637 = 0,01874$). La razón estriba en que, por una parte, el RCTA gana conversión con respecto al RFMC ($0,75063 - 0,67804 = 0,07259$); ya que el primero presenta menor grado de mezcla que el segundo. Sin embargo, por otra parte, el RTC pierde conversión con respecto al RFP ($0,82875 - 0,8347 = -0,006$); porque el primero contiene cierta retromezcla. Al final, el primer efecto supera al segundo y el resultado queda positivo en este caso.

CAPÍTULO 6

Modelos de flujo no ideal

Modelos de flujo no ideal

A partir de la información contenida en la distribución de tiempos de residencia (DTR) se pueden extraer diversos tipos de conclusiones. Además de detectar desviaciones con respecto a los modelos de flujo ideal o estimar la conversión esperada en reacciones de primer orden, también es posible proponer modelos más o menos elaborados que representen el tipo de flujo en el sistema. Luego, dichos modelos se pueden utilizar para calcular la conversión en reacciones con cinéticas más complejas o en tareas de escalamiento. Las principales características de estos modelos de flujo no ideal son:

- Se basan en un conjunto definido de hipótesis y contienen uno o varios parámetros característicos, que son ajustables a partir de la DTR.

- Indican cuantitativamente el grado de alejamiento con respecto a los modelos de flujo ideal, quedando dicha cantidad comprendida siempre entre los límites del RFP y el RFMC.

- Permiten estimar la conversión esperada en reacciones con cinéticas complejas.

- Representan el comportamiento de los reactores reales y son de utilidad para los cambios de escala.

Clasificación de los modelos

1) Modelos de un parámetro.

   Contienen un único parámetro de ajuste, que determina el comportamiento del sistema. En esta categoría pueden incluirse, principalmente, el modelo de dispersión axial y el modelo de tanques en serie. Estos modelos suelen utilizarse para representar reactores tubulares continuos (RTC).

2) Modelos combinados o de varios parámetros.

Contienen varios parámetros para describir el comportamiento del sistema. Se suelen definir a partir de la combinación de diferentes elementos ideales. Existe un gran cantidad y variedad de ellos, entre los que puede citarse, principalmente, el modelo de Cholette-Cloutier y el Modelo de Hovorka-Adler (o modelo de Levenspiel). Estos dos suelen utilizarse para representar el comportamiento de reactores continuos de tanque agitado (RCTA).

Figura 6.1. Esquema de la organización de los modelos de flujo no ideal.

Tipos de modelos de flujo no ideal

Flujo en pistón ← **Mezcla Perfecta**

Diferentes modelos combinados

Modelo de tanques en serie

Modelo de Levenspiel

Modelo de Cholette-Cloutier

Modelo de FP con dispersión axial

Modelo de MC interconectados

Modelo de dispersión axial

Este modelo supone que en el reactor se produce una dispersión de la materia en la dirección axial, además del transporte por flujo neto. Es decir, existe cierta mezcla entre los elementos adyacentes del fluido a lo largo del eje longitudinal (retromezcla). No se considera ningún otro tipo de desviación con respecto al flujo ideal en pistón. Así, el grado de retromezcla o dispersión observado determina el grado de desviación y es el parámetro característico. Por este motivo, el modelo sólo sirve para caracterizar sistemas con pequeñas desviaciones con respecto al flujo en pistón y es aplicable especialmente a los reactores tubulares o de canalización abierta.

El proceso de mezcla por dispersión (retromezcla) supone un reagrupamiento o redistribución local de la materia, debido tanto a la difusión pura como a la formación de remolinos locales. Puesto que dicho reagrupamiento se repite un número muy elevado de veces durante el flujo a través del recipiente, puede admitirse que las perturbaciones son de naturaleza aleatoria y pueden tratarse estadísticamente de modo análogo al fenómeno de difusión molecular. Una vez resuelto el balance microscópico de materia a lo largo del sistema, se obtienen diferentes soluciones según las condiciones de contorno consideradas. En cualquier caso, todas las soluciones dependen del único parámetro representativo del modelo: el módulo de dispersión axial (D/uL). Siendo D el coeficiente de dispersión axial (m^2/s), u la velocidad lineal del fluido en el sistema (m/s), y L la longitud del mismo (m). A continuación, se muestran las distintas ecuaciones a aplicar en cada caso:

a) Grado de dispersión baja

Aplicable cuando se cumple que $D/uL < 0,01$. En este caso, tenemos que la solución de las ecuaciones del modelo conduce a:

$$\sigma_\theta{}^2 = 2\left(\frac{D}{uL}\right)$$

b) Grado de dispersión alta

Aplicable cuando se cumple que $0,01 < D/uL < 1$. En este caso tenemos varias situaciones, según las condiciones de contorno observadas.

1) Recipiente abierto en los dos extremos. La solución de las ecuaciones conduce a:

$$\sigma_\theta{}^2 = 2\left(\frac{D}{uL}\right) + 8\left(\frac{D}{uL}\right)^2$$

2) Recipiente abierto en un extremo, pero cerrado en el otro. La solución de las ecuaciones conduce a:

$$\sigma_\theta{}^2 = 2\left(\frac{D}{uL}\right) + 3\left(\frac{D}{uL}\right)^2$$

3) Recipiente cerrado en los dos extremos. La solución de las ecuaciones conduce a:

$$\sigma_\theta{}^2 = 2\left(\frac{D}{uL}\right) - 2\left(\frac{D}{uL}\right)^2\left(1 - e^{-\frac{uL}{D}}\right)$$

Una vez que se dispone del valor del módulo de dispersión (D/uL), el cálculo de la conversión se puede realizar combinando las ecuaciones cinéticas en cada caso con las ecuaciones del modelo. Así, por ejemplo, para reacciones de primer orden se obtiene que:

$$\frac{C_{A_f}}{C_{A_0}} = 1 - x_A = \frac{4a\,e^{\left(\frac{uL}{2D}\right)}}{(1+a)^2\,e^{\left(a\frac{uL}{2D}\right)} - (1-a)^2\,e^{-\left(a\frac{uL}{2D}\right)}} \qquad a = \sqrt{1 + 4k\tau\left(\frac{D}{uL}\right)}$$

El modelo de dispersión axial resulta perfectamente aplicable si $D/uL < 0,01$. Por otra parte, si estamos en el caso de que $0,01 < D/uL < 1$, el modelo se puede aplicar, aunque con ciertas reservas. En este caso, las estimaciones de conversión deben tener en cuenta el grado de retromezcla en los puntos de entrada y salida del sistema, como se ha indicado. Finalmente, si tenemos que $D/uL > 1$, no es recomendable aplicar este modelo para hacer estimaciones de conversión.

Modelo de tanques en serie

En este otro modelo se considera al reactor como si estuviera constituido por una batería de RFMC en serie, todos ellos iguales. El volumen total de la serie debe ser igual al volumen del reactor simulado (V). El parámetro característico es aquí el número de tanques de la serie (N). Dicho parámetro se puede calcular directamente a partir del valor de la varianza adimensional del tiempo de residencia del sistema (σ_θ^2). De este modo, tenemos que:

$$N = \frac{1}{\sigma_\theta^2}$$

Una vez determinado el valor de N, la conversión del sistema se puede calcular directamente como si se tratara de una batería de N reactores de flujo en mezcla completa en serie, todos ellos de volumen V/N. Así, el resultado sería:

$$\frac{C_{A_f}}{C_{A_0}} = 1 - x_A = \frac{1}{\left(1 + k\,\dfrac{\tau}{N}\right)^N}$$

El modelo de tanque en serie resulta perfectamente aplicable si $N > 30$. Por otra parte, si $30 > N > 10$, el modelo se puede aplicar, aunque con ciertas reservas. Finalmente, si $N < 10$, no es recomendable aplicar este modelo para hacer estimaciones de conversión.

Modelos combinados

En estos casos, el reactor se representa mediante una combinación más o menos compleja de diferentes elementos ideales. Los elementos que se suelen combinar, además de los reactores ideales (RFMC y RFP), son:

a) Volumen muerto (VM), que es la idealización de las zonas estancadas que aparecen en algunos reactores.

b) Cortocircuito (CC), que es la idealización de los canales preferenciales que se observan en algunos casos.

c) Recirculación (RC), que es la idealización de las retromezclas masivas que se observan en algunos sistemas de flujo.

Además, estos modelos combinados deben cumplir una serie de requisitos para que sean suficientemente eficaces:

- Debe incluirse el mínimo número de elementos en la simulación y, por lo tanto, debe contener el mínimo número de parámetros de ajuste.

- Los elementos propuestos deben responder a evidencias experimentales claras.

- Debe ser posible obtener los parámetros del modelo a partir de los parámetros estadísticos del flujo del sistema (DTR).

En la Figura 6.2 se muestran los modelos combinados más comunes y sus ecuaciones correspondientes. Como se puede observar, en todos estos casos se utiliza la función $I(\theta)$ para caracterizar el sistema, mediante el ajuste lineal de $\ln I(\theta)$ frente a θ. Los parámetros del modelo se obtienen a partir del valor de la pendiente y la ordenada en el origen resultantes.

En todas las ecuaciones indicadas la pendiente resulta negativa, pero dependiendo del signo de la ordenada en el origen, tenemos un modelo u otro. Así, en el modelo de Hovorka-Adler es positiva, en el modelo de Cholette-Cloutier es negativa y, finalmente, en el modelo de RFMC+VM, es nula. En el modelo de RFMC+CC la ordenada también es negativa, pero además se debe cumplir que su exponencial coincida con la pendiente.

El coeficiente de regresión obtenido en estos ajustes nos indicará si el modelo es aplicable o no en cada caso. En general, si se obtiene que $r^2 > 0,99$, el modelo ajustado es perfectamente aplicable. Si se obtiene que $0,95 < r^2 < 0,99$ el modelo en cuestión se puede aplicar, pero con reservas. Finalmente, si se obtiene que $r^2 < 0,95$, no es recomendable aplicar el modelo propuesto para hacer estimaciones de conversión. Una vez determinada la combinación de elementos ideales que representa bien al reactor estudiado, su conversión se puede estimar a partir de las ecuaciones correspondientes. A continuación, se muestran a modo de ejemplo las ecuaciones indicadas para las reacciones de primer orden con un

solo reactivo A y densidad constante.

a) Conversión de RFMC+VM

$$x_A = \frac{k\,\tau_{MC}}{1 + k\,\tau_{MC}}$$

b) Conversión de RFMC+CC

$$\frac{C_{SAL}}{C_o} = 1 - x_A = \frac{Q_A}{Q_{SIS}}(1 - x_{MC}) + \frac{Q_B}{Q_{SIS}}$$

c) Conversión de Hovorka-Adler

$$x_A = \frac{(1 - e^{-k\,\tau_{FP}}) + k\,\tau_{MC}}{1 + k\,\tau_{MC}}$$

d) Conversión de Cholette-Cloutier

$$x_A = \frac{Q_A}{Q_{SIS}}\frac{k\,\tau_{MC}}{1 + k\,\tau_{MC}}$$

Bibliografía recomendada

- Himmenblau, D.M.; Bishoff, K.B. "Análisis y Simulación de Procesos". Ed. Reverté. (1976).

- Levenspiel, O. "Ingeniería de las Reacciones Químicas", 3ª edición. Ed. Limusa (2012).

Figura 6.2. Modelos combinados más comunes y sus ecuaciones de ajuste características.

MODELO	ECUACIÓN DE AJUSTE
RFMC+VM 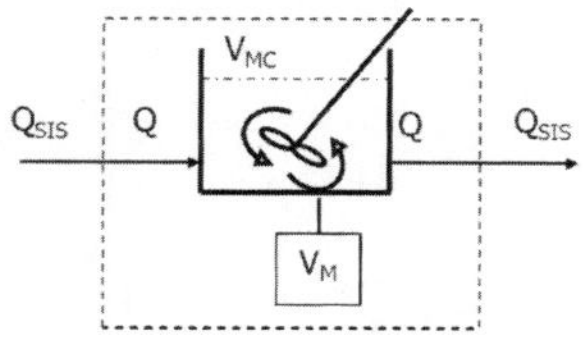	$$\ln I(\theta) = -\left(\frac{V_{SIS}}{V_{MC}}\right)\theta$$
RFMC+CC 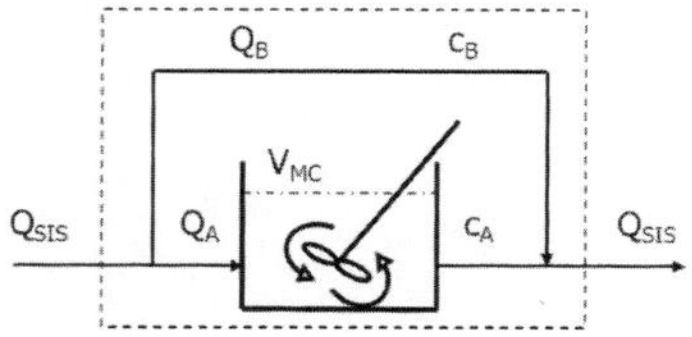	$$\ln I(\theta) = \ln\frac{Q_A}{Q_{SIS}} - \left(\frac{Q_A}{Q_{SIS}}\right)\theta$$
Hovorka-Adler 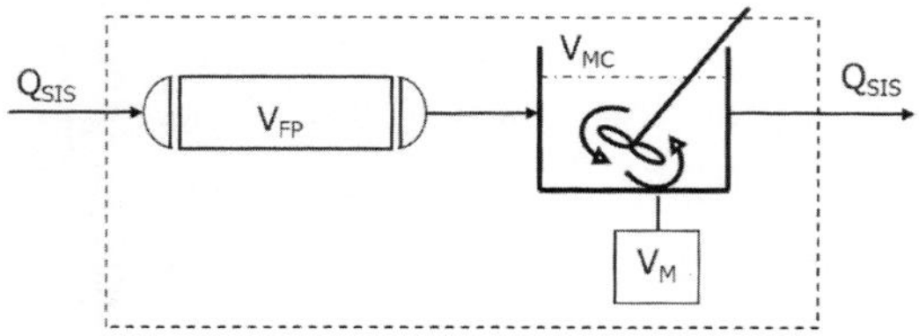	$$\ln I(\theta) = \left(\frac{V_{FP}}{V_{MC}}\right) - \left(\frac{V_{SIS}}{V_{MC}}\right)\theta$$
Cholette-Cloutier 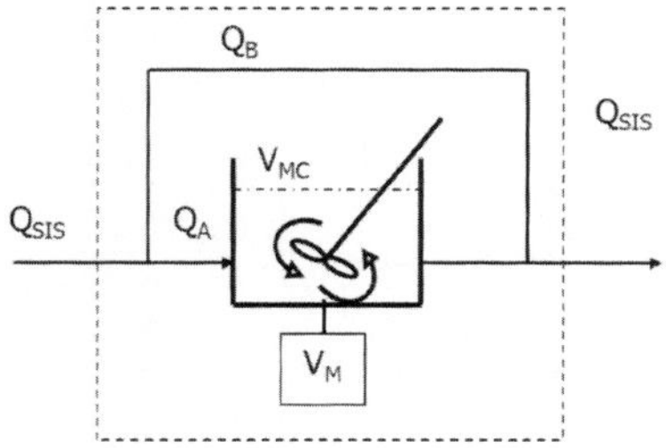	$$\ln I(\theta) = \ln\left(\frac{Q_A}{Q_{SIS}}\right) - \left(\frac{Q_A}{V_{MC}}\frac{V_{SIS}}{Q_{SIS}}\right)\theta$$

PROBLEMA 6.1. Aplicación del modelo de dispersión axial y de tanques en serie

Para caracterizar el flujo en un reactor tubular se utiliza la técnica de estímulo-respuesta mediante impulso, obteniéndose los resultados que se muestran a continuación (concentración en unidades arbitrarias, ua).

t (min)	0	8	10	12	14	16	18	28
C (ua)	0	3	10	350	40	15	5	0

a) Calcule el valor del parámetro característico del modelo de dispersión axial (módulo de dispersión) y del modelo de tanque es serie (número de tanques).

b) Calcule la conversión a la salida para una reacción en disolución con un solo reactivo y con cinética de primer orden ($k = 0,15$ min^{-1}).

SOLUCIÓN

a) Parámetros no ideales

En primer lugar, se debe obtener el valor de la varianza de residencia adimensional (o reducida), σ_θ^2. Para ello, se puede seguir el procedimiento aplicado en los ejercicios del capítulo anterior. En la Figura 6.1.1 se representa la curva de respuesta obtenida y en la Tabla 6.1.1 se muestran las columnas de cálculo correspondientes.

Tabla 6.1.1. Cálculos necesarios para la determinación de la varianza de residencia adimensional (σ_θ^2).

t	$C(t)$	área $C(t)$	$E(t)$	$tE(t)$	área $tE(t)$	$t^2 E(t)$	área $t^2 E(t)$	σ_t^2	σ_θ^2
min	ua	ua·min	min^{-1}	-	min	min	min^2	min^2	-
0	0		0	0		0		2,34501	0,01522
8	3	12	0,00343	0,02743	0,10971	0,21943	0,87771		
10	10	13	0,01143	0,11429	0,14171	1,14286	1,36229	σ_t	D/uL
12	350	360	0,4	4,8	4,91429	57,6	58,7429	min	-
14	40	390	0,04571	0,64	5,44	8,96	66,56	1,53134	0,00761
16	15	55	0,01714	0,27429	0,91429	4,38857	13,3486		
18	5	20	0,00571	0,10286	0,37714	1,85143	6,24	$2\sigma_t$	N
28	0	25	0	0	0,51429	0	9,25714	min	-
								3,06269	65,6899
		A_{tot}			$A_{tot} = \bar{t}$		A_{tot}		
		(g/L)min			min		min^2		
		875			12,4114		156,389		

Figura 6.1.1. Señal de respuesta obtenida en unidades arbitrarias de concentración.

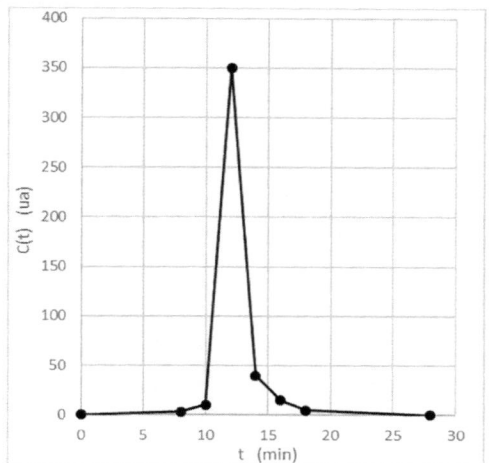

En las dos primeras columnas se reproducen los datos experimentales y en las columnas tercera y cuarta se calcula la función $E(t)$. Después, en las columnas quinta y sexta se calcula el tiempo medio de residencia ($\bar{t}$). El valor obtenido se muestra al final, resultando igual a 12,4114 min. Finalmente, en las columnas séptima y octava se realizan los cálculos necesarios para obtener el valor de la varianza de residencia (σ_t^2). Su valor se muestra al principio de la columna novena, siendo igual a 2,34501 min^2.

Puesto que no se dispone de más información sobre de la configuración del reactor analizado, la varianza de residencia reducida (σ_θ^2) se debe estimar a partir de los datos anteriores. Para ello, se supone su tiempo espacial igual al tiempo medio estimado.

$$\sigma_\theta^2 = \frac{\sigma_t^2}{\tau^2} = \frac{\sigma_t^2}{\bar{t}^2} = \frac{2,34501}{12,4114^2} = 0,01522$$

Seguidamente, para calcular el parámetro característico del modelo de dispersión axial, el módulo de dispersión (D/uL), tenemos varias posibilidades. Cada una de ellas se aplicará según que la dispersión del sistema sea baja o alta. Pero precisamente para determinar este particular, se necesita conocer el valor del módulo de dispersión. En consecuencia, suponemos inicialmente que la dispersión que vamos a obtener es baja ($D/uL < 0,01$) y aplicamos la ecuación correspondiente a dicho caso para calcular el módulo. El resultado es el siguiente:

$$\sigma_\theta{}^2 = 2\left(\frac{D}{uL}\right) \qquad\qquad \frac{D}{uL} = \frac{\sigma_\theta{}^2}{2} = \frac{0,01522}{2} = 0,00761$$

Como se puede apreciar, el valor del módulo de dispersión obtenido resulta ser menor de 0,01. Por lo tanto, la suposición realizada es correcta y la ecuación aplicada también.

En cuanto al parámetro característico del modelo de tanques en serie, el número de tanques (N), tenemos que:

$$N = \frac{1}{\sigma_\theta{}^2} = \frac{1}{0,01522} = 65,6899$$

Puesto que el número de tanques obtenido resulta claramente mayor de 30, este modelo también puede ser aplicado aquí sin reservas.

b) Conversión

Puesto que la reacción en cuestión es de primer orden, para estimar la conversión podemos aplicar la integral de la función combinada, como se ha hecho en el capítulo anterior. Así:

$$\bar{x}_A = \int_o^\infty x_A(t) \cdot E(t)\, dt \qquad\qquad x_A = 1 - e^{-kt}$$

En la Tabla 6.1.2 se presentan las columnas necesarias para el cálculo según este procedimiento. En la primera y segunda columnas se reproducen los datos de tiempo de residencia y función de densidad ($E(t)$). En la tercera columna se calculan los valores de conversión correspondientes. En la cuarta columna se indica la función combinada de conversión con densidad y en la quinta, se calcula su integral numéricamente (trapecios). Al final de la misma se muestra el valor de conversión promedio obtenido, que resulta ser de $\bar{x} = 0,84089$.

Por otra parte, a partir del modelo de dispersión axial, la conversión resultante sería:

$$x_A = 1 - \frac{4a\, e^{\left(\frac{uL}{2D}\right)}}{(1+a)^2\, e^{\left(a\frac{uL}{2D}\right)} - (1-a)^2\, e^{-\left(a\frac{uL}{2D}\right)}} \qquad\qquad a = \sqrt{1 + 4k\tau\left(\frac{D}{uL}\right)}$$

Como hemos indicado, suponemos aquí que el valor del tiempo espacial (τ) se puede asimilar al valor de la residencia media ($\bar{t}$). Por lo tanto:

$$a = \sqrt{1 + 4k\bar{t}\left(\frac{\sigma_\theta{}^2}{2}\right)} = \sqrt{1 + 2\,k\,\bar{t}\,\sigma_\theta{}^2} = \sqrt{1 + 2 \cdot 0,15 \cdot 12,41 \cdot 0,01522} = 1,02795$$

$$x_A = 1 - \frac{4a\,e^{\left(\frac{1}{\sigma_\theta{}^2}\right)}}{(1+a)^2\,e^{\left(\frac{a}{\sigma_\theta{}^2}\right)} - (1-a)^2\,e^{-\left(\frac{a}{\sigma_\theta{}^2}\right)}} =$$

$$= 1 - \frac{4 \cdot 1,02795 \cdot e^{\left(\frac{1}{0,01522}\right)}}{(1 + 1,02795)^2\,e^{\left(\frac{1,02795}{0,01522}\right)} - (1 - 1,02795)^2\,e^{-\left(\frac{1,02795}{0,01522D}\right)}} = 0,84059$$

Tabla 6.1.2. Cálculos para la estimación de la conversión promedio a la salida del sistema, mediante la integral combinada.

t	E(t)	$x_A(t)$	x(t)·E(t)	$A_{x(t) \cdot E(t)}$
min	min^{-1}	-	min^{-1}	-
0	0	0	0	
8	0,00343	0,69881	0,0024	0,00958
10	0,01143	0,77687	0,00888	0,01127
12	0,4	0,8347	0,33388	0,34276
14	0,04571	0,87754	0,04012	0,374
16	0,01714	0,90928	0,01559	0,0557
18	0,00571	0,93279	0,00533	0,02092
28	0	0,985	0	0,02665
				$A_{tot} = \bar{x}$
				-
				0,84089

El valor de conversión obtenido mediante el modelo de dispersión ($x_A = 0,84059$) coincide bastante con el estimado mediante la integral combinada ($x_A = 0,84089$), lo que confirma la validez del modelo.

Finalmente, en relación con el modelo de tanque en serie, la conversión resultante sería:

$$x_A = 1 - \frac{1}{\left(1 + k\,\dfrac{\tau}{N}\right)^N}$$

Como antes, se supone que el valor del tiempo espacial (τ) se puede asimilar al valor de la residencia promedio ($\bar{t}$). Así, tenemos que:

$$x_A = 1 - \frac{1}{\left(1 + k\,\dfrac{\bar{t}}{N}\right)^N} = 1 - \frac{1}{\left(1 + 0{,}15\,\dfrac{12{,}41}{65{,}69}\right)^{65{,}69}} = 0{,}84052$$

Nuevamente, la conversión obtenida ($x_A = 0{,}84052$) resulta bastante coincidente con las anteriores, por lo que este modelo es también satisfactorio.

PROBLEMA 6.2. **Estimación de la conversión a partir del modelo de dispersión axial**

Un tanque cilíndrico de 500 L se alimenta desde el fondo por una tubería estrecha, con una disolución 0,7 M del reactivo A, a razón de 630 L/min. La salida se realiza por un rebosadero acanalado en su borde superior. En un ensayo de estímulo-respuesta mediante impulso, se obtienen los resultados que se muestran en la siguiente tabla.

t (s)	0	15	25	35	45	55	70	80	90	100
C (mmol/L)	0	7	75	400	770	500	90	30	10	0

Calcule la concentración de producto a la salida, si en el tanque se lleva a cabo una reacción elemental del tipo [A $\rightarrow$ 2 R], con $k = 0,02$ s^{-1}. Aplique para ello el modelo de dispersión axial.

SOLUCIÓN

Como en el ejercicio anterior, se debe obtener primero el valor de la varianza de residencia reducida del sistema (σ_θ^2). En la Tabla 6.2.1 se muestran las columnas de cálculo necesarias.

Tabla 6.2.1. Cálculos necesarios para la determinación de la varianza de residencia reducida (σ_θ^2).

t	$C(t)$	$A_{C(t)}$	$E(t)$	$t \cdot E(t)$	$A_{t \cdot E(t)}$	$t^2 E(t)$	$A_{t^2 E(t)}$	σ_t^2	σ_θ^2
s	mM	mM·s	s^{-1}	-	s	s	s^2	s^2	-
0	0		0	0		0		126,2	0,05626
15	7	52,5	0,00034	0,00517	0,03877	0,07754	0,58154		
25	75	410	0,00369	0,09231	0,48738	2,30769	11,9262	σ_t	D/uL
35	400	2375	0,01969	0,68923	3,90769	24,1231	132,154	s	-
45	770	5850	0,03791	1,70585	11,9754	76,7631	504,431	11,2339	0,02813
55	500	6350	0,02462	1,35385	15,2985	74,4615	756,123		
70	90	4425	0,00443	0,31015	12,48	21,7108	721,292	$2\sigma_t$	D/uL
80	30	600	0,00148	0,11815	2,14154	9,45231	155,815	s	-
90	10	200	0,00049	0,04431	0,81231	3,98769	67,2	22,4678	0,02703
100	0	50	0	0	0,22154	0	19,9385		
		A_{tot}			$A_{tot} = \bar{t}$		A_{tot}		
		mM·s			s		s^2		
		20312,5			47,3631		2369,46		

En las columnas tercera y cuarta se obtiene la función de densidad, $E(t)$. En las columnas quinta y sexta se obtiene la residencia media, $\bar{t} = 47,3631$ s. Finalmente, en las columnas séptima, octava y novena se obtiene la varianza de residencia, $\sigma_t^2 = 126,2$ s^2. Puesto que en este caso disponemos de datos de volumen y caudal del sistema, podemos expresar las variables reducidas en función del tiempo espacial (τ):

$$\tau = \frac{V}{Q} = \frac{500\,L}{630\,\dfrac{L}{min}\left(\dfrac{1\,min}{60\,s}\right)} = 47,619\ s \qquad \sigma_\theta{}^2 = \frac{\sigma_t{}^2}{\tau^2} = \frac{126,2}{47,619^2} = 0,05565$$

En la columna undécima se muestras los valores de los parámetros reducidos. Puesto que ha resultado una alta coincidencia entre la residencia media y el tiempo espacial (47,3631 ≈ 47,619) no existe mucha diferencia entre aplicar uno u otro parámetro para calcular las funciones reducidas. Además, se descartan determinadas desviaciones con respecto al comportamiento ideal.

Una vez que se dispone del valor de la varianza de residencia reducida, se puede calcular el parámetro del modelo de dispersión axial (D/uL), como en el ejercicio anterior. Primero suponemos que la dispersión es baja ($D/uL < 0,01$) y calculamos el valor del módulo con la ecuación correspondiente:

$$\sigma_\theta{}^2 = 2\left(\frac{D}{uL}\right) \qquad \frac{D}{uL} = \frac{\sigma_\theta{}^2}{2} = \frac{0,05565}{2} = 0,02783$$

En este caso, el valor del módulo de dispersión obtenido resulta mayor de 0,01. Por lo tanto, no podemos asumir la suposición que hemos realizado (dispersión baja) y debemos probar otras hipótesis. Como estamos en el caso de módulo de dispersión entre 0,01 y 1, debemos tener en cuenta el tipo de condiciones de contorno del sistema (cerradas o abiertas). Es decir, si se observa retromezcla o no justo antes de la entrada (punto de inyección del impulso) y justo después de la salida (punto de detección de la señal). En nuestro caso, dado que la entrada es una tubería estrecha, podemos suponer que el flujo en la misma es de tipo pistón ideal, y en el punto de entrada no habría mucha retromezcla. Sin embargo, puesto que la salida se realiza mediante rebosadero, es de esperar que sí se produzca algo de retromezcla en esa zona. En definitiva, adoptamos la hipótesis de condiciones de contorno cerrado/abierto y aplicamos la ecuación correspondiente:

$$\sigma_\theta{}^2 = 2\left(\frac{D}{uL}\right) + 3\left(\frac{D}{uL}\right)^2 \qquad 3\left(\frac{D}{uL}\right)^2 + 2\left(\frac{D}{uL}\right) - \sigma_\theta{}^2 = 0$$

$$\frac{D}{uL} = \frac{-2 \pm \sqrt{2^2 + 4 \cdot 3 \cdot \sigma_\theta^2}}{2 \cdot 3} = \frac{-2 \pm \sqrt{4 + 12 \cdot 0,05565}}{6} = \frac{+0,02675}{-0,6934}$$

La única solución con sentido físico es la primera, $D/uL = 0,02675$. Por lo tanto, se confirma la hipótesis aplicada para el cálculo (dispersión media).

Ahora, puesto que la reacción es elemental y presenta cinética de primer orden en disolución, aplicamos la ecuación correspondiente para el cálculo de la conversión.

$$a = \sqrt{1 + 4k\tau \left(\frac{D}{uL}\right)} = \sqrt{1 + 4 \cdot 0,02 \cdot 47,619 \cdot 0,02675} = 1,09472$$

$$\bar{x}_A = 1 - \frac{4a\, e^{\left(\frac{1/2}{\frac{D}{uL}}\right)}}{(1+a)^2\, e^{\left(\frac{a/2}{\frac{D}{uL}}\right)} - (1-a)^2\, e^{-\left(\frac{a/2}{\frac{D}{uL}}\right)}} =$$

$$= 1 - \frac{4 \cdot 1,09472 \cdot e^{\left(\frac{1/2}{0,02675}\right)}}{(1+1,09472)^2\, e^{\left(\frac{1,09472/2}{0,02675}\right)} - (1-1,09472)^2\, e^{-\left(\frac{1,09472/2}{0,02675}\right)}} = 0,60539$$

La conversión media a la salida es, por lo tanto, $\bar{x}_A = 0,60539$. Finalmente, a partir del balance de materia estequiométrico, tenemos que:

$$\frac{A - A_o}{-1} = \frac{R - R_o}{2} \qquad A_o - A = \frac{R - 0}{2}$$

$$R = 2(A_o - A) = 2\big(A_o - A_o(1 - x_A)\big) = 2A_o(1 - 1 + x_A) = 2A_o x_A$$

$$R = 2A_o x_A = 2 \cdot 0,7 \cdot 0,60539 = 0,84755\ M$$

$$R = 0,84755\ M$$

PROBLEMA 6.3. **Estimación de la conversión a partir del modelo de dispersión axial para diferentes condiciones de contorno**

Mediante la técnica de estímulo-respuesta se ha obtenido que determinado sistema de reacción presenta una residencia media de 16 min ($\bar{t}$) y un rango típico de residencia de 14 min ($2\sigma_t$). Determine la conversión esperada a la salida aplicando el modelo de dispersión axial, para una reacción en disolución de primer orden ($k = 0,1$ min^{-1}) con un solo reactivo.

SOLUCIÓN

En primer lugar, hay que calcular la varianza de residencia a partir de su desviación típica (σ_t):

$$\sigma_t{}^2 = \left(\frac{2\sigma_t}{2}\right)^2 = \left(\frac{14}{2}\right)^2 = 49\ min^2$$

Luego se debe calcular la varianza de residencia reducida. Puesto que la única información disponible es el tiempo medio, se usa éste para obtener el parámetro reducido:

$$\sigma_\theta{}^2 = \frac{\sigma_t{}^2}{\bar{t}^2} = \frac{49}{16^2} = 0,1914$$

Ahora se pueden aplicar las diferentes hipótesis para el cálculo del módulo de dispersión (D/uL). Primero se supone la hipótesis de dispersión baja ($D/uL < 0,01$). Por lo que el módulo resultaría:

$$\sigma_\theta{}^2 = 2\left(\frac{D}{uL}\right) \qquad \frac{D}{uL} = \frac{\sigma_\theta{}^2}{2} = \frac{0,1914}{2} = 0,0957$$

Se observa que no se cumple la hipótesis. Luego, hay que pasar a la hipótesis de dispersión media ($0,01 < D/uL < 1$). No se dispone de ninguna información sobre el tipo de condiciones de contorno del sistema, por lo que habría que probar las tres posibles situaciones.

a) Condiciones de contorno abiertas

$$\sigma_\theta{}^2 = 2\left(\frac{D}{uL}\right) + 8\left(\frac{D}{uL}\right)^2 \qquad 8\left(\frac{D}{uL}\right)^2 + 2\left(\frac{D}{uL}\right) - \sigma_\theta{}^2 = 0$$

$$\frac{D}{uL} = \frac{-2 \pm \sqrt{2^2 + 4 \cdot 8 \cdot \sigma_\theta{}^2}}{2 \cdot 8} = \frac{-2 \pm \sqrt{4 + 32 \cdot 0,1914}}{16} = \frac{-2 \pm 3,18198}{16}$$

$$= \frac{+0,07387}{-0,32387}$$

La única solución con sentido físico es la primera, $D/uL = 0,07387$. Se comprueba que se cumple la hipótesis con estas condiciones de contorno.

b) Condiciones de contorno mixtas

$$\sigma_\theta{}^2 = 2\left(\frac{D}{uL}\right) + 3\left(\frac{D}{uL}\right)^2 \qquad\qquad 3\left(\frac{D}{uL}\right)^2 + 2\left(\frac{D}{uL}\right) - \sigma_\theta{}^2 = 0$$

$$\frac{D}{uL} = \frac{-2 \pm \sqrt{2^2 + 4 \cdot 3 \cdot \sigma_\theta{}^2}}{2 \cdot 3} = \frac{-2 \pm \sqrt{4 + 12 \cdot 0,1914}}{6} = \frac{-2 \pm 2,5093}{6} = \frac{+0,08489}{-0,75156}$$

La única solución con sentido físico es la primera, $D/uL = 0,08489$. Se comprueba que también se cumple la hipótesis con estas condiciones.

c) Condiciones de contorno cerradas

$$\sigma_\theta{}^2 = 2\left(\frac{D}{uL}\right) - 2\left(\frac{D}{uL}\right)^2 \left(1 - e^{-\frac{uL}{D}}\right)$$

$$2\left(1 - e^{-1/\left(\frac{D}{uL}\right)}\right)\left(\frac{D}{uL}\right)^2 - 2\left(\frac{D}{uL}\right) + \sigma_\theta{}^2 = 0$$

Esta ecuación se puede analizar como si fuera una ecuación de segundo grado, en la que la incógnita sería el módulo de dispersión $[ax^2 + bx + c = 0]$. Sin embargo, es necesario determinar antes cuánto vale el primero de sus coeficientes (coeficiente a), que a su vez depende del valor del propio módulo. Por lo tanto, debe aplicarse un procedimiento iterativo. Así, suponemos un valor inicial del módulo en el coeficiente a y resolvemos la ecuación, obteniendo un nuevo valor de dicho módulo. Luego, se comprueba si este valor calculado coincide con el supuesto. En caso negativo, se vuelve a suponer en el coeficiente a el nuevo valor de módulo y se vuelve a resolver la ecuación para obtener un nuevo valor. El procedimiento se aplica sucesivamente hasta que resulte positiva la concordancia de valores.

En este caso, podemos suponer como primer valor del módulo, por ejemplo, el que se obtiene a partir de la hipótesis de dispersión baja, $D/uL = 0,0957$. En consecuencia:

$$2\left(1 - e^{-1/0,0957}\right)\left(\frac{D}{uL}\right)^2 - 2\left(\frac{D}{uL}\right) + \sigma_\theta{}^2 = 0$$

$$1{,}99994 \left(\frac{D}{uL}\right)^2 - 2\left(\frac{D}{uL}\right) + 0{,}1914 = 0$$

$$\frac{D}{uL} = \frac{2 \pm \sqrt{2^2 - 4 \cdot 1{,}99994 \cdot 0{,}1914}}{2 \cdot 1{,}99994} = \begin{array}{c} 0{,}89284 \\ 0{,}10719 \end{array}$$

De las dos soluciones posibles tomamos la segunda (0,10719), que es la más cercana al valor supuesto inicialmente (0,0957) y favorecemos así la convergencia de iteraciones. Se puede comprobar fácilmente que, si se toma la primera solución, las iteraciones no convergen. Puesto que el valor del módulo obtenido no coincide con el supuesto, se debe repetir la operación hasta convergencia. En este caso sólo es necesario repetir el cálculo una vez para obtener la solución:

$$2\left(1 - e^{-1/0{,}10719}\right)\left(\frac{D}{uL}\right)^2 - 2\left(\frac{D}{uL}\right) + \sigma_\theta{}^2 = 0$$

$$1{,}99982 \left(\frac{D}{uL}\right)^2 - 2\left(\frac{D}{uL}\right) + 0{,}1914 = 0$$

$$\frac{D}{uL} = \frac{2 \pm \sqrt{2^2 - 4 \cdot 1{,}99982 \cdot 0{,}1914}}{2 \cdot 1{,}99982} = \begin{array}{c} 0{,}8929 \\ 0{,}10719 \end{array}$$

Obsérvese que se ha tomado nuevamente la segunda de las soluciones posibles para mantener la congruencia del procedimiento. El valor final resultante es $D/uL = 0{,}10719$. Nuevamente la solución obtenida cumple la hipótesis, por lo que se comprueba que los tres tipos de condiciones de contorno serían aplicables. Para un contorno abierto hemos obtenido que $D/uL = 0{,}07387$; para dos contornos abiertos, $D/uL = 0{,}08489$; y, finalmente, si no hay contornos abiertos $D/uL = 0{,}10719$. A partir de estos valores del módulo, la conversión esperada en cada caso sería la siguiente:

a) Un contorno abierto

$$a = \sqrt{1 + 4k\tau\left(\frac{D}{uL}\right)} = \sqrt{1 + 4 \cdot 0{,}1 \cdot 16 \cdot 0{,}07387} = 1{,}21359$$

$$x_A = 1 - \frac{4a\, e^{\left(\frac{1/2}{\frac{D}{uL}}\right)}}{(1+a)^2\, e^{\left(\frac{a/2}{\frac{D}{uL}}\right)} - (1-a)^2\, e^{-\left(\frac{a/2}{\frac{D}{uL}}\right)}} =$$

$$= 1 - \frac{4 \cdot 1{,}21359 \cdot e^{\left(\frac{1/2}{0{,}07387}\right)}}{(1 + 1{,}21359)^2 \, e^{\left(\frac{1{,}21359/2}{0{,}07387}\right)} - (1 - 1{,}21359)^2 \, e^{-\left(\frac{1{,}21359/2}{0{,}07387}\right)}} = 0{,}76659$$

b) Dos contornos abiertos

$$a = \sqrt{1 + 4k\tau \left(\frac{D}{uL}\right)} = \sqrt{1 + 4 \cdot 0{,}1 \cdot 16 \cdot 0{,}08489} = 1{,}2423$$

$$x_A = 1 - \frac{4a \, e^{\left(\frac{1/2}{\frac{D}{uL}}\right)}}{(1 + a)^2 \, e^{\left(\frac{a/2}{\frac{D}{uL}}\right)} - (1 - a)^2 \, e^{-\left(\frac{a/2}{\frac{D}{uL}}\right)}} =$$

$$= 1 - \frac{4 \cdot 1{,}2423 \cdot e^{\left(\frac{1/2}{0{,}08489}\right)}}{(1 + 1{,}2423)^2 \, e^{\left(\frac{1{,}2423/2}{0{,}08489}\right)} - (1 - 1{,}2423)^2 \, e^{-\left(\frac{1{,}2423/2}{0{,}08489}\right)}} = 0{,}7628$$

c) Ningún contorno abierto

$$a = \sqrt{1 + 4k\tau \left(\frac{D}{uL}\right)} = \sqrt{1 + 4 \cdot 0{,}1 \cdot 16 \cdot 0{,}10719} = 1{,}29847$$

$$x_A = 1 - \frac{4a \, e^{\left(\frac{1/2}{\frac{D}{uL}}\right)}}{(1 + a)^2 \, e^{\left(\frac{a/2}{\frac{D}{uL}}\right)} - (1 - a)^2 \, e^{-\left(\frac{a/2}{\frac{D}{uL}}\right)}} =$$

$$= 1 - \frac{4 \cdot 1{,}29847 \cdot e^{\left(\frac{1/2}{0{,}10719}\right)}}{(1 + 1{,}29847)^2 \, e^{\left(\frac{1{,}29847/2}{0{,}10719}\right)} - (1 - 1{,}29847)^2 \, e^{-\left(\frac{1{,}29847/2}{0{,}10719}\right)}} = 0{,}75567$$

Por lo tanto, podemos concluir que la conversión estimada con este modelo se sitúa entre 0,756 y 0,767, dependiendo del grado de retromezcla que presenten las condiciones de contorno. Como se puede observar, la diferencia entre los casos posibles no supera el 1,5 %.

PROBLEMA 6.4. Estimación del punto de inyección según el modelo de dispersión axial

El mes pasado, la Agencia Medioambiental llamó al Departamento de Ingeniería Química de la UCA para realizar una consulta técnica. Habían recibido noticias de una gran mortandad de peces a lo largo del río Guadalquivir, sugiriendo que alguna empresa de la ribera habría podido verter agua residual tóxica. Esperaban averiguar en qué punto se podría haber realizado tal vertido.

Pedimos datos de la carga orgánica de la corriente que habían registrado las estaciones medioambientales de Sanlúcar de Barrameda y Sevilla. Dichas estaciones se encuentran separadas exactamente 88 km a lo largo del cauce del río. La primera informó que un cúmulo de materia orgánica había pasado por allí el domingo anterior, y que había durado desde las 5:30 am hasta las 7:00 pm. La segunda indicó que la acumulación se había detectado un día antes, desde las 6:00 am hasta las 2:00 pm.

En pocos minutos, se envió a la Agencia un informe con la estimación del punto de descarga. ¿Qué cálculos hicimos?

SOLUCIÓN

Para comenzar, trazamos un esquema con los datos conocidos según los informes recibidos. El resultado debería ser algo parecido a lo que se muestra en la Figura 6.4.1.

Figura 6.4.1. Diagrama con los datos suministrados.

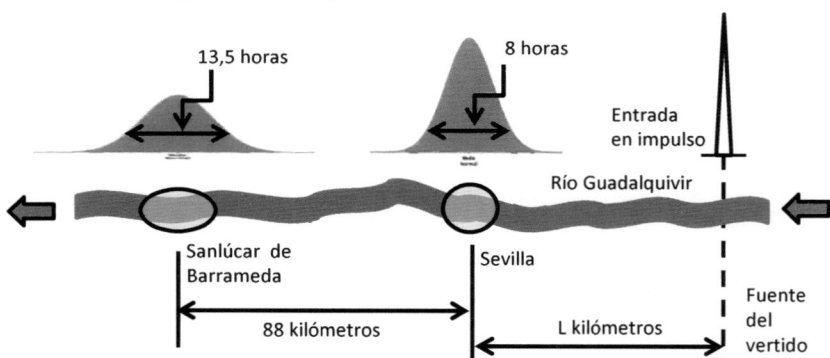

Ahora debemos realizar una serie de simplificaciones para poder obtener alguna estimación de modo sencillo. En primer lugar, suponemos que la señal de entrada del vertido es en impulso, ya que es muy probable que la descarga se haya realizado lo más rápido posible. Además, suponemos que la velocidad lineal de la mancha contaminante es constante, al menos a lo largo de ese tramo del río. En realidad, si el río no recibe afluentes en ese tramo y la pendiente del cauce es constante, podemos suponer su caudal constante. Si, además, el ancho del río es también constante, entonces la velocidad lineal del fluido se puede considerar constante. Finalmente, suponemos que la dispersión de la mancha es constante (en cualquier momento y en cualquier parte del río). En este sentido, si la composición del agua y de la mancha permanecen constantes, asumiendo las suposiciones anteriores, se puede considerar la dispersión constante. En definitiva, como consecuencia de todas estas suposiciones, se puede considerar que el ancho de la mancha es directamente proporcional a la raíz cuadrada de la distancia hasta el punto de inyección.

$$p = \kappa \sqrt{L}$$

Aquí denominamos p al ancho de la mancha en cualquier punto, es decir, al tiempo que tarda en pasar; y L es la distancia hasta el punto de descarga. La demostración de la proporcionalidad considerada y el valor de la constante κ se incluyen en una nota al final.

En definitiva, según los informes recibidos, la amplitud temporal de la señal en los dos puntos del cauce que se han analizado es la siguiente:

Sanlúcar de Barrameda: $7{:}00\ pm - 5{:}30\ am = 13{,}5\ h$ $13{,}5 = \kappa\sqrt{L + 88}$

Sevilla: $2{:}00\ pm - 6{:}00\ am = 8{,}0\ h$ $8 = \kappa\sqrt{L}$

Por lo tanto, podemos establecer que:

$$\frac{13{,}5}{8} = \frac{\kappa\sqrt{L+88}}{\kappa\sqrt{L}} = \sqrt{\frac{L+88}{L}} \qquad \left(\frac{13{,}5}{8}\right)^2 = \frac{L+88}{L} = 1 + \frac{88}{L}$$

$$\left(\frac{13{,}5}{8}\right)^2 - 1 = \frac{88}{L} \qquad \frac{L}{88} = \frac{1}{\left(\frac{13{,}5}{8}\right)^2 - 1} \qquad L = \frac{88}{\left(\frac{13{,}5}{8}\right)^2 - 1} = 47{,}63\ km$$

En definitiva, podemos estimar que la descarga se debe haber producido en algún punto entre los 47 y 48 kilómetros río arriba desde Sevilla.

NOTA

De acuerdo con el modelo de dispersión axial, la varianza del tiempo de residencia adimensional en los sistemas de flujo tubular se ajusta de forma general a la siguiente expresión (para grado de dispersión baja):

$$\sigma_\theta{}^2 = 2\frac{D}{uL}$$

Siendo D el coeficiente de dispersión axial (m²/s) a lo largo del tubo, u la velocidad lineal del fluido en el sistema (m/s) y L la longitud del mismo (m). Por otra parte, como es sabido, podemos establecer que:

$$\sigma_\theta{}^2 = \frac{\sigma_t{}^2}{\bar{t}^2} \qquad \sigma_t{}^2 = \sigma_\theta{}^2\,\bar{t}^2 \qquad \bar{t} = \frac{L}{u} \qquad \sigma_t{}^2 = 2\frac{D}{uL}\left(\frac{L}{u}\right)^2 = 2\frac{D}{u^3}\,L$$

$$\sigma_t = \sqrt{\sigma_t{}^2} = \sqrt{2\frac{D}{u^3}\,L}$$

Podemos establecer como tiempo de paso de la señal (p) el tiempo que ésta permanece por encima de 61 % de su valor máximo. Si la señal tiene forma de campana de Gauss, ese tiempo será el doble de la varianza de su tiempo de residencia ($2\sigma_t$).

$$p = 2\sigma_t$$

Puesto que hemos supuesto que la velocidad lineal de la mancha es constante (u), y su coeficiente de dispersión (D) también, tenemos que:

$$p = 2 \cdot \sqrt{2\frac{D}{u^3}\,L} = \left(2 \cdot \sqrt{2\frac{D}{u^3}}\right)\sqrt{L} \qquad p = \kappa\sqrt{L} \qquad \kappa = 2\sqrt{2} \cdot \sqrt{\frac{D}{u^3}}$$

Siendo κ es una constante del sistema.

Aunque hemos considerado aquí que p es el tiempo que pasa la señal por encima del 61 % de su valor máximo, el resultado obtenido se puede generalizar para cualquier ventana de la señal, es decir, para el tiempo que pasa por encima de cualquier altura fija. La única diferencia es que en cada caso resultaría un valor de la constante κ diferente.

FIN DE LA NOTA

PROBLEMA 6.5. Cálculo de la curva de conversión a lo largo de un RTC

Un tubo de 25 m de largo y 3 cm de diámetro se alimenta con 1 L/min de una disolución del reactivo A, para llevar a cabo una reacción de primer orden ($k = 0,2$ min^{-1}). En un ensayo, se inyecta un impulso de trazador a la entrada y se detecta que el rango medio de paso de la señal por la salida ($2\sigma_t$) es de 30 min. Obtenga la curva de conversión a lo largo del tubo y compárela con la curva de referencia correspondiente al sistema ideal (RFP).

SOLUCIÓN

En primer lugar, la curva de referencia que corresponde al sistema ideal se puede deducir directamente de la ecuación de diseño para el RFP. En este caso, hay que aplicarla a una reacción de primer orden y densidad constante:

$$\tau = \frac{V}{Q} = A_o \int_{x_{Ao}}^{x_A} \frac{dx_A}{(-r_A)} = A_o \int_0^{x_A} \frac{dx_A}{k\,A_o(1 - x_A)} = \frac{1}{k}\int_0^{x_A} \frac{dx_A}{1 - x_A}$$

$$k\tau = \mathrm{Da} = \int_0^{x_A} \frac{dx_A}{1 - x_A} = [-\ln(1 - x_A)]_0^{x_A} = [-\ln(1 - x_A) + \ln(1 - 0)]$$

$$= -\ln(1 - x_A) + 0$$

$$k\tau = -\ln(1 - x_A) \qquad -k\tau = \ln(1 - x_A) \qquad e^{-k\tau} = 1 - x_A \qquad x_A = 1 - e^{-k\tau}$$

$$x_A = 1 - e^{-k\frac{V}{Q}} \qquad V = S\,L = \pi\left(\frac{\phi}{2}\right)^2 L \qquad x_A = 1 - e^{-k\frac{\pi\left(\frac{\phi}{2}\right)^2 L}{Q}} = 1 - e^{-\frac{k\,\pi\left(\frac{\phi}{2}\right)^2}{Q}L}$$

$$x_A = 1 - e^{-k^* L} \qquad k^* = k\,\frac{\pi\left(\frac{\phi}{2}\right)^2}{Q}$$

Siendo L la longitud del reactor desde la entrada, ϕ su diámetro, V su volumen y Q su caudal. Por lo tanto, a una distancia cualquiera L de la entrada, la conversión sería:

$$k^* = k\,\frac{\pi\left(\frac{\phi}{2}\right)^2}{Q} = 0,2\,\frac{1}{min} \cdot \frac{\pi \cdot \left(\frac{0,03\,m}{2}\right)^2}{1\,\frac{L}{min}\left(\frac{1\,m^3}{1.000\,L}\right)} = 0,14137\,m^{-1} \qquad x_A = 1 - e^{-k^* L}$$

En la Figura 6.5.1 se representa esta función de conversión (x_A) en función de la distancia desde la entrada en metros (L).

Por otra parte, para obtener la curva de conversión correspondiente al caso real estudiado, necesitamos aplicar alguno de los modelos de flujo indicados para los RTC (dis-

persión axial o tanques en serie). En el primero, la conversión depende del valor del módulo de dispersión que esté asociado con cada punto del reactor y, en el segundo, depende del número de tanques. Ambos parámetros están relacionados con el valor de la varianza de residencia reducida en cada punto. Por lo tanto, se necesita saber cómo varía dicha varianza con la distancia desde la entrada del reactor. En este sentido, como se ha establecido en el ejercicio anterior, para sistemas de flujo cercanos al flujo en pistón, el rango medio de paso de la señal (r) por cualquier punto es proporcional a la raíz de la distancia desde el punto de entrada (L).

$$r = 2\sigma_t = \kappa \sqrt{L}$$

A partir de los datos del enunciado podemos determinar el valor de la constate κ implicada. Sin embargo, como se ha indicado, los parámetros característicos de los modelos están relacionados con la varianza reducida (σ_θ^2) y hay que establecer su relación con la longitud del sistema.

En el modelo de dispersión axial el tiempo medio de residencia del fluido ($\bar{t}$) coincide con el tiempo espacial del sistema (τ). Por lo tanto, a la salida del reactor tenemos que:

$$\bar{t} = \tau = \frac{V}{Q} = \frac{S\,L}{Q} = \frac{\pi \left(\frac{\phi}{2}\right)^2 L}{Q} = \frac{\pi \left(\frac{0{,}03\,m}{2}\right)^2 25\,m}{1\,\frac{L}{min}\left(\frac{1\,min}{60\,s}\right)\left(\frac{1\,m^3}{1.000\,L}\right)} = 1.060{,}29\,s$$

Y el valor de la varianza reducida de la señal en dicho punto vale:

$$\sigma_\theta^2 = \frac{\sigma_t^2}{\bar{t}^2} = \frac{\left(\frac{2\sigma_t}{2}\right)^2}{\tau^2} = \frac{\left(\frac{30\,min\left(\frac{1\,min}{60\,s}\right)}{2}\right)^2}{1.060{,}29^2} = 0{,}72051$$

Ahora, para la determinar el valor del módulo de dispersión axial, debemos aplicar primero la hipótesis de dispersión baja ($D/uL < 0{,}01$). Por lo que tenemos que:

$$\sigma_\theta^2 = 2\left(\frac{D}{uL}\right) \qquad \frac{D}{uL} = \frac{\sigma_\theta^2}{2} = \frac{0{,}72051}{2} = 0{,}36025$$

Se observa que el valor obtenido no se ajusta a esa hipótesis y, entonces, habría que probar la hipótesis de dispersión media ($0{,}01 < D/uL < 1$). En tal caso, necesitaríamos conocer el tipo de condiciones de contorno de nuestro sistema para resolver la ecuación adecuada. Puesto que no se dispone de dicha información, puede resultar más conveniente aplicar el otro modelo.

Para el modelo de tanques en serie, tenemos que el número de tanque N vale:

$$N = \frac{1}{\sigma_\theta^2} \qquad \sigma_\theta^2 = \frac{\sigma_t^2}{\bar{t}^2} = \frac{\left(\frac{\kappa}{2}\sqrt{L}\right)^2}{\tau^2} = \left(\frac{\kappa}{2\tau}\right)^2 L = \kappa^* L$$

$$N = \frac{1}{\kappa^* L} \qquad \kappa^* = \left(\frac{\kappa}{2\tau}\right)^2$$

La varianza de residencia reducida (σ_θ^2) resulta directamente proporcional a la distancia desde el punto de entrada (L) y, entonces, a partir de los datos suministrados en el enunciado se puede calcular el valor de la constante de proporcionalidad implicada (κ^*):

$$\sigma_\theta^2 = \kappa^* L \qquad \kappa^* = \frac{\sigma_\theta^2}{L} = \frac{0,72051}{25 \ cm} = 0,02882 \ cm^{-1}$$

Finalmente, en el modelo de tanques en serie, la conversión se ajusta a la siguiente expresión:

$$x_A = 1 - \frac{1}{\left(1 + k \frac{\tau}{N}\right)^N}$$

Por lo tanto, tenemos que:

$$x_A = 1 - \frac{1}{\left(1 + k \frac{\left(\frac{S\,L}{Q}\right)}{\left(\frac{1}{\kappa^* L}\right)}\right)^{\left(\frac{1}{\kappa^* L}\right)}} = \frac{1}{\left(1 + k \frac{k\,S\,L\,\kappa^*\,L}{Q}\right)^{\frac{1}{\kappa^* L}}} = 1 - \frac{1}{\left(1 + \frac{k\,S\,\kappa^*}{Q}L^2\right)^{\frac{1}{\kappa^* L}}}$$

$$x_A = 1 - (1 + \kappa^{**} L^2)^{-\frac{1}{\kappa^* L}} \qquad \kappa^{**} = \frac{k\,S\,\kappa^*}{Q} = \frac{k\,\pi\left(\frac{\phi}{2}\right)^2 \kappa^*}{Q}$$

$$\kappa^{**} = \frac{0,2\,\frac{1}{min} \cdot \pi \cdot \left(\frac{0,03\,m}{2}\right)^2 \cdot 0,02882\,m^{-1}}{1\,\frac{L}{min}\left(\frac{1\,m^3}{1.000\,L}\right)} = 0,00407\,m^{-2}$$

Siendo L la longitud del reactor en cada punto. Por lo tanto, la ecuación buscada es:

$$x_A = 1 - (1 + \kappa^{**} L^2)^{-\frac{1}{\kappa^* L}} \qquad \kappa^* = 0,02882 \ cm^{-1} \qquad \kappa^{**} = 0,002037 \ m^{-2}$$

En la Figura 6.5.1 se representa también esta función de conversión (x_A) en función de la distancia desde la entrada (L). Como se puede observar, el reactor tubular continuo (RTC) va perdiendo eficacia con respecto al reactor ideal de flujo en pistón (RFP), a medida que avanzamos en el tubo. Lógicamente, esto es debido a la acumulación del grado de retromezcla cuando se avanza, que provoca la pérdida de rendimiento característica del paso de pistón a mezcla.

Figura 6.5.1. Representación de las funciones de conversión solicitadas.

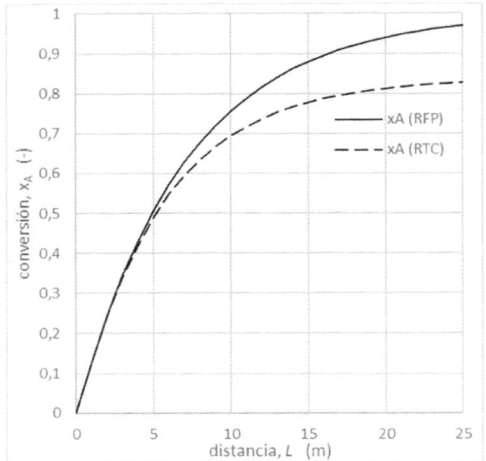

PROBLEMA 6.6. Estimación del periodo de señal a partir de la conversión

Un reactor tubular continuo de 5 m de largo y 1 m de diámetro se alimenta con 7 L/s de una disolución del reactivo A, para llevar a cabo una reacción de primer orden con constante $k = 0,1$ min^{-1}. En tales condiciones se obtiene una conversión del 60 %.

a) Estime el rango medio de tiempo que tardaría la señal del trazador en pasar por la salida, si se inyectara una señal en impulso a la entrada.

b) Repita el cálculo para el caso de que la reacción implicada hubiera sido de orden dos, con una constante $k = 0,1$ min^{-1} M^{-1}.

SOLUCIÓN

a) Orden uno

Puesto que se trata de un reactor tubular continuo, para estimar la conversión sería de aplicación el modelo de tanques en serie, que es adecuado para este tipo de sistemas. Aunque no es necesario en este caso, podemos calcular el tiempo espacial del reactor y la velocidad lineal del fluido para comprobar las condiciones de flujo del sistema.

$$\tau = \frac{V}{Q} = \frac{A\,L}{Q} = \frac{\pi \left(\frac{\phi}{2}\right)^2 L}{Q} = \frac{\pi \left(\frac{1\,m}{2}\right)^2 5\,m}{7\,\frac{L}{s}\left(\frac{1\,m^3}{1.000\,L}\right)} = 561\,s = 9,35\,min$$

$$u = \frac{Q}{A} = \frac{Q}{\pi \left(\frac{\phi}{2}\right)^2} = \frac{7\,\frac{L}{s}\left(\frac{1\,m^3}{1.000\,L}\right)}{\pi \left(\frac{1\,m}{2}\right)^2} = 8,9127 \cdot 10^{-3}\,\frac{m}{s} = 53,476\,\frac{cm}{min}$$

Si aplicamos el modelo de tanques en serie para una reacción de orden uno a volumen constante (reacción en disolución), la conversión final de salida (x_A) depende del número equivalente de tanques del sistema (N), conforme a la siguiente expresión:

$$x_A = 1 - \frac{1}{\left(1 + \frac{k\tau}{N}\right)^N}$$

Por lo tanto, podemos estimar el número de tanques que corresponde a dicho modelo si conocemos la conversión obtenida:

$$1 - x_A = \frac{1}{\left(1 + \dfrac{k\tau}{N}\right)^N} \qquad \frac{1}{1 - x_A} = \left(1 + \frac{k\tau}{N}\right)^N \qquad \ln\left(\frac{1}{1 - x_A}\right) = N \ln\left(1 + \frac{k\tau}{N}\right)$$

$$N = \frac{\ln\left(\dfrac{1}{1 - x_A}\right)}{\ln\left(1 + \dfrac{k\tau}{N}\right)} = \frac{\ln\left(\dfrac{1}{1 - 0,6}\right)}{\ln\left(1 + \dfrac{0,1\ min^{-1} \cdot 9,35\ min}{N}\right)}$$

$$N = \frac{0,9163}{\ln\left(1 + \dfrac{0,935}{N}\right)}$$

Como se puede apreciar, el valor de N debe obtenerse por procedimientos iterativos. Existen varios métodos para resolver este tipo de ecuaciones mediante iteraciones, algunos de ellos convergen con mayor rapidez que otros. El más simple consiste en suponer un valor de N en el miembro de la derecha y calcular su valor en el miembro de izquierda. Luego, se debe comprobar si el valor calculado coincide con el supuesto. Si no es así, se toma como nuevo valor supuesto el calculado, y repetimos la operación hasta obtener una coincidencia de valores con el grado de precisión deseado. Operando de este modo y partiendo del valor de $N = 1$, se puede alcanzar el valor de convergencia ($N = 22,7448$) tras unas seiscientas cincuenta iteraciones. Como se ha indicado, existen procedimientos más refinados que pueden alcanzar el resultado en menos de quince.

Una vez obtenida la solución, sabemos que el modelo de tanques en serie establece que la varianza de residencia reducida vale:

$$\sigma_\theta{}^2 = \frac{1}{N} \qquad \sigma_\theta{}^2 = \frac{1}{22,7448} = 0,04397$$

Por lo tanto, la varianza de residencia dimensional vale:

$$\sigma_\theta{}^2 = \frac{\sigma_t{}^2}{\tau^2} \qquad \sigma_t{}^2 = \sigma_\theta{}^2 \tau^2 = 0,04397 \cdot 9,35^2 = 3,8436\ min^2$$

Y, en consecuencia, el rango medio de residencia ($2\sigma_t$) vale:

$$2\sigma_t = 2\sqrt{\sigma_t{}^2} \qquad 2\sigma_t = 2\sqrt{3,8436} = 3,921\ min$$

Este es precisamente el rango de tiempo que tardará la señal de trazador en pasar por la salida. Es decir, el tiempo que el valor de la señal de salida permanecerá por encima del 61 % del su valor máximo.

b) Orden dos

En el modelo de tanques en serie, la expresión para calcular la conversión final en función del número de tanques depende de la ecuación cinética aplicada, es decir, del mecanismo de reacción implicado. Por lo tanto, para una reacción de orden dos, no se puede aplicar la misma ecuación que se aplicó antes para orden uno. Además, la ecuación anterior era resoluble fácilmente de modo iterativo, pero para cualquier otra ecuación cinética es posible que se necesiten cálculos más complejos. En general, la ecuación de diseño de cada RFMC de la serie será la siguiente:

$$\tau_i = \frac{x_i - x_{i-1}}{-r_{Ai}} \qquad \tau_i = \frac{\tau_{SIS}}{N}$$

Y para el caso de una reacción de orden dos a volumen constante, tenemos:

$$-r_{Ai} = k\,A_i{}^2 = k\,[A_o(1 - x_i)]^2 = k\,A_o{}^2(1 - x_i)^2$$

Asumiendo que la ecuación cinética fuera tan compleja que no se pudiera resolver la ecuación de diseño analíticamente, siempre se podría calcular el valor del tiempo espacial de cada unidad (τ_i) para diferentes valores de su conversión de salida (x_i), conocida la conversión de entrada (x_{i-1}). Eso es precisamente lo que se hace en la Tabla 6.6.1.

Tabla 6.6.1. Valores del tiempo espacial de cada unidad de la serie (τ_i), para tres valores distintos del número total de unidades en la serie (N).

N	2	τ_i	4,675	min	N	4	τ_i	2,337	min	N	10	τ_i	0,935	min
x_1	$-r_A$	τ_i	dif	N	x_1	$-r_A$	τ_i	dif	N	x_1	$-r_A$	τ_i	dif	N
	-M/min	min	2E-05	-		-M/min	min	3E-05	-		-M/min	min	2E-05	-
0				0	0				0	0				0
0,371	0,159	4,675	4E-07	1	0,258	0,22	2,337	2E-08	1	0,139	0,297	0,935	1E-06	1
0,555	0,079	4,675	5E-06	**2**	0,417	0,136	2,337	8E-07	2	0,245	0,228	0,935	2E-06	2
0,662	0,046	4,675	1E-05	3	0,523	0,091	2,337	4E-06	3	0,329	0,18	0,935	1E-06	3
					0,598	0,065	2,337	8E-06	**4**	0,397	0,145	0,935	5E-06	4
					0,654	0,048	2,337	2E-05	5	0,453	0,12	0,935	3E-06	5
										0,5	0,1	0,935	4E-07	6
										0,54	0,085	0,935	3E-06	7
										0,574	0,073	0,935	8E-07	8
										0,603	0,063	0,935	2E-07	9
										0,629	0,055	0,935	8E-07	**10**
										0,652	0,049	0,935	5E-08	11

Lógicamente, en el caso de que no se pueda obtener una resolución analítica o numérica del número de tanque de la serie, se debe proceder por tanteo. En la Tabla 6.6.1 se presentan los cálculos del tiempo espacial suponiendo tres valores distintos del número

total de unidades en la serie (2, 4 y 10 unidades). Cada uno de los tres casos se resuelve en un grupo de columnas diferente. En cada caso, en la segunda columna se calcula el valor de la velocidad de reacción en cada unidad (según su conversión de salida), aplicando la ecuación cinética correspondiente. Luego, en la tercera columna se calcula el valor del tiempo espacial (τ_i) que corresponde a las conversiones de entrada y salida de cada unidad. Antes, arriba en la primera fila, se ha calculado el valor que debe tener este tiempo espacial, conforme al tiempo espacial total del sistema (τ_{SIS}) y el número de unidades que se supone en la serie (N). Una vez conocido el tiempo espacial que se espera de cada unidad, se debe proceder modificando iterativamente el valor de cada conversión de la primera columna hasta que el valor de cada tiempo espacial de la tercera coincida con el previsto arriba. Este procedimiento se debe repetir para todas las filas de la tabla, es decir, para todas las unidades de cada serie. Se incluye en todos los casos una cuarta columna auxiliar de apoyo a las iteraciones, en la que calcula la diferencia entre el valor del tiempo espacial obtenido para cada unidad y el esperado. En cabeza de dicha columna se computa la suma total de estas diferencias que debe minimizarse en el cálculo.

La misma metodología se aplica en los tres grupos de columnas, para los tres valores de N supuestos. Una vez resuelto cada caso, conforme al número de unidades correspondiente, se puede comprobar si la conversión de salida de la última unidad es coherente o no. Así, en el primer caso (serie con $N = 2$), se puede apreciar que la segunda unidad arroja una conversión final de salida de $x_f = 0{,}55536$, que resulta inferior a la indicada en el enunciado (0,6). Por lo tanto, el sistema buscado no puede contener 2 unidades, sino más. Por otra parte, en el tercer caso (serie con $N = 10$), la décima unidad presenta conversión salida de $x_f = 0{,}62882$, que ahora resulta superior a la indicada. Por lo tanto, el sistema buscado no puede contener tampoco 10 unidades, sino menos. Finalmente, en el segundo caso, que se muestra en el centro, se supone un sistema con $N = 4$. La conversión de salida final en este caso resulta $x_f = 0{,}59843$. Por lo tanto, se puede asumir con el margen de error correspondiente que el sistema buscado contiene cuatro unidades.

Una vez determinado N, el resto del problema se resuelve como antes:

$$\sigma_\theta^{\,2} = \frac{1}{N} \qquad \sigma_\theta^{\,2} = \frac{1}{4} = 0{,}25$$

Por lo tanto, la varianza de residencia dimensional vale:

$$\sigma_\theta^{\,2} = \frac{\sigma_t^{\,2}}{\tau^2} \qquad \sigma_t^{\,2} = \sigma_\theta^{\,2}\tau^2 = 0{,}25 \cdot 9{,}35^2 = 21{,}8555 \; min^2$$

Y, en consecuencia, el rango medio de residencia $(2\sigma_t)$ vale ahora:

$$2\sigma_t = 2\sqrt{\sigma_t^2} \qquad 2\sigma_t = 2\sqrt{21{,}8555} = 9{,}35\ min$$

PROBLEMA 6.7. Detección de volumen muerto o cortocircuito

Un tanque agitado de 100 L es alimentado a razón de 5 L/min. Tras una señal en impulso, su curva de respuesta es la siguiente.

t (min)	0	1	2	4	8	12	20	30	40	50	80
C (M)	0	3,3	3,1	2,8	2,2	1,7	1,1	0,6	0,3	0,2	0

Determine si existe volumen muerto o cortocircuito en el tanque y cuantifique la desviación detectada.

SOLUCIÓN

En primer lugar, determinamos el tiempo espacial del sistema (τ) a partir de los datos suministrados de volumen y caudal.

$$\tau = \frac{V_{SIS}}{Q_{SIS}} = \frac{100\,L}{5\,\dfrac{L}{min}} = 20\,min$$

Para establecer si existe volumen muerto, contrastamos los datos de respuesta con el modelo de RFMC+VM. Igualmente, para determinar si existe cortocircuito los contrastamos con el modelo de RFMC+CC. Como se ha indicado en la introducción del capítulo, los cuatro modelos básicos de los RCTA pueden ser contrastados simultáneamente realizando un ajuste lineal de la función $\ln I(\theta)$ frente a θ. Para el caso concreto de los modelos de RFMC+VM y de RFMC+CC, las ecuaciones correspondientes son:

$$[RFMC + VM] \qquad \ln I(\theta) = -\left(\frac{V_{SIS}}{V_{MC}}\right)\theta$$

$$Y = aX + b \quad a = -\left(\frac{V_{SIS}}{V_{MC}}\right) \quad b = 0$$

$$[RFMC + CC] \qquad \ln I(\theta) = -\left(\frac{Q_A}{Q_{SIS}}\right)\theta + \ln\frac{Q_A}{Q_{SIS}}$$

$$Y = aX + b \quad a = -\left(\frac{Q_A}{Q_{SIS}}\right) \quad b = \ln\frac{Q_A}{Q_{SIS}}$$

Como se puede apreciar, en el modelo de RFMC+VM, la ordenada en el origen debe ser nula. Mientras que, en el modelo de RFMC+CC, la ordenada en el origen debe ser negativa. Puesto que el cociente implicado en el logaritmo debe ser siempre menor que 1, su logaritmo debe ser negativo. Además, en este modelo, tanto la pendiente como la ordenada en el origen se refieren al mismo parámetro y deben cumplir esa coincidencia.

En definitiva, para comprobar los dos modelos indicados debemos obtener primero los valores de la función $I(\theta)$. En este caso, los cálculos se muestran en la Tabla 6.7.1.

Tabla 6.7.1. Cálculo de los valores de la función $I(\theta)$ frente a θ.

t	C(t)	A $_{C(t)}$	E(t)	A $_{E(t)}$	F(t) F(θ)	I(θ)	θ	ln I(θ)	t·E(t)	A $_{t·E(t)}$
min	M	M·min	min^{-1}	-	-	-	-	-	-	min
0	0		0		0	1	0	0	0	
1	3,3	1,65	0,05665	0,02833	0,02833	0,97167	0,05	-0,0287	0,05665	0,02833
2	3,1	3,2	0,05322	0,05494	0,08326	0,91674	0,1	-0,0869	0,10644	0,08155
4	2,8	5,9	0,04807	0,10129	0,18455	0,81545	0,2	-0,204	0,19227	0,29871
8	2,2	10	0,03777	0,17167	0,35622	0,64378	0,4	-0,4404	0,30215	0,98884
12	1,7	7,8	0,02918	0,13391	0,49013	0,50987	0,6	-0,6736	0,35021	1,30472
20	1,1	11,2	0,01888	0,19227	0,6824	0,3176	1	-1,147	0,37768	2,91159
30	0,6	8,5	0,0103	0,14592	0,82833	0,17167	1,5	-1,7622	0,30901	3,43348
40	0,3	4,5	0,00515	0,07725	0,90558	0,09442	2	-2,36	0,20601	2,57511
50	0,2	2,5	0,00343	0,04292	0,9485	0,0515	2,5	-2,9661	0,17167	1,88841
80	0	3	0	0,0515	1	0	4		0	2,57511
		A $_{tot}$								A $_{tot}$ = $\bar{t}$
		M·min								min
		58,25								16,0858

Como en ejercicios anteriores, en la tercera y cuarta columnas se calcula la función $E(t)$. En la quinta y sexta columnas se calcula la función $F(t)$, que es idéntica a la función $F(\theta)$. En la séptima columna se calcula la función $I(\theta)$. Por otra parte, en la octava columna se calcula el tiempo reducido (θ), dividiendo cada valor de la primera columna por el tiempo espacial antes calculado (τ). Y, finalmente, en la novena columna se calcula el logaritmo neperiano de la función $I(\theta)$. Una representación de $\ln I(\theta)$ frente a θ se muestra más adelante en la Figura 6.7.1 (datos de la novena columna frente a los de la octava).

En la figura se puede observar que los datos se agrupan aproximadamente de forma lineal, lo que confirma la conveniencia de alguno de los modelos implicados en este tipo de ajuste. Para obtener los valores de los parámetros de la recta de ajuste (pendiente y ordenada) sólo hay que aplicar el procedimiento de ajuste lineal por mínimos cuadrados.

Generalmente, con idea de obtener mejores coeficientes de regresión y aportar mayor validez a las estimaciones, se suele seleccionar el grupo de datos que se utiliza para el ajuste. En este caso dicha selección no es necesaria, ya que el coeficiente de regresión obtenido con el conjunto completo de los datos es superior a 0,999. No obstante, los datos

que están muy alejados del tiempo medio (extremos de la señal) suelen estar más afectados de error, ya que corresponden al principio o al final de los experimentos. En consecuencia, se suelen seleccionar para el ajuste sólo los valores centrales. En realidad, puesto que las señales suelen tener más cola que cabeza, el intervalo recomendado se suele desplazar ligeramente hacia atrás. En definitiva, según sea la calidad de los datos experimentales, se puede utilizar para el ajuste el intervalo que va desde un valor de θ igual a 0,2 – 0,4 hasta un valor de θ igual a 1,8 – 2,0. En cualquier caso, no se deben utilizar nunca para el ajuste los datos que corresponden a señal nula, $C(t) = 0$; ya que implican un valor de $E(t) = 0$, $F(\theta) = 0$, $I(\theta) = 1$ y, finalmente, $\ln I(\theta) = 0$. Tales datos se alinean directamente sobre el eje de abscisas y no tiene sentido incluirlos en el ajuste.

Figura 6.7.1. Representación de $\ln I(\theta)$ frente a θ.

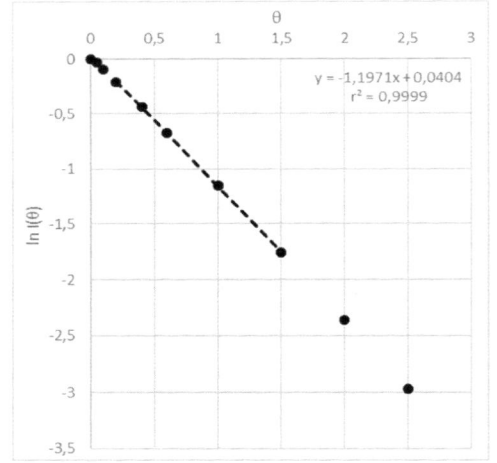

En definitiva, en este caso usaremos para el ajuste sólo los datos correspondientes al intervalo $0,2 \leq \theta \leq 1,8$. (desde la fila cuarta a la octava, ambas inclusive). En la Figura 6.7.1 se representa la recta de regresión obtenida y los valores de los coeficientes resultantes. Como se puede observar, el coeficiente de regresión es excelente ($r^2 = 0,9999$), lógicamente debido a la selección de los datos. Por otra parte, para la ordenada en el origen se obtiene un valor bajo ($b = 0,0404$), aunque positivo. En consecuencia, queda descartada la aplicación del modelo de RFMC+CC y la presencia de cortocircuito. Ya que el valor obtenido es muy bajo, podría considerarse aproximadamente igual a cero, y asumir la validez del modelo de RFMC+VM. En ese caso, tenemos que:

$$a = -\left(\frac{V_{SIS}}{V_{MC}}\right) = -1,1971 \qquad\qquad \frac{V_{MC}}{V_{SIS}} = \frac{1}{1,1971} = 0,83538$$

$$V_{SIST} = V_{MC} + V_M = 100\ L \qquad\qquad 1 = \frac{V_{MC} + V_M}{V_{SIST}} = \frac{V_{MC}}{V_{SIST}} + \frac{V_M}{V_{SIST}}$$

$$\frac{V_M}{V_{SIST}} = 1 - \frac{V_{MC}}{V_{SIST}} = 1 - 0,8354 = 0,16462$$

$$V_M = 0,16462\ V_{SIST} = 0,16462 \cdot 100 = 16,462\ L$$

Y podemos estimar que el tanque tiene un volumen muerto del 16,5 % de su volumen.

NOTA

Se puede comprobar que el tiempo medio de residencia del sistema ($\bar{t}$) resulta menor que el tiempo espacial (τ), si realizamos los cálculos necesarios. En la Tabla 6.7.1 se muestran tales cálculos en las columnas décima y undécima. El valor obtenido es $\bar{t} = 16,0858$ min. Por lo tanto, se confirma la existencia de volumen muerto. Además, su valor se puede calcular del siguiente modo:

$$\bar{t} = \frac{V_{MC}}{Q} \qquad \tau = \frac{V_{SIS}}{Q} \qquad \frac{\bar{t}}{\tau} = \frac{\dfrac{V_{MC}}{Q}}{\dfrac{V_{SIS}}{Q}} = \frac{V_{MC}}{V_{SIS}} = \frac{16,0858}{20} = 0,80429$$

La diferencia de este resultado con el valor obtenido antes para esa misma ratio (0,83538) es muy pequeña y proviene en parte de la diferente propagación de errores de los métodos numéricos aplicados. En la determinación de $\bar{t}$ se computa un área total, y los errores de cada intervalo se suman. Sin embargo, cuando se aplica el modelo, se realiza un ajuste, y los errores de cada intervalo se promedian.

FIN DE LA NOTA

PROBLEMA 6.8. Estimación de cortocircuito

Se sospecha que un reactor continuo de tanque agitado de 100 L presenta cortocircuitos, ya que se alimenta por una conducción abierta sobre la superficie del líquido y se descarga también mediante un rebosadero desde la misma superficie. Cuando se impone un caudal de 5 L/min, la curva de respuesta a una señal en impulso es la siguiente.

t (min)	0	1	2	4	8	12	20	30	40	50	70	90	120
C (M)	0	196	42	38	32	26	18	12	7	5	2	1	0

Determine si existen o no los supuestos cortocircuitos y cuantifique dicha desviación.

SOLUCIÓN

Como en el ejercicio anterior, para comprobar la existencia de cortocircuitos aplicaremos el modelo de RFMC+CC, mediante la representación de $\ln I(\theta)$ frente a θ. En este caso, podemos analizar primero la curva de señal en busca de evidencias de ese tipo de desviaciones. En la Figura 6.8.1 se muestra la representación correspondiente.

Tabla 6.8.1. Curva de C(t) frente a t para el ensayo indicado.

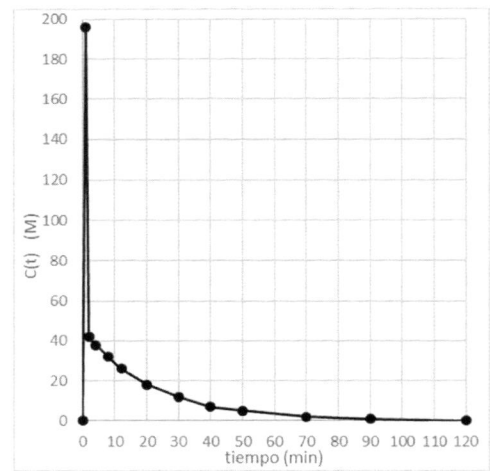

La simple observación de la curva ya indica la presencia de cortocircuitos. Aparece un pico alto y estrecho justo al principio, tras la inyección del trazador. Este tipo de señales es característico de los cortocircuitos. En ocasiones no se detecta bien ese tipo de marcas, debido a que no son muy altas o a que el registro se hace a intervalos muy separados, por lo que quedan ocultas. En todo caso, siempre se puede proceder a la comprobación exhaustiva del modelo de RFMC+CC. Para ello, determinamos primero el tiempo espacial del sistema (τ), a partir de los datos suministrados:

$$\tau = \frac{V_{SIS}}{Q_{SIS}} = \frac{100\,L}{5\,\dfrac{L}{min}} = 20\,min$$

Después, como se ha hecho anteriormente, se realizan los cálculos correspondientes al ajuste lineal de $\ln I(\theta)$ frente a θ. En la Tabla 6.8.1 se muestran los resultados.

Tabla 6.8.1. Cálculo de los valores de la función $\ln I(\theta)$ frente a θ.

t	C(t)	A $_{C(t)}$	E(t)	A $_{E(t)}$	F(t) F(θ)	I(θ)	θ	ln I(θ)	t·E(t)	A $_{t·E(t)}$
min	M	M·min	min^{-1}	-	-	-	-	-	-	min
0	0		0		0	1	0	0	0	
1	196	98	0,17058	0,08529	0,08529	0,91471	0,05	-0,0891	0,17058	0,08529
2	42	119	0,03655	0,10357	0,18886	0,81114	0,1	-0,2093	0,07311	0,12185
4	38	80	0,03307	0,06963	0,25849	0,74151	0,2	-0,2991	0,13229	0,2054
8	32	140	0,02785	0,12185	0,38033	0,61967	0,4	-0,4786	0,2228	0,71018
12	26	116	0,02263	0,10096	0,48129	0,51871	0,6	-0,6564	0,27154	0,98869
20	18	176	0,01567	0,15318	0,63446	0,36554	1	-1,0064	0,31332	2,33943
30	12	150	0,01044	0,13055	0,76501	0,23499	1,5	-1,4482	0,31332	3,13316
40	7	95	0,00609	0,08268	0,84769	0,15231	2	-1,8819	0,24369	2,78503
50	5	60	0,00435	0,05222	0,89991	0,10009	2,5	-2,3017	0,21758	2,30635
70	2	70	0,00174	0,06092	0,96084	0,03916	3,5	-3,24	0,12185	3,39426
90	1	30	0,00087	0,02611	0,98695	0,01305	4,5	-4,3386	0,07833	2,00174
120	0	15	0	0,01305	1	0	6		0	1,17493
		A $_{tot}$							A $_{tot}$ = $\bar{t}$	
		M·min							min	
		1149							19,2463	

En la tercera y cuarta columnas se calcula la función $E(t)$, en la quinta y sexta columnas se calcula la función $F(\theta)$, y en la séptima columna se calcula la función $I(\theta)$. Por otra parte, en la octava columna se calcula θ (a partir de t/τ) y en la novena columna se calcula $\ln I(\theta)$. En la Figura 6.8.2 se muestra la representación resultante de la aplicación del método de mínimos cuadrados. Para el ajuste lineal también se han seleccionado en este caso los datos centrales de la señal, utilizado sólo los datos del rango $0,2 \leq \theta \leq 2,0$ (datos de la cuarta a la novena filas, ambas inclusive).

319

Figura 6.8.2. Representación de ln$I(\theta)$ frente a θ.

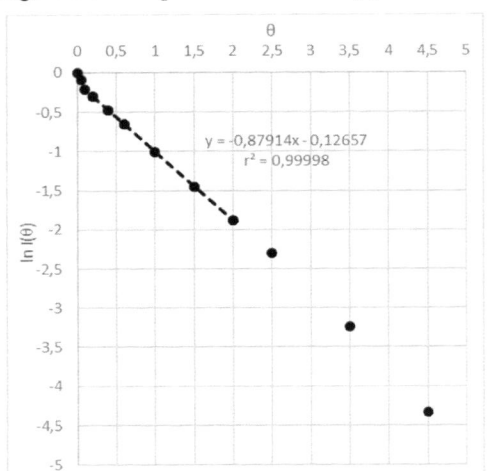

El coeficiente de regresión obtenido es excelente ($r^2 = 0{,}99998$). El valor de la ordenada en el origen resulta ser $b = -0{,}12657$. Y el valor de la pendiente es $a = -0{,}87914$. Como es sabido, la ecuación correspondiente a este modelo es la siguiente:

$$[RFMC + CC] \qquad \ln I(\theta) = -\left(\frac{Q_A}{Q_{SIS}}\right)\theta + \ln\frac{Q_A}{Q_{SIS}}$$

$$Y = a\,X + b \qquad a = -\left(\frac{Q_A}{Q_{SIS}}\right) \qquad b = \ln\frac{Q_A}{Q_{SIS}}$$

Lo que conduce a los siguientes parámetros del modelo:

$$a = -\left(\frac{Q_A}{Q_{SIS}}\right) = -0{,}87914 \qquad \frac{Q_A}{Q_{SIS}} = 0{,}87914$$

$$Q_A = 0{,}87914\,Q_{SIS} = 0{,}87914 \cdot 5\,\frac{L}{min} = 4{,}396\,\frac{L}{min}$$

$$Q_b = Q_{SIS} - Q_A = 5 - 4{,}396 = 0{,}604\,\frac{L}{min}$$

$$b = \ln\frac{Q_A}{Q_{SIS}} = -0{,}12657 \qquad \frac{Q_A}{Q_{SIS}} = e^{-0{,}12657} = 0{,}88112$$

$$Q_A = 0{,}88112\,Q_{SIS} = 0{,}88112 \cdot 5\,\frac{L}{min} = 4{,}406\,\frac{L}{min}$$

$$Q_b = Q_{SIS} - Q_A = 5 - 4{,}406 = 0{,}594\,\frac{L}{min}$$

En definitiva, ambos coeficientes de ajuste (a y b) conducen aproximadamente al mismo resultado para el caudal en cortocircuito ($0,594 \leq Q_b \leq 0,604$ L/min). El alto coeficiente de regresión obtenido, la existencia de una ordenada en el origen negativa y la concordancia de valores entre parámetros de ajuste, confirman la validez del modelo aplicado y cuantificación la desviación.

NOTA

Se considera que un cortocircuito es la representación ideal de los canales preferenciales que aparecen en los reactores reales. Por lo tanto, su señal de respuesta a un impulso de trazador debería ser una Delta de Dirac, que debería aparecer justo en el origen de tiempos. Sin embargo, como se ha comentado anteriormente, en un experimento real de estímulo respuesta, la señal en el origen de tiempos debe ser siempre cero. En consecuencia, ese tipo de marcas serían indetectables. En realidad, la señal inyectada nunca es ideal (no es una Delta de Dirac) y siempre presenta cierta amplitud. Además, tras pasar por el sistema siempre sufre algo de retromezcla y se ensancha ligeramente, por lo que hay más posibilidades de detectarla.

Por otra parte, el resto de trazador no conducido por el cortocircuito debe atravesar todo el volumen del tanque y debe hacerlo a un caudal menor que el medido en el sistema, para conservar el balance de materia. Debido a esto, el tiempo medio de residencia del fluido que atraviesa el tanque se retrasa con respecto al tiempo espacial. Dicho retraso es el que delata en realidad la presencia del cortocircuito.

En este caso, si calculamos el tiempo medio de residencia incluyendo todos los datos registrados (incluida la señal del cortocircuito en $t = 1$ min), obtenemos un valor de 19,2463 min, por lo que no se detecta ninguna demora apreciable y parecería no haber cortocircuito. Esto es debido a que se registra prácticamente todo el trazador inyectado y se computa toda su señal en los cálculos, por lo que no se introduce ninguna desviación de la idealidad en los mismos.

Sin embargo, si no registramos el pico del cortocircuito (eliminando de los cálculos el dato de $t = 1$ min), el tiempo medio de residencia calculado resulta ser $\bar{t} = 22,5462$ min. Este valor sí manifiesta el retardo esperado, y nos permite estimar un caudal de cortocircuito de 0,56466 L/min.

$$\frac{Q_A}{Q_{SIS}} = \frac{\frac{V_A}{\tau_A}}{\frac{V_{SIS}}{\tau_{SIS}}} = \frac{\frac{V_{SIS}}{\bar{t}}}{\frac{V_{SIS}}{\tau_{SIS}}} = \frac{\tau_{SIS}}{\bar{t}} = \frac{20}{22,5462} = 0,88707$$

$$Q_A = 0,88707 \cdot Q_{SIS} = 0,88707 \cdot 5 \frac{L}{min} = 4,43534 \frac{L}{min}$$

$$Q_b = Q_{SIS} - Q_A = 5 - 4,43534 = 0,56466 \frac{L}{min}$$

El valor obtenido de este modo coincide bastante con el deducido anteriormente. Como se puede apreciar, la aplicación del modelo de RFMC+CC resulta más precisa cuando se consigue detectar el pico inicial de cortocircuito y se introduce esa señal en los cálculos. Sin embargo, si no se logra detectar esa marca, puede resultar más precisa la comparación del tiempo espacial con el tiempo medio de residencia.

FIN DE LA NOTA

PROBLEMA 6.9. Evaluación de modelos combinados (Hovorka-Adler)

Los alumnos del Grado en Ingeniería Química han evaluado en el laboratorio el régimen de flujo de un pequeño frasco de lavado de 250 mL, que se mantiene agitado y se alimenta en continuo con agua a razón de 10 L/h. Para ello, han inyectado rápidamente una jeringa con salmuera en la conducción de entrada y han medido la conductividad (Cd) en un punto de la conducción de salida. La curva registrada se ha tabulado del siguiente modo.

t (min)	0	0,2	0,3	0,6	0,8	1,2	1,5	2,2	3	4	6
Cd (µS/cm)	440	519	762	1411	1628	1225	902	709	553	472	440

Determine la conversión esperada en el tanque si se lleva a cabo una reacción de primer orden con un solo reactivo y densidad constante ($k = 0,02$ s^{-1}). Utilice para ello el modelo combinado más adecuado.

SOLUCIÓN

Lo primero que se debe tener en cuenta es que los datos de señal que se suministran no están tarados. Es decir, los datos inicial y final son distintos de cero. Por lo tanto, debemos restar el valor inicial de la señal (440 µS/cm) a todos los datos de la misma. Los resultados de esta operación se muestran en la Tabla 6.9.1.

Tabla 6.9.1. Cálculos necesarios para la aplicación de los modelos combinados.

t	$C^{*}(t)$	$C(t)$	$A_{C(t)}$	$E(t)$	$A_{E(t)}$	$F(t)$ $F(\theta)$	$I(\theta)$	θ	$\ln I(\theta)$
min	µS/cm	µS/cm	min·µS/cm	min^{-1}	-	-	-	-	-
0	440	0		0		0	1	0	0
0,2	519	79	7,9	0,05155	0,00515	0,00515	0,99485	0,13333	-0,0052
0,3	762	322	20,05	0,2101	0,01308	0,01824	0,98176	0,2	-0,0184
0,6	1411	971	193,95	0,63356	0,12655	0,14479	0,85521	0,4	-0,1564
0,8	1628	1188	215,9	0,77515	0,14087	0,28566	0,71434	0,53333	-0,3364
1,2	1225	785	394,6	0,5122	0,25747	0,54313	0,45687	0,8	-0,7834
1,5	902	462	187,05	0,30145	0,12205	0,66518	0,33482	1	-1,0942
2,2	709	269	255,85	0,17552	0,16694	0,83212	0,16788	1,46667	-1,7845
3	553	113	152,8	0,07373	0,0997	0,93182	0,06818	2	-2,6855
4	472	32	72,5	0,02088	0,04731	0,97912	0,02088	2,66667	-3,869
6	440	0	32	0	0,02088	1	0	4	
			A_{tot}						
			min·µS/cm						
			1532,6						

En la primera y segunda columnas se reproducen los datos experimentales primarios de la señal, $C^*(t)$. En la tercera columna se muestra la señal adecuadamente tarada, $C(t)$. En la misma, los datos comienzan con el valor cero y terminan con el valor cero $C(t)$, como es de esperar. Se garantiza así que se ha registrado todo el trazador inyectado en el sistema. En la cuarta y quinta columnas se calcula la función $E(t)$. En la sexta y séptima, la función $F(\theta)$, y en la octava la función $I(\theta)$. En la columna novena se calcula el tiempo reducido θ (t/τ) y en la décima $\ln I(\theta)$. El tiempo espacial del sistema vale en este caso:

$$\tau = \frac{V_{SIS}}{Q_{SIS}} = \frac{250\ mL\ \left(\frac{1\ L}{1.000\ mL}\right)}{10\ \frac{L}{h}} = 0{,}025\ h \cdot \left(\frac{60\ min}{1\ h}\right) = 1{,}5\ min$$

El ajuste lineal de la función correspondiente por el método de mínimos cuadrados (columna décima frente a novena) se muestra en la Figura 6.9.1. Como se indicó en ejercicios anteriores, para mejorar el coeficiente de regresión se deben seleccionar adecuadamente los datos utilizados en el ajuste. En este caso, se han ajustado sólo los valores que quedan dentro del rango $0{,}4 \leq \theta \leq 2{,}0$ (datos de la cuarta a la novena filas, ambas inclusive).

Figura 6.9.1. Representación de $\ln I(\theta)$ frente a θ.

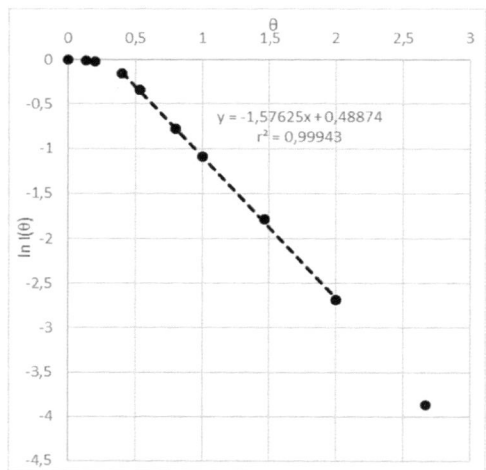

El coeficiente de regresión obtenido es excelente ($r^2 = 0{,}99943$). La ordenada en el origen resulta $b = 0{,}48874$ y la pendiente $a = -1{,}57625$. De los cuatro modelos combinados básicos, el único que contempla una ordenada en el origen positiva es el de Hovorka-Adler. En el modelo RFMC+VM la ordenada debe valer cero y, tanto en el de RFMC+CC como en el de Cholette-Cloutier, la ordenada debe adoptar un valor negativo. Por lo tanto, puesto que el valor de b obtenido es claramente positivo, en este caso sería de aplicación el modelo de Hovorka-Adler. Según dicho modelo tenemos que:

$$\ln I(\theta) = -\left(\frac{V_{SIS}}{V_{MC}}\right)\theta + \left(\frac{V_{FP}}{V_{MC}}\right) \qquad Y = aX + b \qquad a = -\left(\frac{V_{SIS}}{V_{MC}}\right) \qquad b = \left(\frac{V_{FP}}{V_{MC}}\right)$$

Lo que conduce a los siguientes parámetros del modelo:

$$a = -\left(\frac{V_{SIS}}{V_{MC}}\right) = -1{,}57625 \qquad \frac{V_{SIS}}{V_{MC}} = 1{,}57625$$

$$V_{MC} = \frac{V_{SIS}}{1{,}57625} = \frac{250\ mL}{1{,}57625} = 158{,}6\ mL$$

$$b = \left(\frac{V_{FP}}{V_{MC}}\right) = 0{,}48874 \qquad V_{FP} = 0{,}48874\,V_{MC} = 0{,}48874 \cdot 158{,}6 = 77{,}5\ mL$$

$$V_{SIS} = 250\ mL = V_{MC} + V_{FP} + V_{VM}$$

$$V_M = V_{SIS} - V_{MC} - V_{FP} = 250 - 158{,}6 - 77{,}5 = 24{,}9\ mL$$

Como se puede observar, los resultados obtenidos son compatibles con el sistema en estudio: un frasco agitado (250 mL), que puede contener alguna zona vacía en cabeza (24,9 mL) y pequeñas conducciones tubulares de entrada y salida (77,5 mL).

Una vez que se ha decidido la combinación de elementos ideales que representa el sistema, la conversión esperada del mismo sería la siguiente:

$$x_A = \frac{(1 - e^{-k\,\tau_{FP}}) + k\,\tau_{MC}}{1 + k\,\tau_{MC}}$$

$$\tau_{MC} = \frac{V_{MC}}{Q} = \frac{158{,}6\ mL\left(\frac{1\ L}{1.000\ mL}\right)}{10\ \frac{L}{h}\left(\frac{1\ h}{3.600\ s}\right)} = 57{,}1\ s$$

$$\tau_{FP} = \frac{V_{FP}}{Q} = \frac{77{,}5\ mL\left(\frac{1\ L}{1.000\ mL}\right)}{10\ \frac{L}{h}\left(\frac{1\ h}{3.600\ s}\right)} = 27{,}9\ s$$

$$x_A = \frac{(1 - e^{-0{,}02 \cdot 27{,}9}) + 0{,}02 \cdot 57{,}1}{1 + 0{,}02 \cdot 57{,}1} = 0{,}73282$$

NOTA

Si se hubiera determinado la conversión del sistema a partir de la información del traza-dor, como se ha hecho en el ejercicio 6.1 utilizando la función combinada $x_A(t) \cdot E(t)$, el resultado obtenido hubiera sido $\bar{x}_A = 0{,}71961$. Los cálculos correspondientes se muestran en la Tabla 6.9.2 y su valor aparece al final de la quinta columna. En las dos últimas columnas se muestran también los cálculos para la determinación del tiempo medio de residencia ($\bar{t} = 1{,}35039$ min). Ambos resultados coinciden completamente con las estimaciones realizadas a partir del modelo combinado.

Tabla 6.9.2. Cálculos necesarios para la estimación directa de la conversión.

t	$E(t)$	$x_A(t)$	$x(t) \cdot E(t)$	$A_{x(t) \cdot E(t)}$	$t \cdot E(t)$	$A_{t \cdot E(t)}$
-	min	-	min	-	-	min
0	0	0	0		0	
0,2	0,05155	0,21337	0,011	0,0011	0,01031	0,00103
0,3	0,2101	0,30232	0,06352	0,00373	0,06303	0,00367
0,6	0,63356	0,51325	0,32518	0,0583	0,38014	0,06648
0,8	0,77515	0,61711	0,47835	0,08035	0,62012	0,10003
1,2	0,5122	0,76307	0,39085	0,17384	0,61464	0,24695
1,5	0,30145	0,8347	0,25162	0,09637	0,45217	0,16002
2,2	0,17552	0,92864	0,16299	0,14511	0,38614	0,29341
3	0,07373	0,97268	0,07172	0,09388	0,22119	0,24293
4	0,02088	0,99177	0,02071	0,04621	0,08352	0,15236
6	0	0,99925	0	0,02071	0	0,08352
				$A_{tot} = \bar{x}_A$		$A_{tot} = \bar{t}$
				-		min
				0,71961		1,35039

FIN DE LA NOTA

PROBLEMA 6.10. Evaluación de modelos combinados (Cholette-Cloutier)

En un ensayo de estímulo-respuesta utilizando un impuso de salmuera como trazador, aplicado a un tanque agitado de 250 L, se ha obtenido la tabla de conductividad (Cd) que se muestra a continuación.

t (s)	0	10	20	40	53	79	99	145	198	264	396
Cd (µS/cm)	330	4678	948	871	790	710	627	539	459	390	330

El tanque se alimenta con 2,8 L/s de una disolución del reactivo A. Aplique el modelo combinado adecuado y determine la conversión esperada para una reacción elemental del tipo A → R ($k = 0,05$ s^{-1}).

SOLUCIÓN

Como en el ejercicio anterior, primero se determina el tiempo espacial del sistema.

$$\tau = \frac{V_{SIS}}{Q_{SIS}} = \frac{250\ L}{2,8\ \dfrac{L}{s}} = 89,2857\ s$$

Igualmente, se necesita tarar la señal de conductividad, restando a todos los valores tabulados su valor inicial. Los cálculos pertinentes se muestran en la Tabla 6.10.1. En la columna tercera se muestra la señal tarada. En las siguientes columnas se calculan las funciones $E(t)$, $F(\theta)$ e $I(\theta)$. En la columna novena se calcula el tiempo reducido θ, a partir del tiempo espacial. Finalmente, en la columna décima, se calcula la función característica de los modelos combinados, $\ln I(\theta)$. La simple observación de los datos de la tercera columna indica la presencia de un pico alto y estrecho al comienzo de la señal. Esta marca apunta hacia la consideración de un cortocircuito, por lo que sería de aplicación el modelo de RFMC+CC o el de Cholette-Cloutier.

Por otra parte, en la Figura 6.10.1 se muestra la representación de los datos de la función $\ln I(\theta)$ frente a θ. En este caso, para el ajuste lineal los datos se han seleccionado los valores del rango $0,2 \leq \theta \leq 2,0$ (de la tercera a la octava filas, ambas inclusive). Como se puede observar, el coeficiente de regresión obtenido es muy bueno ($r^2 = 0,99974$) y los coeficientes de ajuste obtenidos son: $a = -0,88962$ y $b = -0,32259$. Puesto que el coeficiente b resulta negativo, debemos restringirnos a la aplicación de los modelos de RFMC+CC o de Cholette-Cloutier. Lo que concuerda con la apreciación realizada anteriormente. Para poder discriminar entre ambos modelos, debemos obtener el valor de la

exponencial del parámetro b y compararlo con el valor del parámetro $-a$. En el modelo de RFMC+CC ambos valores deben ser iguales, mientras que en el otro no.

$$RFMC + CC \qquad e^b = -a \qquad e^b = e^{-0,3226} = 0,72427 \qquad -a = 0,8896$$

Tabla 6.10.1. Cálculos necesarios para la aplicación de los modelos combinados.

t	$C^*(t)$	$C(t)$	$A_{C(t)}$	$E(t)$	$A_{E(t)}$	$F(t)$	$F(\theta)$	$I(\theta)$	θ	$\ln I(\theta)$
s	µS/cm	µS/cm	s·µS/cm	s^{-1}	-	-	-	-	-	-
0	330	0		0		0	1		0	0
10	4678	4348	21740	0,03843	0,19214	0,19214	0,80786	0,112		-0,2134
20	948	618	24830	0,00546	0,21945	0,41158	0,58842	0,224		-0,5303
40	871	541	11590	0,00478	0,10243	0,51401	0,48599	0,448		-0,7216
53	790	460	6506,5	0,00407	0,0575	0,57152	0,42848	0,5936		-0,8475
79	710	380	10920	0,00336	0,09651	0,66803	0,33197	0,8848		-1,1027
99	627	297	6770	0,00262	0,05983	0,72786	0,27214	1,1088		-1,3014
145	539	209	11638	0,00185	0,10286	0,83072	0,16928	1,624		-1,7762
198	459	129	8957	0,00114	0,07916	0,90988	0,09012	2,2176		-2,4066
264	390	60	6237	0,00053	0,05512	0,965	0,035	2,9568		-3,3525
396	330	0	3960	0	0,035	1	0	4,4352		
			A_{tot}							
			s·µS/cm							
			113149							

Figura 6.10.1. Representación de $\ln I(\theta)$ frente a θ.

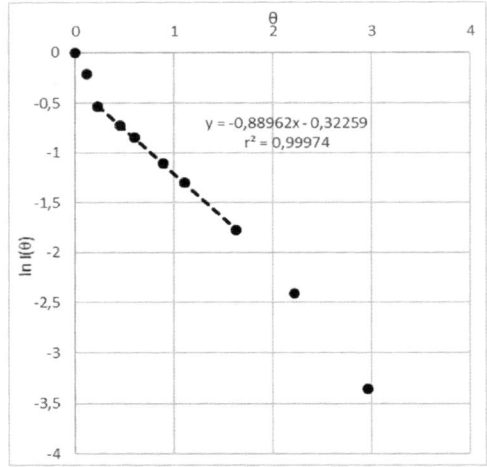

Dado que existe una diferencia superior al 20 % entre ambos valores, podemos concluir que el modelo de RFMC+CC no se cumple en este caso. Por lo tanto, aplicamos el modelo de Cholette-Cloutier.

$$[Cholette - Cloutier] \qquad \ln I(\theta) = -\left(\frac{Q_A}{V_{MC}} \frac{V_{SIS}}{Q_{SIS}}\right)\theta + \ln\frac{Q_A}{Q_{SIS}} \qquad Y = aX + b$$

$$a = -\left(\frac{Q_A}{V_{MC}} \frac{V_{SIS}}{Q_{SIS}}\right) = -0,88962 \qquad\qquad b = \ln\frac{Q_A}{Q_{SIS}} = -0,32259$$

Lo que conduce a los siguientes parámetros del modelo:

$$\frac{Q_A}{Q_{SIS}} = e^{-0,32259} = 0,72427 \qquad Q_A = 0,72427\, Q_{SIS} = 0,72427 \cdot 2,8 = 2,02795\ \frac{L}{s}$$

$$Q_b = Q_{SIS} - Q_b = 2,8 - 2,02795 = 0,77205\ \frac{L}{s}$$

$$\frac{Q_A}{V_{MC}} \frac{V_{SIS}}{Q_{SIS}} = \frac{\dfrac{Q_A}{Q_{SIS}}}{\dfrac{V_{MC}}{V_{SIS}}} = 0,88962 \qquad \frac{V_{MC}}{V_{SIS}} = \frac{\dfrac{Q_A}{Q_{SIS}}}{0,88962} = \frac{0,72427}{0,88962} = 0,81413$$

$$V_{MC} = 0,81413\, V_{SIS} = 0,81413 \cdot 250 = 203,553\ L$$

$$V_M = V_{SIS} - V_{MC} = 250 - 203,553 = 46,4667\ L$$

Así, se puede suponer que existe un cortocircuito de unos 0,77 L/s separado de los 2,8 L/s del caudal que alimenta el sistema. Además, existe un volumen estancado o vacío de unos 44,5 L separado de los 250 L de volumen del sistema. En consecuencia, una vez obtenida la configuración de elementos ideales que representa el sistema, la conversión esperada para una reacción elemental de primer orden sería la siguiente:

$$x_A = \frac{Q_A}{Q_{SIS}} \cdot \frac{k\, \tau_{MC}}{1 + k\, \tau_{MC}}$$

$$\tau_{MC} = \frac{V_{MC}}{Q_A} = \frac{203,553\ L}{2,02795\ \dfrac{L}{s}} = 100,364\ s$$

$$x_A = 0,72427 \cdot \frac{0,05 \cdot 100,364}{1 + 0,05 \cdot 100,364} = 0,60392$$

Anexos

Nomenclatura

Parámetros y variables

(en unidades de sistema internacional)

$a, b, c, \ldots p, r, s$ Coeficiente estequiométrico (reactivos y productos) [adimensional].

$A, B, C, \ldots P, R, S$ Concentraciones molares (reactivos y productos) [mol/m^3].

A Área bajo una curva sobre el eje de abscisas [dimensiones específicas].

k_o Factor de frecuencia o factor preexponencial [dimensiones específicas].

D Coeficiente de dispersión axial [m^2/s].

Da Número de Damköhler [adimensional].

E_a Energía de activación (J/mol).

F_A Flujo molar del componente A [mol/s].

k_i Constante cinética respecto de i [dimensiones específicas].

k^* Constante cinética aparente [dimensiones especificas].

K Constante de equilibrio [dimensiones específicas].

L Longitud del reactor [m].

n Orden de reacción [adimensional].

n_i Número de moles del reactivo i.

N Número de tanques en serie.

p_A Presión parcial del compuesto A [Pa].

P Presión [Pa].

Q Caudal volumétrico [m^3/s].

r_i Velocidad de reacción respecto del componente i [mol/m^3·s].

r^2 Coeficiente de correlación lineal [adimensional].

R Razón de recirculación (caudal recirculado / caudal egresado) [adimensional].

R   Constante de los gases [8,314 J/mol·K].

s Velocidad espacial [s^{-1}].

t Tiempo [s].

$\bar{t}$ Tiempo medio de residencia [s].

$t_{1/f}$ Tiempo fraccional [s].

t_c Tiempo de carga en un ciclo de un reactor discontinuo [s].

t_d Tiempo de descarga en un ciclo de un reactor discontinuo [s].

t_r Tiempo de reacción en un ciclo de un reactor discontinuo [s].

T Temperatura [K].

u Velocidad lineal del fluido [m/s].

V Volumen del sistema [m^3].

V_R Volumen del reactor (m^3).

x_A Conversión del reactivo A [fracción o porcentaje].

X Extensión de reacción [número de equivalentes de reacción].

$\alpha, \beta, \gamma \ldots$ Órdenes parciales de reacción [adimensional].

β Fracción de bifurcación en corrientes paralelas [fracción o porcentaje].

ε_A Factor de expansión respecto del compuesto A [adimensional].

ϕ Diámetro del reactor [m].

μ Grado de mezcla estimado en un reactor a partir de su conversión [adimensional].

Π_P Productividad del producto P [mol/s].

ξ Extensión específica de reacción [equivalentes por unidad de volumen].

σ Incremento estequiométrico de una reacción [número de moles].

σ_t^2 Varianza de tiempo de residencia [s^2].

σ_θ^2 Varianza de tiempo de residencia reducido [adimensional].

θ Tiempo reducido [adimensional].

τ Tiempo de residencia [s].

v_i Coeficiente estequiométrico con su signo (– reactivo, + producto) [adimensional].

χ Avance de una reacción [adimensional].

Subíndices

CC Correspondiente al cortocircuito

f Correspondiente a valores finales.

FP Correspondiente al flujo en pistón.

i Correspondiente al compuesto i.

M Correspondiente al volumen muerto.

MC Correspondiente a mezcla completa.

o Correspondiente a valores iniciales.

T, tot Correspondiente a valores totales.

Funciones

(en unidades de sistema internacional)

C(t) Concentración de trazador a la salida del reactor (mol/m^3).

E(t) Densidad de edad a la salida del reactor [s^{-1}].

γE(t), F(t) Distribución de edad a la salida del reactor [adimensional].

I(t) Densidad de edad en el interior del reactor [s^{-1}].

γI(t) Distribución de edad en el interior del reactor [adimensional].

E(θ) Densidad de edad reducida a la salida del reactor [adimensional].

γE(θ), F(θ) Distribución de edad reducida a la salida del reactor [adimensional].

I(θ) Densidad de edad reducida en el interior del reactor [adimensional].

γI(θ) Distribución de edad reducida en el interior del reactor [adimensional].

δ$_t$ Delta de Dirac para la concentración en función de tiempo [mol/m^3].

Siglas y símbolos

A, B, C. … P, R, S   Reactivos y productos de un sistema de reacción.

CC Cortocircuito.

DTR Distribución de tiempos de residencia.

RFP Reactor de flujo en pistón (ideal).

RFPR Reactor de flujo en pistón con recirculación (ideal).

RTC Reactor tubular continuo (no ideal).

RFMC Reactor de flujo en mezcla completa o perfecta (ideal).

RCTA Reactor continuo de tanque agitado (no ideal).

VM Volumen muerto.

Bibliografía

Bibliografía recomendada

- Fogler, H.S. "Elements of Chemical Reaction Engineering", 6th edition. Ed. Pearson (2020).
- Froment, G.F.; Bischoff, K.B. "Chemical Reactor Analysis and Design", 3th edition. Ed. Wiley (2010).
- Himmenblau, D.M.; Bishoff, K.B. "Análisis y Simulación de Procesos". Ed. Reverté. (1976).
- Levenspiel, O. "El Omnilibro de los Reactores Químicos". Ed. Reverté (1985).
- Levenspiel, O. "Ingeniería de las Reacciones Químicas", 3ª edición. Ed. Limusa (2012).
- Santamaría, J.; Herguido, J.; Menédez, M.A.; Monzón, A. "Ingeniería de Reactores". Ed. Síntesis (1999).

Bibliografía complementaria

- Ancheyta, J.; Valenzuela, M.A.; "Cinética Química para Sistemas Homogéneos", 2ª edición. Ed. Instituto Politécnico Nacional (2016).
- Arnaut, L.; Formosinho, S.; Burrows, H. "Chemical Kinetics. From Molecular Structure to Chemical Reactivity", 2nd edition. Ed. Elsevier (2021).
- Avery, H.E. "Cinética Química Básica y Mecanismos de Reacción". Ed. Reverté (1977).
- Bea, J.L. "Reactores Químicos". Ed. Síntesis (2016).
- Bender, M.L.; Brubacher, L.J. "Catálisis y Acción Enzimática". Ed. Reverté (1977).
- Coker, A.K. "Modeling of Chemical Kinetics and Reactor Design". Ed. Gulf Professional Publishing (2001).
- Conesa, J.A. "Chemical Reactor Design: Mathematical Modeling and Applications". Ed. Wiley-VCH Verlag GmbH & Co. (2019).
- González, A. "Cinética Química". Ed. Síntesis (2001).

- González, J.R.; González, J.A.; González, M.P.; Gutiérrez, J.L.; Gutiérrez, M.A. "Cinética Química Aplicada". Ed. Síntesis (1999).

- Harriott, P. "Chemical Reactor Design". Ed. CRC Press (2002).

- Harris, G.M. "Cinética Química". Ed. Reverté (1973).

- Hill, C.G.; Root, T.W. "Introduction to Chemical Engineering Kinetics and Reactor Design". John Wiley and Sons (2014).

- Izquierdo, J.F.; Costa, J.; Martínez de la Ossa, E.; Rodríguez, J.; Izquierdo. M. "Introducción a la Ingeniería Química: Problemas Resueltos de Balances de Materia y Energía", 2ª edición. Ed. Reverté (2015).

- Izquierdo, J.F.; Cunill, F.; Tejero, J.; Iborra, M.; Fité, C. "Cinética de las Reacciones Químicas". Ed. SP UBA (2004).

- Izquierdo, J.F.; Cunill, F.; Tejero, J.; Iborra, M.; Fité, C. "Problemas Resueltos de Cinética de las Reacciones Químicas". Ed. SPUBA (2004).

- Izquierdo, M.; Izquierdo, J.F. "Cinética de las Reacciones Químicas". Ed. Librería Universitaria, S.L. (2019).

- King, E.L. "Cómo Ocurren las Reacciones Químicas". Ed. Reverté (1969).

- Laidler, K.J. "Chemical Kinetics", 3ª edición. Ed. Pearson (2003).

- Li, S.; Xin, F.; Li, L. "Reaction Engineering". Ed. Butterworth-Heinemann (2017).

- Martin, J.C.P. "Chemical Reaction Engineering. Parameter Estimation, Exercises and Examples". Ed. C.R.C. Press (2021).

- Missen, R.W.; Mims, C.A.; Saville, B.A. "Introduction to Chemical Reaction Engineering and Kinetics". Ed. John Wiley and Sons (1999).

- Nauman, E.B. "Chemical Reactor Design". Krieger Pub. Co. (1992).

- Pérez, S.O.; Gómez, A. "Problemas y Cuestiones en Ingeniería de las Reacciones Químicas". Ed. BELLISCO (1998).

- Rawlings, J.B.; Ekerdt, J.G. "Chemical Reactor Analysis and Design Fundamentals", 2ª ed. Ed. Nob Hill Publishin (2022).

- Schmidt, L.D. "The Engineering of Chemical Reactors", 2nd edition. Ed. Ocford University Press (2004).

- Sinnott, R.; Towler, G. "Chemical Engineering Design", 6th edition. Ed. Butterworth-Heinemann (2019).

- Smith, J.M. "Ingeniería de la Cinética Química", 6th edition. Ed. CECSA (1991).

- Tominaga, H; Tamaki, M. "Chemical Reaction and Reactor Design". Ed. Wiley (1997).

- Triscareño, F. "ABC para comprender Reactores Químicos con Multirreacción" Ed. Reverté (2012).

- Upadhyay, S.K. "Chemical Kinetics and Reaction Dynamics". Ed. Springer Anaya Pub. (2006).

- Walas, S.M. "Chemical Reaction Engineering Hoandbook of Solved Problems", Gordon and Breach Pub. (1995).

- Westerterp, K.R.; Van Swaaij, W.P.M.; Beenackers, A.A.C.M. "Chemical Reactor Design and Operation", 2ª ed. Ed. Wiley (1991).

- Winterbottom. J.M.; King, M. "Reactor Design for Chemical Engineers", Ed. CRC Press (2019).